U0397223

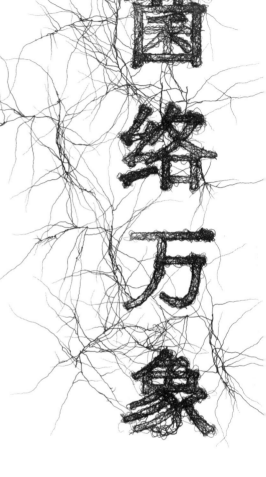

菌络万象

Entangled Life

［英］

默林·谢尔德雷克 著
Merlin Sheldrake

罗丁豪 译

周松岩 审校

北京联合出版公司
Beijing United Publishing Co.,Ltd.

图书在版编目（CIP）数据

菌络万象 ／（英）默林·谢尔德雷克著；罗丁豪译 .
北京 ： 北京联合出版公司，2024. 10. -- ISBN 978-7
-5596-7775-4

Ⅰ. Q949.32-49

中国国家版本馆 CIP 数据核字第 2024FQ2655 号

菌络万象

著　　者：［英］默林·谢尔德雷克

译　　者：罗丁豪

审　　校：周松岩

出 品 人：赵红仕

选题策划：银杏树下

出版统筹：吴兴元

特约编辑：费艳夏

责任编辑：管　文

营销推广：ONEBOOK

装帧制造：墨白空间

封面设计：onion

- -

北京联合出版公司出版

（北京市西城区德外大街 83 号楼 9 层　100088）

河北中科印刷科技发展有限公司印刷　新华书店经销

字数 264 千字　655 毫米 × 1000 毫米　1/16　19 印张

2024 年 10 月第 1 版　2024 年 10 月第 1 次印刷

ISBN 978-7-5596-7775-4

定价：88.00 元

感谢让我获益良多的真菌。

前　言

　　我仰头望向大树顶端。树干在高处钻进了一团藤本植物织成的华盖，兰花和蕨类植物从树冠下的枝干中探出头来。一只巨嘴鸟在高处鸣叫一声，振翅起飞。一群吼猴蓄势发出震耳的吼叫。雨刚停，不时有一连串的大水珠从叶尖滑落到我头顶。雾气低行，笼罩大地。

　　大树的根从树干基部向外弯曲绵延，迅速消失在铺满丛林的层层落叶下。我用木棍轻敲地面，以防有蛇躲在暗处。一只狼蛛跑开了。我在大树前跪下，顺着树干、再沿着其中一条树根向下摸寻，逐渐感觉到一团轻软的碎土。较细的树根在这儿卷成了棕红色的粗壮缠结。从土壤里传出一阵浓郁的气味。白蚁在树根的迷宫里穿行，一只蜈蚣卷起身体装死。顺着这条爬进地里的树根，我用铲子移走了周围的土，再用手和勺子拨松表层的土壤，极尽小心地继续挖。这条虬曲的树根慢慢从土壤之下显露了出来。

　　一小时后，我已经向下挖了大概一米。在这个深度，这条树根延伸下去的部分已经变得比琴弦还细，并开始疯狂地分支、扩散。相邻的树根互相攀绕，我需要俯身探入自己挖出的土沟，才能厘清这条树根的走向。一些树根散发出浓烈的坚果气味，另一些树根带有木头的熏人气息。而我的这条树根，只消用指甲轻轻一划，就会溢出一阵浓郁辛辣的树脂味道。好几个小时里，我都匍匐着缓慢前探，边划边闻，只为了确定自己跟着的是同一条树根。

　　随着时间的推移，这条树根越来越多的分支变得清晰可见。我选择了其中几根，决定顺着它们的踪迹，找到它们的终点：在那些地方，分支出的小根钻进掉落的枯叶和细枝碎末之中。我将这些小根的顶端浸入一小瓶清水里，以便洗去上面的泥土，好用寸镜[①]仔细观察。小根的表面附有一层透亮的黏性薄膜；它们也像一棵棵小树一般，有着自己的分支。这些精巧的微观结构才是我要找的。正是在这些小根之上，真菌网络蓬勃发展。它们的版图延伸到土壤之中，延伸到邻近大树的树根周围。没有这座真菌王国，我头顶的这棵大树就不会存在。没有千千万万个与之类似的真菌网络，任何植物都不可能存在。地球上包括我在内的所有生命，都不能独立于这些真菌网络而存在。轻轻拽住手中的树根，我感受到了大地的震动。

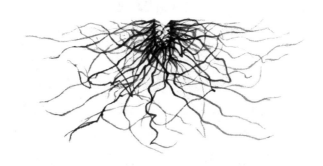

---

① 放大镜的一种，多用于观察小型物体。——译者注（后面如无标明，皆为译者注）

目 录

绪　言

当真菌是怎样一种感觉？

浸润在潮湿爱恋中的时刻，令诸天都妒羡人间的欢愉。

——哈菲兹[①]

真菌无处不在，但又极易被忽略。它们在你我之中，也遍布你我周围。它们维系着我们和我们所需的一切。阅读这几行字的须臾，真菌正在改变数以亿计的生命——十多亿年来一直如此。它们分解岩石，制造土壤，降解污染物，供养和杀死植物，在太空中生存，让人产生幻觉；它们生产食物，量产药物，操纵动物的行为，影响地球大气的构造。通过研究真菌，我们能增进对脚下这颗行星的理解，也能进一步明白我们思考、感受和行动的方式。然而，真菌的生活鲜为人知。人类已知的真菌物种还不到全部真菌的10%。越了解真菌，我们就越会认识到：万物几乎都依赖真菌而存在。

真菌构成了生物中的一大界，与动物界和植物界一样成员众多，热闹繁华。微小的酵母是真菌，能长出庞大网络的蜜环菌（*Armillaria*）也是真菌——后者还是世界上体积最大的生物之一，目前的世界纪录保持者是美国俄勒冈州的一株蜜环菌。它重达数百吨，蔓延10平方千米，估计已是2 000到8 000岁的高龄。除此之外，或许还有很多更巨大、更古老的个体等待我们去发现。[1]

真菌的活动曾引发了地球上的许多重大事件，未来也将继续如此。

[①]　Khwāje Shams-od-Dīn Moḥammad Ḥāfeẓ-e Shīrāzī（约 1325—1390），波斯抒情诗人，以笔名 "哈菲兹" 为人所知。

如果没有真菌的协助，5 亿年前的植物就不可能离开水体、登上陆地；之后，真菌还继续充当它们的根系，直到植物演化出完全属于自己的根系。今天，超过 90% 的植物依赖菌根真菌［mycorrhizal fungus，该英文名称源于希腊语的 *mykes*（真菌）和 *rhiza*（根部）］。这些真菌能联结大树，形成"木联网"（wood wide web）。植物和真菌之间的古老联盟孕育了陆地上所有的已知生命，我们的未来都仰赖于这两者之间健康持久的共生关系。

植物让地球披上了一层绿衣，但如果我们将眼光投向 4 亿年前的泥盆纪（Devonian period），就会看到另一幅生命的光景：原杉藻（*Prototaxites*）。这些尖塔般的生物遍布整个星球，其中不乏比两层楼还高的个体。当时还没有任何生命能到达这一高度：最高的植物也不过 1 米，脊椎动物甚至尚未上陆。小型昆虫在它们巨大的"树干"里建起家园，啃噬出走廊。这些谜一般的生物常被认为是一类巨型真菌，它们作为干旱陆地上最大的生命结构至少存在了 4 000 万年之久。与之相比，我们所在的人属，其历史不过是它们的 1/20。[2]

时至今日，真菌仍在不断构建新的陆地生态系统。在刚形成的火山岛和随着冰川退去而不断暴露出来的裸岩之上，地衣将是第一批在这里定植的生物。这些真菌和藻类或细菌的共生体会为之后扎根的植物制造出土壤。如果没有真菌组织形成的大网阻拦，雨水短时间内就能冲刷掉成型生态系统中的土壤。真菌的领土覆盖全球，从海底的深海沉积，到沙漠的表层，再到南极干谷，还有我们的肠胃和身上的其他孔洞。单单在一株植物的叶片和茎干内，就能住下数十至上百种真菌。这些真菌在植物细胞的空隙中紧密交织成一件织衣，帮助植物抵御病害。自然条件下的所有植物体内都拥有这样的真菌；它们对于植物的重要性不亚于叶和根。[3]

要在如此不同的环境中繁盛生长，真菌依靠的是它们多样的代谢能力。代谢指的是生物体内进行的各种化学转化，而真菌正是代谢界的奇才术士。它们精通探索、食腐和废物利用，全能到只有细菌能与之一较高下。真菌能利用各式各样强效的酶和酸去降解一些全世界最顽固的物质，不论是木头成分中最坚硬的木质素，还是石头、原油、聚氨酯塑料与三硝基甲苯（TNT）。几乎没有真菌不可征服的极端环境。人们曾经从矿业废料中分离出一种真菌。它们是目前已知辐射抗性最高的生物，未来或许能帮助我们处理核废料。切尔诺贝利报废的核反应堆中就居住着许多这样的真菌，其中一些物种甚至会向着有核辐射的"热"粒子生长：它们似乎能利用辐射能，就像植物能利用光能一般。[4]

在大部分人的印象中，"真菌"等于"蘑菇"。但就如同果实之于植物，蘑菇也只是真菌的子实体。完整的植株还有根和枝等其他部分，而子实体也只是真菌负责产生孢子的结构。正如植物利用种子，真菌利用孢子散播自己。子实体是真菌与世界交流的一种方式——不论是轻风拂过还是松鼠路过，真菌都通过子实体恳求这些外部媒介帮忙散布孢子，或是阻止它们干扰繁殖过程。真菌将子实体显露在外。它们或辛辣，或诱人，或美味，或有毒。但是除了子实体之外，真菌还有很多繁衍自身的方式。就算没有子实体，绝大多数真菌也能散播孢子。

孢子的高产加上子实体强大的散播能力，让我们的一呼一吸之中都不乏真菌的痕迹。一些真菌会喷射孢子。发射后的一瞬间，孢子会拥有上万倍于宇宙飞船的加速度，时速达到将近 100 千米——几乎没有其他任何生物能达到这样的高速。还有一些真菌会制造专属的小气候：子实体菌褶中的水分蒸发后能产生气流，孢子便会乘着气流上升。真菌每年会产生大约 5 000 万吨的孢子（大约相当于 50 万头蓝鲸的重量），可以

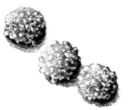

孢　子

说，它们是空气中活性颗粒的主要来源。就连云层中都有孢子，它们会促进雨滴和冰晶的形成，影响天气，造出雨、雪、雨夹雪和冰雹。[5]

一些真菌以单细胞的形式存在，通过一分为二的方式繁殖——化糖为酒精、让面包发酵的酵母就是其中一个例子。但大部分真菌会形成名为"菌丝"的多细胞网络。这些网络由纤细的管状结构组成，分支、融合、缠绕成菌丝体（mycelium）中杂乱无章的细丝。菌丝体是真菌最大的共同"习性"；比起一个结构，菌丝体更像是一个过程，一种四处探查的、不规则的趋势。水分和养分沿着菌丝体网络流经各种各样的生态系统。部分真菌的菌丝体有电兴奋性，使得电信号可以顺着菌丝传播，就像动物的神经细胞能传导电脉冲一样。[6]

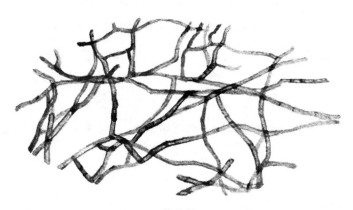

菌丝体

除了菌丝体，菌丝还能特化成其他形态。包括蘑菇在内的子实体就由菌丝束（hyphal strand）组织而成。子实体的能耐远不止散播孢子。一些子实体可以产生浓郁的香气。松露便凭借这份香气跻身全世界最为昂贵的食材之列。再比如毛头鬼伞（Coprinus comatus），虽然子实体并不硬实，却能钻透柏油，破开重重的铺路石。我们可以直接将毛头鬼伞煎熟吃掉，也可以把它放进罐子里，观察几天，等待亮白色的菌体潮解成一摊乌黑的墨水（本书的插图就是用毛头鬼伞墨水画的）。[7]

真菌高超的代谢能力，让它们能参与各种各样的生物互作关系。植

用毛头鬼伞墨水画的毛头鬼伞

物自出现以来，其根和芽就依赖真菌提供养分并防御自身。动物也依赖真菌。切叶蚁社会行为的广度和复杂度仅次于人类。某些切叶蚁蚁群中的个体数量超过 800 万，地下蚁巢的直径能扩展至 30 多米。而这一切的组织结构都围绕着一种真菌形成。切叶蚁将这种真菌拱护在巢穴中，用切碎的叶片喂养它。[8]

　　人类社会也处处与真菌纠缠。致病真菌能导致数十亿美元的损失——稻瘟病菌每年感染致死的水稻本可以成为 6 000 多万人口一年的口粮。林木的真菌病害，从荷兰榆树病到栗疫病，无一不在改变着森林和乡野的景观。罗马人曾向锈病之神罗比古斯（Robigus）祈祷，希望保佑庄稼不受锈病侵害，但最终没能阻挡那些为罗马帝国倒台推波助澜的饥荒。真菌病的影响正在席卷全球：植物依赖真菌，但不可持续的农耕习惯让植物更难与这些有益的真菌建立关系；人们广泛使用抗真菌剂，让新型的"超级真菌"以空前的规模崛起，威胁着人类和植物的健康；人们处处散播致病真菌，使它们有了更多的演化机会；过去 50 年间，已知的最致命疾病——由一种感染两栖动物的真菌所致，随着人类的贸易网络传播到了世界各地，已将 90 种两栖动物逼至灭绝，还把另外 100 多种两栖动物推向濒危边缘；在全球香蕉贸易中占据了 99% 份额的品种'香芽蕉'（'Cavendish'）正受到真菌病的威胁，可能会在未来几十年内灭绝。[9]

另一方面，人类和切叶蚁一样，也学会了利用真菌来解决一些棘手的难题。事实上，我们很可能在演化成智人（Homo sapiens）之前，就已经知道该如何调用真菌。尼安德特人是和我们这些现代智人亲缘关系最近的物种，前者在大约 5 万年前灭绝。2017 年，研究人员重建了尼安德特人的饮食结构，发现一个牙龈脓肿的个体生前食用过一种能分泌青霉素的霉菌，这说明他们或许清楚这种霉菌的抗菌性质。还有一些不那么古老的例子，比如在冰川中发现的保存完好的"冰人"奥兹（Ötzi）。他生活的时期可以追溯到大约 5 000 年前的新石器时代。研究人员发现，"冰人"去世当天，身上带着满满一小袋成堆的木蹄层孔菌（Fomes fomentarius）；几乎可以肯定，"冰人"会用这些真菌生火。他的袋子里还有细心准备的桦拟层孔菌（Fomitopsis betulina）碎片。它们很可能被作为药物使用。[10]

澳大利亚的原住民曾用采自桉树背光侧的霉菌处理伤口。犹太教的《塔木德》中记载着名为"查木卡"（chamka）的霉菌药方：由发霉的玉米泡在枣酒中制成。古埃及文献早在公元前 1500 年就提到了霉菌的疗效；1640 年，英国国王的伦敦草药师约翰·帕金森（John Parkinson）记录了用霉菌处理伤口的做法。但直到 1928 年，亚历山大·弗莱明（Alexander Fleming）才发现由霉菌产生的一种能杀死细菌的化学物质，即青霉素。青霉素成了现代的第一种抗生素，至今已拯救了无数生命。弗莱明的发现被誉为现代医学的决定性时刻，甚至有人认为，它可能帮助扭转了第二次世界大战的局势。[11]

青霉素既能帮真菌抵御细菌感染，也能保护人类。这种情况并不是孤例：虽然一直以来真菌都被认为和植物更相似，但其实它们与动物的亲缘关系更近——尝试理解真菌生活的研究者常常认识不到这一点。真菌和人类在分子层面十分相似，双方因而能从许多共通的生物化学机制中获益。当我们使用真菌所含或分泌的药用化合物时，通常是基于它们在真菌体内发挥的生理功能，把这些作用机制搬运到我们体内。真菌是制药天才。除了青霉素，现代人类还依赖它们制造了许多其他化合物：环孢素（cyclosporine）是提高器官移植成功率的免疫抑制药物，他汀类药物（statin）则能降低胆固醇水平。真菌还能合成很多强大的抗病毒和抗癌化合物（包括价格极为高昂的紫杉醇，提取自一种生活在红豆杉上的真菌），更不用提酒精（一类酵母的发酵产物）和裸盖菇素（神经致幻型毒菌中的有效成分；近来的临床试验表明，裸盖菇素有助于改善严重抑郁和焦虑症状）。工业用酶中有 60% 源于真菌，疫苗中有 15%由重组酵母表达制成。所有气泡饮料都要用到真菌产的柠檬酸。全球的食用菌市场正在高速发展，其总市值在 2018 年为 420 亿美元，预计到 2024 年将达到 690 亿美元。药用菌的销量也在逐年攀升。[12]

真菌方案能帮助人类解决的远不止健康问题。新型的真菌技术能帮助我们对抗环境恶化带来的许多问题。真菌菌丝体产生的抗病毒化合物能减轻蜜蜂中的蜂群崩溃症候（colony collapse disorder）。真菌巨大的食量可以被用来降解污染物，例如因事故泄漏的原油——这个过程被称为真菌修复（mycoremediation）。在被称为真菌过滤（mycofiltration）的过程中，含有污染物的水流过多层菌丝体垫，其中的重金属被过滤而出，有毒物质也会得到降解。利用真菌制造（mycofabrication），我们可以在菌丝体中培养出纤维材料，并在许多领域用其取代塑料和皮革。耐辐射真菌产生的真菌黑色素，是很有潜力的抗辐射生物材料。[13]

人类社会的运转一直离不开真菌强大的代谢能力，它们的化学成就花上数月时间都穷举不尽。但是，尽管真菌的应用前景可观，在许多古人类惊人的研究发现中也起着至关重要的作用，但它们受到的关注还是远不及动物和植物。目前最可靠的估计显示，真菌物种的数量在 220 万到 380 万之间，是植物物种数的 6 到 10 倍。这也意味着，目前得到描述的真菌物种只有 6%。理解真菌错综复杂的生活，我们才刚刚迈出第一步。[14]

从有记忆开始，我就着迷于真菌和它们能引发的种种变化。坚实的圆木化为土壤，面团发酵成面包，蘑菇一夜冒头——这一切是怎么做到的？为了解开心中的疑惑，少年时的我想尽办法和真菌共处。我采摘蘑菇，也在卧室里栽培蘑菇。后来自己酿酒，想要进一步了解酵母本身和它对我的影响。我惊叹于真菌能将蜂蜜变成蜂蜜酒、将果汁转为佳酿——还惊叹于这些真菌产物对我和朋友们感官体验的改变。

随后，我在剑桥大学的植物科学系（剑桥没有真菌科学系）就读本科，开始正式学习和研究真菌。当时的我已被共生关系（symbiosis，非亲缘生物之间的紧密关系）迷住。原来，生命的史诗中满是各种密切的合作。我了解到大部分植物依赖真菌为它们提供土壤中的养分（如磷和氮），它们又会利用光能和空气中的二氧化碳进行光合作用，合成提供能量的糖和脂质，再将其回馈给真菌。植物和真菌之间的共生关系催生了我们的生物圈，供养着陆地上的生命，然而我们对其知之甚少。这种关系是如何形成的？植物和真菌如何交流？我如何才能学到更多相关的知识？

在博士去处的选择上，我最终决定前往巴拿马的热带雨林研究菌根关系。不久后，我搬到了史密森热带研究所位于某个小岛上的野外驻地。小岛和周边的半岛属于一个自然保护区，除了宿舍、餐厅和实验楼区域，其他地方完全被森林覆盖。这里有用于培养植物的温室、装满落叶袋的烘干机、满是显微镜的房间，还有堆满样品的冷冻间——冷冻间里有装着树液的瓶子、死掉的蝙蝠，还有许多试管，里面装有从棘鼠和红尾蚺背上取下的蜱虫。公告牌上挂的海报在悬赏森林里新鲜的豹猫粪便。

这里的丛林满藏生机。树懒、美洲狮、蛇和鳄鱼栖息其中；蛇怪蜥蜴能飞奔于水面之上而不下沉。几公顷内的木本植物种类丰富到足以和整个欧洲相提并论。森林中的物种多样性还体现在来这里调查的生物学家身上：他们有的爬树观察蚂蚁，有的起早追踪猴子，有的记录热带风暴中劈向树木的闪电；有的成天悬在吊车上，测量林冠上的臭氧浓度；有的用电热元件加热土壤，以预测细菌对全球变暖的可能反应；还有的研究蜣螂利用银河定位导航的机制。更不用说蜂类、兰花和蝴蝶了——丛林生命的方方面面都没有任何"隐私"可言。

我感叹于这群研究者的创造力和幽默感。在实验室工作的生物学家绝大部分时间掌控着他们研究的生物，他们自己则生活在那些装着实验内容的烧瓶之外。在野外工作的生物学家对一切可没那么多掌控——整个自然界就是他们的烧瓶，他们自己也身处其中。在这两类生物学家所处的工作环境中，权力的平衡关系截然不同。野外工作的生物学家要面对许多不可预测的环境变量：暴风雨冲走实验用的标识旗，大树倒在实验用地上，树懒死在即将被用于测量土壤养分含量的样地里，路遇子弹蚁时被疯狂叮咬。雨林和其中的居民打破了"科学家掌权"的幻觉。大家很快明白，谦虚才是正确的态度。

要理解生态系统的运作原理，就一定要弄清植物和菌根真菌间的关系。我想更深入地了解养分在真菌网络中的运输方式，但一想到地底下的复杂世界，我就头晕眼花。植物和菌根真菌是随意任性的生物：多种真菌能生活在同一株植物的根内，多株植物也能接入同一个真菌网络。如此，从养分到信号分子，各种各样的物质在真菌网络的帮助下穿梭于植物之间。简言之，植物的社交网络由真菌织成，"木联网"一词就是这个意思。我工作的热带雨林拥有上百种植物和真菌。这些网络意义重大，复杂程度超乎想象，但我们对它们仍了解甚浅。想象一个外星人类学家在研究人类数十年后才发现互联网的存在——当代生态学家的处境跟这差不多。

为了探索这些穿行于土壤之中的菌根真菌网络，我搜集了上千份土壤和树根样品，将它们捣碎成糊，以提取其中的脂质或DNA。我在花盆里用不同的菌根真菌群培养起数百株植物，测量它们叶片的大小。我在温室周边种了宽宽的一圈黑胡椒，防止猫悄悄溜进来并带来外界的杂菌群。我给植物注入化学标记物，追踪它们从根部到土壤里的轨迹，以估测有多少标记物传到了植物的真菌同伴身上——当然，这就需要捣碎更多的样品、制取更多的糊。我乘着一艘常常熄火的小摩托艇，在发动机的咔嗒声中穿梭于覆满雨林的半岛之间；也屡屡攀上瀑布，去寻找罕见的植物；背着满满一包湿漉漉的土壤，在泥地中跋涉数千米；还曾经多次开着卡车冲进丛林，然后陷进一摊摊泥泞的红壤。

生活在雨林里的生物中，有一种破土而出的小花最让我着迷。这种植物和咖啡杯差不多高，白色的花茎细长且暗淡，其上不偏不倚地开着亮蓝色的花。它们是一种长在丛林中的龙胆科 *Voyria* 属植物，很久以前就失去了光合作用的能力。这也就意味着，它们失去了光合作用所需的叶绿素，也因此失去了绿色。*Voyria* 深深地吸引着我。光合作用是植物最重要的特征。如果不能进行光合作用，这些植物是怎么活下来的？

我怀疑 *Voyria* 和它们的真菌伙伴之间有着不同寻常的关系，没准这些小花能告诉我地底下在发生什么。我花了数周时间在丛林里搜寻 *Voyria*。一些花会长在林中的大片空地上，非常容易找到；有一些则会藏在粗壮的板根 ① 后面。在四分之一足球场大小的区域里就能有数百株 *Voyria*，为了数清它们，我必须一株不落。雨林中少有空旷和平坦的区域，因此我常常需要俯身，甚至爬行前进。实话实说，我几乎没用过走的。每晚回到驻地时我都又脏又累。和朋友一起用晚餐时，荷兰的生态学家们总会拿我那些茎干柔弱的可爱小花开玩笑。他们研究的是热带雨林的储碳方式。当我一边匍匐前进，一边眯缝着眼睛仔细扫视地面时，他们在测量大树的围长。在整个雨林的碳循环中，*Voyria* 的存在微不足道。荷兰朋友们打趣我的"渺小生态学"和对精致细巧之物的迷恋。我则调侃他们的"粗犷生态学"和大男子主义。翌日拂晓，我会再次出发，留心雨林的地面，希望这些奇异的植物能带我走向地底，进入这个隐匿、丰饶的世界。

不论是在森林、实验室还是厨房，真菌都改变了我对生命的理解。这些生物挑战着我们建立的生物分类体系，光是思考它们就能改变我们看待世界的眼光。它们这种不断更新人类认知的能力让我越来越感兴

---

① 一些热带树木茎干基部形如板状、具支持功能的根。这是热带气候下一种特殊的生态现象。

趣，也促使我着手撰写这本书。我曾尝试去享受真菌带来的模棱两可，但模糊定义带来的巨大真空时常让人感到不适，空旷恐惧症随之而来。与之相比，躲进简单答案构成的小楼是个更诱人的选项。我一直在尽力抵抗这种诱惑。

我的朋友戴维·阿勃拉姆（David Abram）是一名哲学家，也是一位魔术师。他曾常在马萨诸塞州的爱丽丝餐厅［Alice's Restaurant，因阿洛·格思里（Arlo Guthrie）的同名歌曲而出名］表演。每天晚上，他在一桌桌客人之间来回穿梭；硬币在他的指尖滚过，在意想不到的地方再次出现，又再消失，一分为二，最后全部不见。一天晚上，两名食客离开餐厅后折返，把戴维拉到一旁，表情十分焦虑。他们表示，离开餐厅之后，发现天空显得异常湛蓝，云朵硕大且醒目。他们怀疑戴维往他们的饮料里放了些什么。接下去的几个星期，类似的事情接连发生——刚刚离开的顾客回到餐厅，说路上的车流噪声变得更响，路灯看起来更亮，人行道上的图案变得更加迷人，雨水也令人备感清新。魔术戏法影响了人们体验世界的方式。

戴维向我解释了他所认为的这一切背后的原因。据他所说，我们的感知在很大程度上由预期主导：相比起不停地从零开始构建全新的感知，利用过往经验、每次只靠一小点感官信息来更新对世界的理解更节省认知精力。我们对过往经验的依赖创造了盲点，而魔术师正是利用了这些盲点。硬币戏法一点一点地让我们放下对硬币和手部动作的预期，并最终让我们进而放下对一切感知的整体预期。离开餐厅时，食客看到的是此时此地天空本身的样子，而非预期的景象，因此天空看起来才会有所不同。魔术让我们走出预期结成的茧，使用感官重新体验世界。可以说，我们的预期和看到的事实之间存在着一道难以想象的鸿沟。[15]

真菌也能让我们打破预期之茧。它们的生活史和行为令人称奇。随着对真菌研究得越来越深入，我也越来越放下预期。于是，连那些最熟悉的概念也开始变得陌生。生物学中的两个新兴认知帮助我理解这些惊奇，也为我的真菌世界之旅充当了向导。

第一个认知关乎动物界外的无脑生物：生物学家意识到，这些生物演化出了许多复杂的、导向解决问题的行为。最著名的例子要数包括多头绒泡菌（*Physarum polycephalum*）在内的黏菌（实际上，黏菌是一类变形虫，而不是和霉菌似的属于真菌，即使其名中带"菌"字）。①下文将提到，黏菌并不是唯一能解决问题的无脑生物，只是相对来说，它们比较容易研究，也因此成了为我们开拓新研究疆域的明星生物。多头绒泡菌利用触手一样的脉络构建出一张"探索网络"，向四周延伸，但它们不具备中枢神经系统，也没有任何与之相似的结构。尽管如此，它们还是能对比不同策略的优劣，从而"做出决策"，且能找出迷宫中两点之间最短的路径。日本研究者曾将多头绒泡菌放入东京首都圈形状的培养皿中，用燕麦片标记大型都市枢纽，用灯光（黏菌不喜欢光）表示山脉等障碍物。一天后，黏菌已经找出了来往燕麦片之间的最优路径，发展出了一张神似东京铁路图的黏菌网络。在类似的实验中，黏菌完全复制出了美国的高速公路网和欧洲中部罗马帝国时期的路网。一名黏菌爱好者曾向我介绍他做过的一个测试。他常常在宜家店里迷路，得花上好几分钟才能找到出口。他想让他的黏菌试试这个挑战，于是他根据附近宜家店的平面图造了个迷宫。果不其然，在没有任何标志和店员的帮助下，这些黏菌很快就找到了通向出口的最短途径。他大笑道："看吧，它们比我聪明。" [16]

我们是否应该称多头绒泡菌、真菌和植物为"智能生物"呢？对于这个问题，每个人都有各自的答案。科学上对"智能"的传统定义以人类为标准，以此衡量其他生物。根据这些人类中心论的定义，人类永远是最智能的生物，形似我们的生物（如大猩猩和狒狒）紧跟其后，其他"高等动物"次之，如此类推，从高到低排出一张列表。这个排名最早由古希腊人编写，如今仍然以各种形式出现在人类文化中。和我们模样不同、行为不同或是没有大脑的生物，一直以来都被排在最后。它们

① 本段暂时沿用这个分类。

常常被当作动物生活的静态陪衬，但事实远非如此。这些生物多能做出复杂的行为。这迫使我们反思：对有机体而言，究竟什么才是"解决问题""交流""做决定""学习""记忆"。我们越思考越会发现，现代观念所依赖的一些饱受争议的等级制度越来越站不住脚。随着这些等级制度的淡化，我们或许不会再如此轻蔑地看待人类以外的世界。[17]

第二个带领我探索真菌世界的新兴认知，源自我们看待微观生物的方式。微观生物（或称作"微生物"）遍布地球。过去 40 年里，新技术让我们能以前所未有的方式研究它们。我们现在知道，对你我身上的微生物组（microbiome）来说，我们的身体就像一颗颗行星。一些微生物偏爱头皮上的"温带森林"，另一些喜欢前臂上的"干旱平原"，还有一些聚集在胯部或腋窝的"热带雨林"里。肠道（展开面积足足有 32 平方米）、耳朵、脚趾、嘴巴、眼睛、皮肤，还有身体里的每一块表面、每一条通道和每一个孔洞全都充满了细菌和真菌。我们携带的微生物在数量上超过了"自身的"细胞。肠道中的细菌数目之多，连银河系里的繁星都无法与之比肩。[18]

我们人类不常思考个体与个体之间的界限在何处。这（至少在现代工业社会）是个再简单不过的问题：我们的身体划定了我们的边界。器官移植等现代医疗手段挑战了这些界限，微生物学的新发展则从根基上动摇了这些认识。我们是一个个生态系统，由微生物组成，也由它们降解。这种微生物环境的重要性才刚刚为我们所知。住在我们身体里和皮肤上的 40 多万亿微生物让我们能够消化食物，还为人体提供所需的矿物质。就像生活在植物中的真菌一样，这些微生物也能帮我们抵抗疾病。微生物引导身体和免疫系统的发育，还能影响我们的行为。如果不加注意，它们也能让我们生病，甚至带来致命的危险。我们人类并非个例。即使是细菌，其体内也有病毒（"纳米生物组"？）生活着。甚至病毒体内也生活着更小的病毒（"皮米①生物组"？）。共生是生命的普遍特征。[19]

①　1 皮米 =10^{-12} 米。

我在巴拿马参加了一个热带微生物主题的学术会议。在 3 天会议期间，我和许多研究者一样，对研究所揭示的新认知越来越困惑。有研究者提到了一类植物，它们的叶片能合成一类化学物质。在此之前，这类化学物质一直被视为这类植物的标志性特征。但实际上，它们由生活在这种植物叶片里的真菌产生。我们因而需要修正对这种植物的认识。另一位研究者插话道：产生这种化学物质的或许并不是叶片里的真菌，而是栖居在这些真菌里的细菌。大家沿着这些思路继续讨论着。两天后，我们对生物"个体"的理解变得前所未料地深入和详细——"个体"成了伪概念。生物学这门研究生物的学科，变成了生态学——一门研究生物之间关系的学科。相比于自然的复杂程度，我们已知的还非常少。投影展示的微生物群落图示中，有大片区域被标记为"未知"。这让我想到现代物理学家对宇宙的描绘：95% 以上是"暗物质"和"暗能量"。它们之所以是"暗"的，正是因为我们对它们一无所知。而这些被标记为"未知"的微生物群落，就是生物学中的暗物质，或可称为"暗生命"。[20]

许多科学概念虽然缺少固定的统一定义（比如"时间""化学键""基因""物种"），但仍然能帮助我们思考。在一些情况下，"个体"也是如此，它只是一个引导人类思考和活动的概念。然而，日常的生活和体验很大程度上需要依赖"个体"，更不用说我们的哲学、政治和经济体系了。这让我们无从面对"个体"的消解——那"我们"怎么办？"他们"是什么？"我""我的""每个人""任何人"又成了什么？我对学术会议上那次讨论的反应不只是学术性的。就好像爱丽丝餐厅的食客那样，我对这个世界也产生了不同的体验：熟悉的事物变得不再熟悉。微生物学界的一位老泰斗观察到了"自我认同感的丢失、自我认知障碍和受他人控制的感觉"。这些都是精神疾病的潜在病征。光是想想有多少观念需要修正，我就头晕目眩，尤其是烙印在我们文化中的身份、自主和独立概念。这种不安恰恰令微生物学中的进展显得如此激动人心。我们与微生物的关系亲密得不能再亲。认识这些关系，会改变我们对自己身体和栖居之所的体验。"我们"（we）是跨过边界、超越分类的生态系统。自我是种种关系复杂缠结的产物——我们才刚刚认识到这一点。[21]

对关系的研究可以令人困惑不已——几乎所有关系都模糊不清。究竟是切叶蚁驯化了它们所依赖的真菌，还是真菌驯化了切叶蚁？是植物在培养共生的菌根真菌，还是真菌在培养植物？在这些关系中，谁才是主角？这种不确定性对研究十分关键。

我曾受业于奥利弗·拉克姆（Oliver Rackham）教授。他是一名生态学家，也是历史学家，研究的是生态系统与人类文化在过去几千年中的相互作用。他曾带我们去往附近的森林，靠着解读老橡树树枝上的扭结和分叉、观察冒出荨麻的地点、留心树篱由哪些植物构成，来给我们讲述这些地方和当地居民的历史。在拉克姆的影响下，我脑中那条分隔"自然"和"文化"的界线逐渐模糊。

后来在巴拿马外出考察时，我发现了野外生物学家和研究对象之间的许多复杂关系。我开蝙蝠学家的玩笑，说他们熬夜通宵，白天睡觉，是在学习蝙蝠的作息。他们好奇真菌是否也这样影响了我。直至现在，我都还不能肯定，但我从未停止思考：真菌通过助力生命循环、回收并再利用资源和建立生物网络，连接起了不同的世界——既然人类如此依赖真菌，我们是否也常常无意识地跟随它们的脚步呢？

就算答案是肯定的，我们也经常忘记这个事实。很多时候，我会有一种割离感，将土壤看作抽象的研究客体，认为它们是画在示意图里的模糊场所。我和我的同事嘴边常常挂着这样的话："根据谁谁谁的报告，从上一个旱季到下一个雨季，土壤碳含量增加了 25%。"我们怎么可能不这么看待土壤呢？毕竟，我们无法真正体验土壤中的艰难生活，也还没有亲身体会万千生命在其中的熙熙攘攘。

利用已有的工具，我试图尽力理解土壤与其中的生命。我用昂贵的机器搅拌、照射、敲开上千个样品，将试管里的东西处理成一串串数字。整整几个月，我一直透过显微镜观察植物根系的样品，沉浸在那些菌丝和植物细胞交合不清的景观之中。尽管如此，我观察的真菌经过了防腐和染色处理，已经死去。我好像一个笨手笨脚的探员。在我蜷伏着将土块刮到小小试管中的这几个星期里，巨嘴鸟鸣叫着，吼猴低吼着，藤本植物缠结着，食蚁兽舔舐着。微生物的生活常常深埋在土壤之下，不像这迷人、喧嚣又广袤的地上世界那样直观近人。要让我的发现变得更为生动直观、要用这些发现去构建和推行一种普遍的理解，除了借助想象力，别无他法。

在科学界，"想象"和"猜测"基本是同义词，因此会受到许多人的不信任；在论文和专著中，想象常常伴有"切勿轻信"的风险提示。学术写作的一部分就是过滤掉其中的异想天开和白日梦，还有为新发现奠基的上千次试错。不是每个论文读者都有耐心管这些琐事。再说了，科学家要显得可靠。然而在私下里，科学家们可没法保证一切都证据确凿。无论是鱼类、凤梨、藤本植物、真菌还是细菌，我们对自己研究的生物有意无意地会产生想象。但即使是在我和同事的深夜打趣中，我们也很少提及这些想象的细节。如果我们承认那些尚无证据的猜测、幻想和隐喻或许对自己的研究有着指导意义，那无疑有些令人尴尬。然而，想象是我们每天探索事业的一部分。科学并非纯粹基于冷冰冰的理性。自古至今，科学家都是活生生的人类。他们感性、有创造力且依靠直觉，基于这个本就不该被分类和系统化的世界不断发问。每每想知道这些真菌在干什么并设计实验、尝试去理解它们的行为时，我必然要调动想象。

有一个实验迫使我往自己科学想象的深处凝望。我曾经参与过一项关于LSD①的临床研究，探究LSD对科学家、工程师和数学家解决问题能力的影响。当时学界对致幻剂的科研和药用潜力的兴趣迎来了一波复兴，这项研究正是乘着这股浪潮发动的。研究者想知道LSD是否能让

① 即德文 Lysergsäure-diäthylamid 的缩写，是一种全名为"麦角酸二乙酰胺"的半人工致幻剂。

科学家进入以他们专业打底的无意识状态，帮助他们从全新的角度思索熟悉的问题。常常被我们推到一旁的想象即将站到聚光灯下，成为被观察甚至测量的对象。来自五花八门领域的年轻研究者们通过挂在各地系所里的海报报名应征（"你是否有亟须解答的重要问题？"）。这是一项大胆的研究。促成创造性的突破可是出了名的难，更不要说在医院的临床药物试验部门实现这一点了。

实验人员在墙上贴上了迷幻壁纸，布置了一套能播放音乐的音响系统，还用不同颜色的"氛围灯"照亮房间。这些想让实验看起来更自然的尝试，使得整个房间变得更像是人造的环境：这也相当于承认了科学家可能对研究对象产生影响。这种布置让实验人员在日常研究中体验到的很多无伤大雅的自我怀疑变得显而易见了。如果所有生物实验的被试都有相应的氛围灯光和放松音乐，它们的行为或许会变得非常不同吧。

护士确保我每天早上9点准时喝下LSD——LSD和水混在一起，装在一个小酒杯里，护士会密切地注视着我，看我喝光全部液体。然后，我在病床上躺下，护士从我的前臂插管抽出血样。3小时后，我会嗨到"巡航高度"。这时，我的助手会温柔地鼓励我思考"与工作相关的问题"。去实验医院之前，我们要完成一系列心理测量和性格测试问卷，其中一些题目让我们尽量详细地描述自己在研究中面临的问题——那些无论如何摸索都无法解开的死结。将这些死结泡在LSD里或许能让它们松开。我关心的所有研究问题都和真菌相关；得知LSD提炼自禾本科植物上的一种真菌时，我备感舒适。解铃还需系铃"菌"嘛。我很好奇会发生什么。

我想利用这一次LSD试验，更全面地思考那些蓝色 *Voyria* 属花的生活，还有它们与真菌的关系。没有光合作用，它们是如何活下来的？几乎所有植物都需要从土壤中的菌根真菌网络里提取矿物质；*Voyria* 也是如此——蓬乱的真菌网络簇拥着连进 *Voyria* 的根里。但是，没有光合作用，*Voyria* 没办法制造它们赖以生长且富含能量的糖和脂质。它们该从何处获取能量？这些花能通过真菌网络从其他绿色植物那里获得物质吗？若是如此，*Voyria* 是否会给它们的真菌伙伴提供些什么？还是说，这些植物其实是寄生性的，是"木联网"上的黑客？

我躺在医院的床上，闭上双眼，思考当真菌是怎样一种感觉。我想象自己身处地下，伸长的根尖在土壤中穿梭奔涌、彼此缠绕。一群群球状动物在周围觅食；植物的根和它们四周的热闹景象仿佛在上演土壤版的"狂野西部"，有土匪，有盗贼，有独行侠客，也有双骰赌徒。土壤就像一个无边无际的体外肠道：到处都在消化和循环。大团细菌在电荷波涛上冲浪，化学物质构成天气系统，高速公路遍布地下，黏糊糊的环抱暗藏杀机，亲密的接触在周遭骚动。跟随一条真菌菌丝进入洞穴般的植物根部，我惊异于这里形成的庇护空间。鲜有其他种类的真菌在这里现身，更不用提虫子了。少了喧嚣和争闹，就连我都愿意把这个避风港给买下来。或许那亮蓝色的小花正是以此来报答真菌为它们提供的养分——为真菌遮风挡雨？

我并非在说这些想象已经得到确证。往好了说，这些想象不过合理而已；往坏了说，有可能就是一派胡言，连"错"都算不上。尽管如此，这次体验还是让我获益匪浅。我一度习惯用个体之间抽象的"交互"去思考真菌，就像学校里老师画在黑板上的图表：半自治的实体，按照 90 年代早期 Game Boy^① 里的逻辑行动。但 LSD 迫使我正视自己的想象，让我以不同的眼光看待真菌。我想要理解真菌。我不能依赖惯常的思维，将真菌抽象成只会滴答走动、转圈和哔哔作响的机器，而是要让它们把我引出熟悉的思考框架，想象它们面对的种种可能，让它们挑战我的认知边界，允许它们用自己纠缠的生命惊艳我、困惑我。

真菌居住在错综复杂的世界里。无数条脉络穿行在这些迷宫之中。我已经跟随了尽可能多的脉络，但仍有一些缝隙任凭我用尽全力也无法挤进。虽然真菌离我们很近，但它们还是那么神秘。它们身上的可能性也如此另类。我们应该被这些困难吓退吗？人类是否可以用我们的动物

---

① 日本任天堂公司在 20 世纪 80 年代末和 90 年代发行的掌上游戏机。

大脑、身体和语言尝试理解如此不同的生物呢？在这个探索过程中，我们自己又会如何改变呢？怀着乐观的心态，我对本书的设想是，为生命之树上这根被忽略的分支画下一幅画像，但实际的成品更交缠、更复杂。本书记录了我理解真菌生活的旅途，也记录了真菌在我与我旅途中遇见的人类和其他生命身上留下的印记。诗人罗伯特·布林赫斯特（Robert Bringhurst）曾写道："我该用这白天和黑夜、这趟生命与死亡做什么？每一个脚步、每一次呼吸都如鸡蛋般向这个问题的边缘滚去。"真菌带我们滚向许多问题的边界。本书源自我在这些边界之上探头远望的体验。我对真菌世界的探索让我重新审视此前的许多认知。演化、生态系统、个体性、智能、生命——我对这些概念的认识已与之前完全不同。真菌挑战了我的确信，因此，我希望本书也能挑战你的确信。

蘑菇的孢子印

1

诱　惑

谁拉谁的皮条？

——Prince[1]

一块格子花纹布上有一台秤，秤上放着一堆意大利白块菌（俗名白松露，学名 *Tuber magnatum*）。这些松露的表面像未经清洗的石头般脏脏的，形状如土豆般不规则，且和颅骨一样布满了坑洞。2 千克，标价1.2 万欧元[2]。房间里充斥着它们浓烈的香甜气味，通过这芬芳就能嗅出它们价值几何。这香气乖张外放，与众不同：这是一个诱惑，厚重且神秘到令人迷失其中。

那会儿是 11 月初，松露季的盛期。我前往意大利，和两名松露猎手会合，在博洛尼亚周边的山上"狩猎"。我很走运，有个朋友的朋友认识一个卖松露的人。这位松露商人让我联系他最好的两名松露猎手，而这二位又欣然同意我一同出行。白松露猎手出了名的神秘。这些松露未经驯化，只能去野外寻觅。

松露是好几类菌根真菌地下子实体的总称。一年中的大部分时间，松露都以菌根网络的形式存在。为供生存所需，它们会从土壤中汲取养分，也会通过植物的根获取糖类。然而，生长在地下为它们带来了一个根本问题。松露是这些真菌用来孕育孢子的器官，如同植物孕育种子的

---

① 全名普林斯·罗杰斯·尼尔森（Prince Rogers Nelson，1958—2016），美国创作歌手、作曲家、音乐制作人、演员，美国流行乐界的代表人物。

② 约合人民币 9 万元。

果实一般。孢子之所以演化出现，是为了让真菌散播自己，但是在地下，气流无法卷起孢子，动物也看不见它们。[1]

它们通过散播气味来解决这个问题。但在森林这样一个弥散着各种气味的世界里，让自己闻起来与众不同可不简单。森林中交织着各种气味；对动物的鼻子来说，每一种气味都是潜在的诱惑或干扰。松露的味道必须足够强烈，才能穿透层层土壤，进入空气；也要足够特别，才能从众多气味中脱颖而出，引起动物的注意；这种气味还要格外美味诱惑，动物才会前来搜寻，把它们挖出来吃掉。松露埋在土里，即使被刨出泥土也难以被觉察，即使被看到了也毫不起眼——它们散发的气味却弥补了所有这些视觉上的不足。

一旦下肚，松露的任务就完成了：它们成功地诱惑了一只动物前来探索土壤并带走真菌的孢子，再通过粪便将它们传播到别处。由此可见，松露的诱惑力是数十万年与动物嗅觉和味觉纠缠演化的结果。自然选择会偏爱那些符合最佳孢子散播者喜好的松露。将"化学气味"打磨得更出彩的松露会更吸引动物。就像伪装成发情雌蜂的兰花一样，松露也反映出了动物的某种偏好——仿佛用气味勾画出了一段动物喜好的演化史。

我前往意大利是想在一种真菌的引导下，进入它所在的地下化学世界。虽然人类拥有的感官能力限制了我们参与真菌的化学生活，但成熟松露传递的信息极具穿透力且简单明了，连我们都能"闻"懂。通过气味，这些真菌让我们浅尝了它们的化学生态。我们该如何想象地下生物

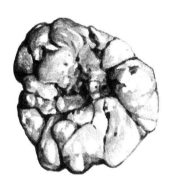

意大利白块菌（又名白松露）

之间奔涌的交流？我们该如何理解这些人类之外的通信圈子？怎样才能理解主导真菌生活许多方面的化学能力及其背后的化学较量——或许，跟着一条正在寻找松露的狗奔跑，再把脸埋进那生长松露的泥土里，就是我能做到的极限了吧。

人类的嗅觉十分强大。我们的眼睛能分辨几百万种颜色，耳朵能分辨 50 万种音调，[①] 但我们的鼻子能分辨超过一万亿种气味。人类能闻到几乎所有经过测试的挥发性化学物质。辨别一些气味时，我们的嗅觉甚至比啮齿类和犬类动物的还要好。我们也能借着气味寻踪。嗅觉在我们对性伴侣的选择上，在我们对恐惧、焦虑和侵略性的察觉中都扮演着重要角色。嗅觉与我们的记忆交织；患有创伤后应激障碍[②] 的个体常常会经历嗅觉闪回。[2]

鼻子是非常精准的仪器。正如棱镜能将白光分解成单色光，嗅觉能将复杂的混合物分解成单一的化学物质。为此，鼻子要探测出分子里原子的准确结构。芥末之所以闻起来像芥末，是因为其中氮、碳和硫原子之间的化学键。鱼的腥味源自氮和氢原子之间的化学键。碳和氮原子之间的化学键则闻起来有金属味和油腻味。[3]

探测化学物质并据此做出反应是一种原始的感官能力。大多数生物都利用化学感官来探索和摸清周围的世界。植物、真菌和动物用于探测化学物质的受体非常相似。分子通过与这些受体结合，激活负责信号传导的级联反应：一个分子激活一种细胞反应，后者接着激活一种更强烈的细胞反应，以此类推。这样，很小的"因"能波动出很大的"果"。人类的鼻子能闻到极低浓度的化学物质——低到一立方厘米里只有 3 400 个分子，相当于 2 万个奥运会标准游泳池中的一滴水。[4]

动物要闻到一种气味，必须有相应的分子附着在嗅觉上皮上。人类

———————

① 此处可靠性存疑。作者并未提供参考文献，译者亦未能找到相关资料。

② Post-traumatic stress disorder，指个体在经历重大创伤性事件后发展出的应激性精神障碍；常见于退役士兵群体等。

的嗅觉上皮是一层位于鼻子后上方的膜。在这里，分子与受体结合，神经随后放电并传导信号。接着，大脑会辨认这些化学物质，或者产生想法和情绪反应。真菌的"身体"与我们不同，它们没有鼻子，也没有大脑。它们的整个表面就是它们的"嗅觉上皮"。菌丝网络像是一张巨大的化学敏感膜：分子可以和菌丝表面任何地方的受体结合，激活信号传导的级联反应，随之改变真菌的行为。

真菌生活在大量的化学信息中。松露类真菌利用化学物质告诉动物：我们已经准备好被吃掉了。它们也靠化学物质与动植物和其他真菌（包括它们自己）交流。要弄懂真菌，我们必须探索它们的感官世界，可理解后者是一件难事。但这或许不会吓退我们。就像真菌一样，我们生命中的大部分时间也被许多事物吸引着。我们知道被吸引和被排斥是什么体验。通过嗅觉，我们能参与到真菌生存所依赖的分子会话当中。

在人类的历史中，松露自古以来就与性有着千丝万缕的联系。在许多语言里，"松露"一词和"睾丸"相通；以古卡斯蒂利亚语①为例，松露 *turmas de tierra* 可直译为"地球的睾丸"。松露之所以演化出了让动物感到快乐而飘飘然的能力，是因为它们得靠这种能力生存。我与俄勒冈州的松露学家和培育专家查尔斯·勒费夫尔（Charles Lefevre）聊过他对黑孢块菌（*Tuber melanosporum*，又名佩里戈尔黑松露，即黑松露）的研究。聊天时他突然提道："说起来有趣——我一边跟你聊着，一边感觉自己'沐浴'在想象出来的黑孢块菌香气里，就好像香气凝成了一团云，笼罩着我的办公室，但我的办公室里现在可没有松露。在我的经验里，松露常常带来这种嗅觉闪回，甚至还能让人产生视觉和情绪记忆。"[5]

在法国，迷失物品的主保圣人②圣安东尼（Saint Anthony）也以主保松露而闻名，松露弥撒就是在他的守护下举办的。然而，祷告并不能

---

① Old Castilian，即古西班牙语。卡斯蒂利亚为西班牙的历史地名。
② 指保护某物、某人、某职业、某团体、某项活动或某地区的守护圣者。

减少坑蒙拐骗——仍然有人将便宜的松露染色、调味，拿它们充当更昂贵的种类。重要的松露林总是偷猎者的目标。有人盗走受过专业训练、价值数千欧元的猎犬。还有人在林中各处撒上毒肉，意图毒死竞争对手的猎犬。在 2010 年的一场激情犯罪中，法国松露农夫洛朗·朗博（Laurent Rambaud）某天晚上在他的松露园里巡视时，射杀了当时撞见的一个松露小偷。朗博被捕后，250 名支持者以游行的方式支持朗博保护自家松露园的权利，抗议不断上升的松露和松露猎犬盗窃率。特里卡斯坦松露培育者工会（Tricastin Truffle Growers' Union）的副会长向《普罗旺斯报》（La Provence）表示，他已经提议同行不要再带枪巡逻，因为"诱惑太大了"。勒费夫尔说得好："松露能诱导出人性阴暗的一面。它们就像躺在地上的金钱，只不过易腐烂易变质罢了。"[6]

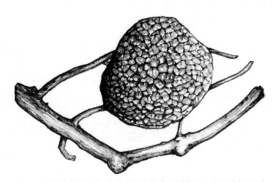

黑孢块菌（又名佩里戈尔黑松露，即黑松露）

　　松露并非吸引动物注意力的唯一一种真菌。在北美洲的西海岸上，熊翻起圆木，挖开深沟，只为找到珍贵的松茸。俄勒冈州的蘑菇猎手见过为了在锋利的浮岩质土壤中寻找松茸而把鼻子磨得血淋淋的麇鹿。热带雨林中的几种兰花演化出了模仿蘑菇气味、形状和颜色的能力，从而去吸引喜爱蘑菇的蝇类。蘑菇和其他形状的子实体是真菌最显眼的部位，但就连菌丝体也可以成为诱惑。一个研究热带昆虫的朋友曾给我看过一段视频：兰花蜂（Euglossa）在腐烂圆木里的一个坑周围绕着转。雄性兰花蜂在外界沾上不同的香气，混合起来去吸引雌性，就像制香师一样。交配只需几秒，但是采集和混合香气要花去它们的整个成年期。虽然还未经验证，但我朋友深信，这些绕着圆木转的兰花蜂是在为它们的芬芳采集真菌物质。兰花蜂出了名地喜欢复杂的芳香化合物，而分解木头的真菌正好会产生许多这类物质。[7]

我们人类会喷香水，而香水的成分主要提取自其他生物。在这种人类的性仪式里，真菌的香气并非稀客。沉香（阿拉伯语中也称"乌德"）是印度和东南亚的沉香属（Aquilaria）树木因真菌感染而形成的，在全世界的各种昂贵原料中名列前茅。人们用沉香制造香气：潮湿坚果味，浓稠蜂蜜味，浓烈木质味。至少自古希腊医师迪奥斯克里德斯（Dioscorides）的时代起，人类就一直垂涎于沉香。要是按克算，最好的"乌德"比金和铂都贵，1 千克最高可以卖到 10 万美元。[①] 对沉香属树木的破坏性砍伐已经让它们在野外濒临灭绝。[8]

18 世纪的法国医师泰奥菲尔·德博尔德（Théophile de Bordeu）称每一个生物"都会呼出一种气体，散发一种气味，一种围绕着这个生物的发散物……这些发散物带有独特的样式和风格；客观地说，它们就是这个生物的一部分"。一颗松露的香气和一只兰花蜂的芬芳或许会飘散到它们的身体之外，但这些"气味场"构成了它们化学身体的一部分，这些化学身体互相重叠，如同迪斯科舞厅里的幽灵。[9]

我在松露称重室里待了好几分钟，迷失在香气里。我的松露商人兼房东托尼带着一名客人匆忙地闯进房间，打断了我的幻想时光。他带上门，将气味封锁在房间里。客人仔细检查了秤上的那堆松露，瞟了一眼脏乱的工作台上那些装着未分类、未清洗松露样品的碗。他朝托尼点点头。托尼便用碎布将那松露扎好。他们走到院子里，握了握手。随后，客户开着一辆黑色小轿车远去。

那年夏天干燥，因此，松露的收成并不好。价格也反映出了松露的

---

① 折合人民币约 65 万元。

稀缺。直接问托尼买松露的话，价格会要到 1 千克 2 000 欧元。而在市场或饭店，同样的松露 1 千克要卖到 6 000 欧元。在 2007 年的一场拍卖会上，一枚 1.5 千克的松露被卖到了 165 000 英镑[①]——和钻石一样，松露的价格会随着体积变大而非线性地增长。[10]

托尼是个热心人，有着商人的冒险精神。听说我想与他的猎手同行，他很惊讶，并且让我别对找到松露抱太大希望。"你可以跟我的人一起去，但你大概什么也找不到。而且这是个苦活，要爬上爬下的，还要穿过灌木，蹚过泥沼，渡过溪流。这是你带的唯一一双鞋吗？"我向他保证自己并不介意。

松露猎手有各自的势力范围。这些范围的划分有的合法，有的不合法。我到的时候看到两名松露猎手达尼埃莱（Daniele）和帕里德（Paride）都穿着迷彩。我好奇这是不是能让他们悄悄接近松露。他们很认真地回答：这能让他们在寻找松露时不被其他松露猎手跟踪。松露猎手知道在哪儿有概率找到松露。他们的经验知识十分宝贵，并且和松露一样能被偷走。

帕里德是两人中比较友好的那个。他和他最喜欢的松露犬基卡一起，在外头迎接我。他有 5 条年龄和训练程度不一的猎犬。它们要么擅长寻找黑松露，要么是寻找白松露的专家。帕里德骄傲地向我介绍基卡——它非常有魅力。帕里德说："我的猎犬非常聪明，但我更聪明。"基卡是一条拉戈托罗马阁挪露犬（Lagotto Romagnolo），一个最常被训练成松露猎犬的品种。它到我膝盖那么高，浓密的卷毛遮住它的眼睛，看起来像极了一颗松露。确实，在我闻了一上午松露、见了一窝松露猎犬的幼崽、谈论了松露、目睹了松露交易和吃了松露之后，就连那圆润的岩石山坡看着都像松露了。帕里德提到了他和基卡交流用的暗号。他们已经学会去察觉和去理解对方行为上最细小的变化，并能在几乎无声的情况下一起行动。松露已经演化出了让动物知道自己准备

---

① 2 000 欧元折合人民币约 1.5 万元，6 000 欧元折合约 4.5 万元，165 000 英镑折合约 143 万元。

好被吃掉的信号。人类和狗也找到了办法，让对方知悉松露发出的化学信息。

松露的香气是个复杂的性状；松露和自己的微生物群、生活的土壤和气候所构成的风土条件（terroir）似乎共同孕育了这些香气。松露的子实体里住着茁壮生长的细菌和酵母菌群，每 1 克干重里有 100 万到 10 亿个细菌。松露微生物群中的许多成员能产生独特的易挥发化合物，它们构成了松露香气的一部分。你鼻子闻到的化学混合物很可能是多个生物共同努力的成果。[11]

我们仍未确定这松露诱惑力的化学基础。1981 年，德国研究人员发表了一项研究；他们发现意大利白块菌和黑孢块菌都能产生不少雄烯醇（androstenol），一种有着麝香气味的类固醇。对猪来说，雄烯醇是一种性激素；公猪制造雄烯醇，而母猪受其影响，会摆出交配的姿势。这一发现激发了一个猜想：母猪寻找地下松露的惊人能力，可能和雄烯醇有关。9 年后发表的一项研究质疑了这个猜想。研究人员在地下 5 厘米处理了黑松露、人工合成的松露调味品和雄烯醇，然后让 1 只猪和 5 条狗（其中包括当地全郡松露猎犬比赛的冠军）去搜寻它们。所有动物都能找到真正的松露和人工合成的松露调料，但没有一只动物找到雄烯醇。[12]

在一系列后续实验中，研究人员对松露诱惑力的搜寻范围缩小到了一个分子上——二甲硫醚。这是一项设计得极好的研究，但很可能并未揭开全部事实。松露的气味由多种多样的一团分子构成，这些分子的占比时刻都在变化；白松露的气味中有至少 100 种分子，其他常见松露种类的气味里也有大约 50 种分子。维持这些复杂的混合香气需要大量的能量。如果这种特征没有任何用途，那就不太可能被演化出来。再说，动物的口味各异。当然不是所有松露品种都能吸引人类，有些甚至有微毒。在北美洲的上千种松露里，只有少数具有烹饪价值；而且就连这些种类，也不是任何人都觉得美味。正如勒费夫尔所说，对一些人来说十分珍贵的松露，对其他很多人来说气味刺鼻。一些松露闻起来让人当场想吐。他跟我提到了高腹菌属（*Gautieria*）真菌。这个属的松露般的子实体会散发恶臭，即使用"下水道臭气"或"婴儿腹泻味"来形容这种气味都不为过。他的猎犬特别喜欢这些气味，但是他的妻子绝不允许他把这种真菌带进家门，就算是为了做分类学研究也不行。[13]

　　不论松露是怎么做到的，它所创造的那层层叠叠的吸引力都引发了一环扣一环的效应：人类之所以训练猎犬去搜寻松露，是因为松露对猪的吸引力过大，导致猪在找到松露的第一时间就会吃掉它们，而不是像狗一样，把松露挖给训练员。纽约和东京各家餐厅的老板为了和松露商人打好交道，会特意前往意大利。为了将松露保持在最佳状态，松露出口商建立起了复杂的冷链物流，以便在 48 小时内对松露完成清洗、包装、亲自送往机场、飞往全世界、到达机场接收、通过海关、重新包装和配送到消费者手中等所有过程。和松茸一样，新鲜松露也必须在收获后的 2 到 3 天内上桌。松露的香气由正常代谢的活细胞通过活跃的生化过程产生，并会随着孢子的不断发育而愈发浓郁。死去的松露则不再散发香气。因而和许多其他的蘑菇不同，松露被晾干后就失去了其主要的食用价值。它们需要化学过程的"喋喋不休"甚至"大声喧嚷"。阻断它们的代谢，就等于消除了它们的气味。正因如此，许多餐厅会当着客人的面把新鲜松露刨到各种菜肴上。几乎再没有其他生物能让人类以如此迅疾的速度运送它们。[14]

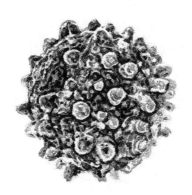

松露孢子

　　我们挤进帕里德的车里，从山谷出发，顺着一条乡村小路开上去，在覆满山丘的潮湿橡树林所构成的连片黄色和棕色间穿行。帕里德聊起了天气，开了些训练猎犬的玩笑，还打趣道和达尼埃莱这样的"土匪"一起工作的好和坏。几分钟后，我们转进一条小道，靠边停车。基卡从车尾箱里跳出来。我们穿过草地，走进一片树林。达尼埃莱已经到了，正和他的猎犬秘密地四处兜转。他解释说，附近还有一名松露猎手，所以我们必须安静行事。达尼埃莱的猎犬毛发蓬乱，卷毛里蹭上了一些小树枝。它没有名字，但帕里德说，那天早些时候他听到达尼埃莱叫它迪亚波罗（Diavolo）①。和热情友好的基卡不同，迪亚波罗经常乱咬乱吠。帕里德解释了造成这种差异的原因：他训练他的猎犬把搜寻松露当成一场游戏，达尼埃莱则不同——他用饥饿训练猎犬。帕里德指向迪亚波罗："看，它饿到不行，都在吃橡果了。"他们打趣了一阵子。达尼埃莱争辩说，他的猎犬在搜寻松露时比帕里德那些吃得好又备受宠爱的"宠物"更高效。帕里德坚持为自己改良的训练方式辩护，简练地总结道："达尼埃莱晚上搜寻松露，而我白天找。他紧张，我却不。他的狗咬人，我的不。他的狗瘦小，我的不。他技术差，我技术好。"

　　突然，迪亚波罗猛地冲了出去。我们一边吃力地跟着它跑，帕里德一边解释："可能有松露，也可能是老鼠。那狗对这两种东西都感兴趣。"我们发现迪亚波罗在一个泥泞的河岸上边挖边闻。达尼埃莱赶上去，将洞口上方的带刺藤蔓清理干净。这时帕里德解释说，松露猎人要细心理解猎犬的身体语言。摆尾巴意味着找到了松露，尾巴不动则是找到了别的东西。双爪齐挖代表白松露，单爪挖则是黑松露。从迪亚波罗的身体语言看来，很可能是找到了松露。达尼埃莱接着用一个形似巨型螺丝刀的钝平头工具开始松土，一边挖，一边抓起碎土来闻。他和他的狗轮流挖，而且他还要防止迪亚波罗挖得太起劲。帕里德笑着对我们说："饥饿的猎犬会把松露吃掉。"

---

① 在意大利语中意为"恶魔"。

挖了大约半米后，达尼埃莱终于在潮湿的土壤里找到了那颗松露。他用手指和一个小小的金属钩子将土刨开。松露的香气从土坑里传上来，比称重室里的那种香气更清亮、更饱满。这是它的自然居所，它的香气飘荡，与地面的湿气和腐叶的碎屑搭配在一起简直天造地设。我想象自己对松露的香气足够敏感，身在远处就能闻到，并想要放下手头的一切去寻找松露。闻着它的香气，我想起了奥尔德斯·赫胥黎（Aldous Huxley）的《美丽新世界》。他在书中描述了"香氛管"（scent organ）表演——就如管风琴能演奏音乐，"香氛管"能使用味道演奏。这个设定简直是为松露量身定制的：它们就是某种"香氛管"，能用自己的方式奏出由易挥发物质构成的"组曲"。

松露之旅的结果喜人。我们乱蓬蓬的，满身泥土地围着一颗松露站着。它激活了一个信号级联反应，将一群动物拖到自己面前——首先是一条猎犬，然后是一名人类松露猎手，最后是几个跑得比较慢的伙伴。就在达尼埃莱拿起松露之时，松露周围的地面坍塌了。"看！"帕里德把土清到一边，"一个老鼠窝。"看来，我们不是第一个到的。

我们闻到一颗松露的香气，就意味着我们接收到了松露向世界发送的一个单向信号。不同香气的作用过程小异大同。要想吸引动物，这个香气既要新奇，也要美味。但最重要的是，这个气味必须强烈，要能穿透障碍物。无论是野猪还是飞鼠都能帮松露散播孢子，所以松露对传播者的选择没有那么讲究。大多数饥饿的动物都会被这令它们胃口大开的香气吸引过来。再说了，松露不会因为别人突然的关注就改变自己的香味。它能引起别人的兴趣，但别人休想引起它的兴趣。它释放的信号如巨浪，清晰响亮地向外翻腾，一旦开始就不会结束。一颗成熟的松露会用通用的化学语言"播送"毫不含糊的召集令——这种香气凭借强烈的吸引力引来广大受众，能让达尼埃莱、帕里德、两条猎犬、一只老鼠和我集结在意大利一处潮湿河岸边的带刺藤蔓之下。

松露和许多其他异常珍贵的子实体一样，都是其母体真菌最不复杂精妙的交流方式。真菌包括菌丝生长在内的大部分生命阶段，都依赖一些更微妙的诱惑。要转变成菌丝体网络，一条菌丝要经历两个过程：分支和融合（菌丝融合的过程名为"anastomosis"，源自古希腊语，原意为"提供一张嘴"）。没有分支，一条菌丝就不能变成许多条。没有融合，许多条菌丝就无法长成复杂的网络。但在它们融合之前，菌丝还必须找到其他菌丝；要做到这一步，菌丝们会在名为"归向"（homing）的过程中互相吸引。菌丝间的融合就像是缝合菌丝体的针线，是网络生成过程中最基本的操作。这么说的话，任何真菌的菌丝体，都源于菌丝自己吸引自己的能力。[15]

但是，一个菌丝网络既能与自己相遇，也会撞见其他菌丝网络。真菌如何在持续变化的情况下保持对自己"身体"的感知呢？菌丝必须能分辨撞见的是自己的分支，还是其他真菌。如果是后者，菌丝又要分辨它们是不是不同的、可能对自己不利的物种，还是能一同"交配"的自家菌，又或者两者皆非。真菌的交配型（mating type）大致可以被类比成我们的性别（sex）。一些真菌有上万个交配型［这方面的纪录保持者是裂褶菌（*Schizophyllum commune*），它们拥有至少 2.3 万个交配型，每一种都能和几乎所有其他的交配型交配］。就算在不能交配的情况下，

菌丝体由一个孢子向外生长。重绘自 Buller（1931）

许多真菌的菌丝体还是能与其他菌丝网络融合——只要它们之间的遗传差异足够小。对真菌来说，自我身份很重要，但万事并不非黑即白。自我可以逐渐化为他者。[16]

诱惑是多种真菌交配的基础，对松露类真菌来说也是如此。松露本身就是交配的产物：黑松露这样的松露类真菌要想长出子实体，一个菌丝体网络的菌丝必须和另一个可交配网络中的菌丝融合，同时合并遗传材料。在松露类真菌的大部分生命中，它们都作为一个个菌丝网络，以不同的交配型分开生活。我们可以将松露类真菌的交配型简化为"+"型和"−"型。对它们来说，交配过程非常直白。当一条"−"型菌丝吸引一条"+"型菌丝并与之融合时，交配就发生了。其中一者就像父本一样，只提供遗传材料；另一方是母本，既提供遗传材料，又用菌丝生出松露和孢子。松露和人类的不同之处在于："+"和"−"交配型都可以充当父本或母本——换成人类的话（鉴于我们能与另一个性别的个体交配），就好比每个人既男又女，当父亲或母亲都行。松露类真菌之间性吸引力的形成机制尚未确定。亲缘关系近的真菌会利用信息素（pheromone）来吸引同伴；研究者因而强烈怀疑，松露也会使用性信息素以达成同样的目的。[17]

没有归向机制的帮助，菌丝体就无法形成。没有菌丝体，"+"和"−"交配型之间的吸引力就无从说起。没有性吸引力，交配就不能发生。没有交配，松露就无法被生成。但松露类真菌和它们的树木同伴的关系也同样重要，它们之间的化学交互必须受到精细的调控。如果没有植物同伴，幼年的松露类真菌很快就会死去。植物必须将和它们形成互利关系的真菌种类纳入自己的根部，而不能纳入会引起病害的真菌。土壤中爬满了无数的根、真菌和微生物。真菌菌丝和植物根部都要在土壤的化学喧闹中找到自己的"另一半"。[18]

这是又一个关于吸引和诱惑的故事，由化学物质的一呼一应构成。就如森林中的松露吸引动物一样，植物和其他真菌也都利用挥发性的化学物质制造出自己对另一方的吸引力。受到激发的植物根部传出一缕缕挥发性化合物，穿过土壤让孢子发芽，让菌丝分支生长得更快。真菌则会制造植物生长激素以操纵植物根部，使它们发育出无数茂盛的小根——根部的表面积越大，根尖与真菌菌丝相遇的可能性就越大。（许多真菌都会制造植物和动物激素，以改变与它们产生关联的生物的生理反应。）[19]

要让真菌和植物结合，植物根部要改变的不仅仅是结构。接收到对方独特的化学信号后，植物和真菌细胞中都会产生一系列化学级联反应，激活许多基因的表达。植物和真菌都会重新调整它们的代谢和发育程序。真菌会释放暂停它们植物同伴免疫反应的化学物质，否则它们根本无法接近植物并与其形成共生结构。一旦建成，菌根关系便会持续发展。菌丝和根部之间的连接是动态的，能随着根尖和真菌菌丝的老死而形成与重构。这些关系无时无刻不在重组。我们如果能把嗅觉上皮埋进土里，就会仿佛体验到一场爵士乐队的表演，乐手们彼此聆听、互动，实时回应另一方。[20]

意大利白块菌和其他珍贵的菌根真菌（例如牛肝菌、鸡油菌和松茸）从未受到驯化；其中一部分原因在于它们与植物之间的动态关系，另一部分是因为它们错综复杂的性生活。我们对真菌的基本交流理解得远不够完整。一些松露（如黑孢块菌）可以被人工栽培，但和人类驯化许多作物的精纯技艺相比，松露栽培业还不成熟；即便是栽培老手，成功率也时高时低。在勒费夫尔的"新世界松露培养园"（New World Truffieres），只有30%左右的植物幼苗能成功与黑孢块菌的菌丝体形成共生关系。有一年，在没有刻意改变任何方法的情况下，成功率却达到了100%。他告诉我："我之后再也没能重复当年的结果。我不知道我做对了什么。"

要有效地培育松露，不仅要掌握松露的癖好和需求（尤其是它们奇异的生殖系统），还要明白它们周围树木、细菌的癖好和需求。除此之外，我们还要理解松露生长环境中的土壤、季节和气候中细微变化的重要性。"这是一个启发思维的领域——因为我们需要用到许多跨学科的知识与方法。"剑桥大学的地理教授、不列颠群岛上黑孢块菌子实体的第一位报告者乌尔夫·宾特根（Ulf Büntgen）告诉我，"这个领域囊括了微生物学、生理学、土地管理学、农学、林学、生态学、经济学和气候变化研究。我们必须有全局观念。"松露的生活其实牵系着整个生态系统。科学上的理解还没能跟上这一点。[21]

　　对一些受到真菌的化学诱惑的动物来说，结局更加直接：死亡。

　　捕食性真菌会围困住线虫并把它们吃掉，这是一项极为惊人的感官技能。数百种线虫捕食真菌分布于世界各地。大部分都以分解植物物质为生，只有在食物紧缺时才开始捕食。与松露不同，它们是低调的捕食者：松露的香味一旦开始散发，就不会停下；捕食线虫的真菌只有当感知到线虫接近时，才会长出围捕线虫的器官并发出化学召唤。在可分解物质充足的条件下，就算周围有很多虫子，它们也懒得捕食。要做到这些，捕食线虫的真菌必须对线虫的现身高度敏感。所有线虫都依赖同一套分子来实现从调控发育到吸引配偶在内的许多功能。而真菌就是反过来利用这一套化学物质来"窃听"它们猎物的踪迹。[22]

　　真菌捕食线虫的手段令人生畏且花样百出。这是一个独立演化了数次的本领——不同的真菌支系顺着不同的演化路径达成了同一个结果。一些真菌长出带有黏性的网或分支去粘住线虫。还有一些使用物理方式，能在受到触碰后的 1/10 秒让菌丝"套索"膨胀起来，牢牢套住猎物。一些真菌［包括人类最常栽培的平菇（*Pleurotus ostreatus*）］则会利用顶端带有毒性液滴的杆状菌丝来麻醉线虫，让菌丝有足够的时间从线虫的口长进内部，从内到外消化线虫。还有一些真菌会产生能在土壤中游弋的孢子。它们会凭借化学机制向线虫游去并附着其身。一旦附身成功，孢子就会发芽。真菌随后会用名为"枪细胞"（gun cell）的特化菌丝穿透线虫的身体。[23]

　　真菌的线虫捕猎行为十分多样：同一个物种的不同个体对线虫的反应也会有其独特性，或制造不同类型的陷阱，或以不同的方式布置陷阱。少孢节丛孢菌（*Arthrobotrys oligospora*）在有机物质充足时以"正常"分解者的方式生存；有需要时，它们则能在菌丝体中制造线虫

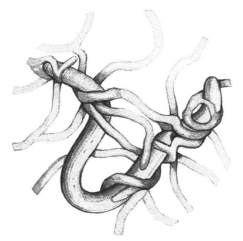

真菌吞噬线虫

陷阱。它们也能通过缠绕其他真菌菌丝体而将它们饿死，或发育出特化结构去穿透并食用植物的根。它们在不同的生存方式之间如何做出选择？我们至今仍不清楚。[24]

该怎么解释真菌的交流系统呢？在意大利，当我们围站在泥泞河岸上的那个洞旁往里看的时候，我试图从松露的角度看我们。兴奋之下，帕里德给出了一个诗意的解读。"松露和它共生的树就像恋人或者夫妻。"他似低声吟唱般说道，"一旦两者之间的连接断开，就再没办法回到从前。连接断了就是断了。松露在树的根部出生，受到野玫瑰的保护。"他指了指带刺的藤蔓，"它躺在里头，像睡美人一样由荆棘守卫着，等待猎犬将它吻醒。"

对于绝大多数非人类的互动，科学界的主流看法认为我们不该从中解读出意图。松露类真菌不能表达，不会说话。恰如它们所依赖的那些动植物，松露类真菌基于机器一般的日常行为自动对环境做出反应，以最大化其生存概率。与之形成鲜明对比的便是有情有趣的人类生活：感官刺激的量无缝转化为感官体验上的质；我们能感觉到刺激，能产生情感；我们会受到触动。

我在泥泞的岸边斜坡上努力保持平衡，让我的鼻子正好处于真菌尖锐气味的上方。无论我如何试图将真菌看成简单的自动化机器，它们总还是在我的脑海里鲜活地涌动着。

尝试理解非人类生命之间的交互时，我们常常在两种倾向之间反复跳跃：要么将这种交流看作经过预编程的机器人的无生命行为，要么将其看作丰富、鲜活的人类体验。在我们眼里，真菌是没有大脑的生物，也就缺少产生哪怕最简单的"体验"所需的基本工具；真菌之间的交互因此不过是对一系列生化刺激的自动反应。但松露类真菌，乃至大部分真菌的菌丝体都能主动感受它们的环境，以不可预测的方式做出反应。它们的菌丝能受化学物质的刺激，做出响应，产生应激。正是这种理解其他个体所释放的化学信息的能力，让真菌能与树木建立一系列复杂的交换关系，能调动和传输囤积在土壤中的营养物质，能交配，能捕食，还能抵抗入侵者。

我们常将拟人化的思维视为一种幻觉，就像人类柔软心智上冒出的一个水泡：不成熟，不规矩，未固化。这背后的一些论点确实说得过去：当我们将世界拟人化时，我们就无法按照其他生物自身的生存逻辑去理解它们。这种人类主义的立场是否会让我们忽视，或者忘记去在意一些事物呢？[25]

生物学家罗宾·沃尔·基默尔（Robin Wall Kimmerer）是美国大平原帕塔瓦托米部落（Citizen Potawatomi Nation）的一员，他发现，帕塔瓦托米的本土语言里有很多将人类以外的静态世界描述为生命过程的动词。举个例子，"山"在帕塔瓦托米语中是一个动词，"成为一座山"。山一直都处在成为山的过程中，它们正在活跃地成为一座座山。有了这样一套"生命语法"（grammar of animacy），我们或许就能不将其他生命简化为一个个"它"、不借鉴人类思维中惯用的概念去谈论其他生物的生活。基默尔写道：相比之下，我们不能从英语中辨识出"另一类生命的存在"。如果一个东西不是人类主体，我们就将其默认为无生命的客体：一个"它"，"单单一个东西"。如果我们将人类的概念挪用到非人类的生物上，就坠入了拟人化思维的陷阱。当我们用"它"（it）指代这些生物时，我们就客体化了其他生命，也掉入了另一种陷阱。[26]

生物界从来没有非黑即白之事。我们用于理解和探索世界的故事与隐喻必须一成不变吗？能不能通过扩展我们的一些概念，让说话可以不总需要嘴，听见不总需要耳朵，理解不总需要神经系统呢？在不带歧视和讽刺，不打压其他生命形式的前提下，我们能做到吗？

达尼埃莱包起松露，小心翼翼地将坑填上，把那团带刺的藤条拉回土壤上方。帕里德解释说，这是为了保护松露和它所在树根之间的共生关系。达尼埃莱表示，这是为了防止其他松露猎手跟随我们的踪迹。我们顺着来时的脚步，漫步穿过野地。回到车里的时候，松露的味道已经没那么鲜活，到了称重室后，味道更加单调。我好奇：等它被片到洛杉矶的某个餐盘上时，气味会变得多微弱呢？

几个月过去了，我在俄勒冈州尤金市（Eugene）郊外林木繁茂的山丘上，跟着勒费夫尔和他的拉戈托罗马阁挪露猎犬但丁一起搜寻松露。但丁是勒费夫尔口中的"多样猎犬"（diversity dog）。基卡和迪亚波罗那样的"产量猎犬"（production dog），训练之初就是为了让它们找到大量的某种松露；"多样猎犬"则被训练为去搜寻任何味道特殊的东西。这使得它们能够找到从未闻过的松露种类。也正因此，但丁有时候会追着一些完全不是松露的东西，比如味道刺鼻的蜈蚣；但它也挖出过 4 种未经记录的松露。这种事并不罕见。麦克·卡斯泰拉诺（Mike Castellano）是著名的松露专家，还有一种松露以他的名字命名。他发表过 2 个新的目、不下 24 个新的属，还有 200 多个新的松露物种。在加利福尼亚州收集样品时，卡斯泰拉诺常常发现松露新种，由此也可见我们对松露还知之甚少。

我们一边缓步走过花旗松（Douglas fir）和肾蕨（sword fern），勒费夫尔一边解释道：几个世纪里，人类一直在无意识地培育松露。在不断有人类侵扰的环境中，松露仍然得以苗壮生长。但在 20 世纪的欧洲，原先生长着繁多松露的受管理森林腹地，有的经过开垦成了农地，有的被遗弃而长成了成熟林——这两种环境都无益于松露的量产，使得其产量大幅下降。对勒费夫尔来说，松露栽培业的复苏令人振奋，因为这样既可以利用林地来生产一种能赚钱的作物，也可以引入私人资本来帮助修复环境。种松露，先种树。必须认识到土壤中充满了生命。不在生态系统的层面思考，就无法培育松露。

但丁兜兜转转，边跑边闻。勒费夫尔跟我讲起了一个理论：古以色列人穿过沙漠时维持生命用的吗哪[①]，实际上是沙漠块菌（desert truffle，又名沙漠松露）。这是一种遍布中东地区的美味，会毫无征兆地从干旱的土地中破土而出。他跟我说起了自己曾尝试培育难寻的白块菌，但屡屡失败。他说，我们对白块菌和它的宿主大树之间的关系几乎毫不了解。这让我想起了真菌对多变环境的多种反应，想起它们能用各种方式找到和它们赖以生存的动植物相处的新方法。[27]

再次重返森林搜寻松露时，我发现自己又在寻找描述这些惊人生物的语言。香水制造商和品酒师通过比喻来描述香调中的差异。一种化学物质的味道可以犹如"割过的草"，可以像"湿润的杜果"，也可以仿佛"葡萄柚和烈马"。如果没有这些语句的指引，我们就没办法想象那些香气的味道。顺式-3-己烯醇闻起来像割过的草。西番莲硫醚[②]像湿润的杜果。N-2-二甲基-N-苯基丁酰胺（又名吡德酰胺）像葡萄柚和烈马。这并不是说西番莲硫醚就是湿润的杜果，但如果递给你一个敞口的西番莲硫醚瓶子，你肯定能识别出它的味道。在人类的语言和一种味道之间建立关系，是一个包含判断和偏见的过程。我们的描述本身会扭曲和改变我们所描述的现象，但有时候，这是描述世界特性的唯一方法：类比，但非等同。我们谈论其他生物的时候，是否也面临同样的境遇？[28]

仔细想想，我们其实也没有太多别的选择。真菌也许没有脑子，但它们面临的众多选择要求它们有决策能力；多变的环境需要它们即兴应

---

① 《圣经》中古以色列人穿越荒野时得到的天赐食物，也寓为意外收获。

② 商品名，即氧杂硫代环戊烷。

变；而尝试便意味着会出错。无论是菌丝体网络中菌丝的归向行为、不同菌丝体网络中两条菌丝之间的性吸引力、菌根菌丝和植物根部之间至关重要的迷恋纠缠，还是真菌的有毒液滴对线虫的致命诱惑，都需要真菌主动感知和理解它们所处的世界，即使我们没办法亲身体会菌丝感知和理解世界的感觉。也许想象真菌用化学语言与世界交流并没什么奇怪的：它们组合、重组这类化学词语，供其他生物理解。这些生物包括线虫、树根、松露猎犬和纽约的餐厅老板。有时候，这些分子（比如松露散发的信号）刚好能被转译成人类可以理解的化学语言。然而绝大部分时间，我们都会忽略这些分子；它们或从头顶飘过，或从脚下穿过。

但丁开始狂热地挖掘。"看起来是松露，"勒费夫尔解读着猎犬的身体语言，"但位置很深。"我问他是否担心过但丁会因为发狂似的挖掘而弄伤鼻子或脚。"哦，它的肉垫确实一直受伤。"勒费夫尔承认，"我一直想给它买些靴子。"但丁边闻边挖，可是毫无收获。"我觉得挺愧疚的：它找不到松露的时候，我就不会给它奖励。"勒费夫尔蹲下身子，摸了摸它的卷毛，"但我还没找到比松露更好的奖励。松露比什么都好。"他咧嘴朝我笑了笑，"对但丁来说，上帝就在土壤表面之下。"

2

活迷宫

在这迷宫潮湿温柔的黑暗中，我如此愉悦，纵使无法脱身。

——埃莱娜·西克苏 [①]

想象你能同时穿过两扇门。这种听起来不可能的事，对真菌来说却是家常便饭。走到小径分叉的路口时，真菌的菌丝不需要做出选择。它们可以分支，同时沿两条路前进。

我们可以将菌丝困入微观迷宫，观察它们向前探查的样子。一旦被挡住，它们便会分支。绕过障碍物后，菌丝尖端会继续朝之前生长的方向延伸。和我朋友那些会解谜的黏菌一样——黏菌能找出走出宜家商场迷宫一般内部的最快路线，真菌也能很快探得距离迷宫出口最短的路径。跟随不断前进的菌丝尖端探索迷宫会让人产生奇异的感觉。一个尖变成两个尖又变成四个尖再变成八个尖——但它们仍都处于同一个菌丝网络内，相互连通。这到底是一个生物还是许多个？思索着这个问题的我后来不得不得出一个看似不可能的结论：两者皆是。[1]

观察一条菌丝探索实验用的迷宫已经非常令人困惑，但让我们想象在一茶匙体积的土壤里，数百万条菌丝的尖端同时探索着数百万个不同的迷宫。再扩大规模想象：数十亿个真菌尖端，探索着一块足球场那么大的森林野地。

---

① 埃莱娜·西克苏（Hélène Cixous，出生于 1937 年），出生于阿尔及利亚的奥兰，诗人，作家，哲学家。20 世纪 70 年代法国女权思想三杰之一。

菌丝体是生态系统中的结缔组织 ①，是将大部分世界连接在一起的活缝线。老师会在学校教室里给孩子们展示解剖示意图，它们描绘着人体的各方各面。有的图上画着骨骼结构，有的图上展示着血管网络，有的图上是人体的神经分布，还有的图上描绘着肌肉组织。如果我们给生态系统也画下这样一套示意图，其中一张将展现出贯穿生态系统的真菌菌丝体。我们会看到其蔓生、交错的网络穿过土壤，穿过位于大洋表面以下几百米的硫黄沉积物，爬过珊瑚礁，越过活着或死去的动植物身体，遍布在垃圾堆、地毯、木地板、图书馆里的旧书、房间里的灰尘颗粒和博物馆里承载着古典大师作品的画布之中。据估计，如果我们将 1 克土壤（也就是大约一茶匙的量）里的菌丝体分开，从头到尾连起来能有几百米到 10 千米那么长。在现实中，我们无法量化菌丝体深入地球结构、各种系统以及万物生灵到了何等程度——它们交织得太过紧密。菌丝体这种生命形式，挑战着我们身为动物的想象力。[2]

琳内·博迪（Lynne Boddy）是英国卡迪夫大学的微生物生态学教授，她研究菌丝体的觅食行为已有数十年之久，通过精巧设计的研究展现了菌丝体网络所能解决的种种问题。在一个实验中，博迪让木腐真菌在一块木头里生长，然后将木块放到培养皿里。菌丝体由木块向各个方向呈放射状延展，形成一个毛茸茸的白色圆环。最终，不断生长的菌丝体触碰到了一块新的木块。虽然真菌只有一小部分碰到了这木头，但是整个菌丝体网络的行为都改变了。它不再往各个方向探索，而是一边撤回网络中正在探索的部分，一边加强与刚触及的木块之间的联结。几天后，整个网络已变得"面目全非"——它完全重组了自己。[3]

她接着重复了这个实验，但稍微改变了实验步骤。她仍让真菌从最初的木块往外生长，直到发现新的木块。但这次，在这个网络重组自身之前，她将可见的菌丝从最初的木块上全部剥离了下来，并将木块转移

---

① 原指脊椎动物体内起到连接、支持、保护、贮存营养、物质运输等功能的组织。常见的有血液、淋巴和骨组织等。

到一个新的培养皿里。真菌从最初的木块中长出，并依然继续朝着曾经新木块的方向生长。这些菌丝体似乎拥有某种方向记忆，但这种记忆的形成机制尚未可知。[4]

博迪严肃务实，提到这些真菌的各种能力时会带着淡淡的惊异。它们的行为有点像黏菌，她也用类似的方法测试过后者——不过不是用它们来模拟东京的地铁网络，而是鼓励菌丝体找出来往英国城市之间最高效的交通路径。她将土壤摆成英国陆地的形状，并用长着簇生垂幕菇（*Hypholoma fasciculare*）的木块代表城市。木块的体积与它们所代表城市的人口成正比。"这些真菌从'城市'里长出来，还构建出了它们的高速公路网络。"博迪回忆道，"你能从中找到看到 M5、M4、M1 和 M6。① 我感觉挺有意思的。"

我们可以将菌丝体网络想成菌丝尖端组成的生物群体。昆虫会聚成虫群。叫吵不停的一大团椋鸟可被称为鸟群。一众沙丁鱼也能游成鱼群。生物群体是有规则的集体行为的表征。即使没有领袖或指挥中心，一群蚂蚁仍能找到距离食物源头最短的路；而一群白蚁则能造出结构精巧复杂的巨大蚁穴。但菌丝体网络中的所有菌丝尖端都互相连通，这远不是"群体"（swarm）这个概念能囊括的。一个白蚁巢群是由一只只白蚁个体组成的，而一个菌丝尖端是我们能想象到的最接近"菌丝体群体"中"个体"概念的单位。白蚁巢群形成后，我们仍能将一只只白蚁分开；但一旦菌丝体网络长成，我们就无法将一条条菌丝分离开了。菌丝体是一个模糊的概念。从网络层面上说，菌丝体是一整个内部紧密连接的个体；而从菌丝尖端的角度看，菌丝体又成了一个万千个体的集合。[5]

"我认为，我们人类能从菌丝体身上学到很多。"博迪反思道，"我们不能在现实中随随便便封住一条路去观察车流的变化，但我们可以切断菌丝体网络里的一条连接。"研究者已经开始借助像黏菌和真菌这样形成"网络的生物"来帮助人类解决问题。用黏菌模拟东京地铁网

_____

① 均为英国重要的高速公路。

络的那群研究者正在想办法把黏菌的行为结合到城市交通网络的设计当中；西英格兰大学非常规计算实验室（Unconventional Computing Laboratory）的研究人员则利用黏菌计算出了从着火的建筑物中最高效撤离的路径。还有一些学者把真菌和黏菌在迷宫中寻路的策略应用于数学问题的解决或给机器人的编程。[6]

解开迷宫和解决复杂的寻路问题绝非小事，这也是人们一直以来都利用迷宫测试许多生物（包括章鱼、蜜蜂和人类）解决问题能力的原因。但是，菌丝体真菌本身就生活在迷宫之中，解决空间和几何难题是它们需要演化出来的能力。"如何最有效地分配自己的身体"是真菌日常面临的问题。通过形成一片密集的网络，菌丝体能提高自己的运输能力。但密集的网络不利于远距离探索，稀疏的网络更适合探索大片区域，可是后者也意味着更少的内部连接，并会导致网络更容易受到损伤。在腐殖质组成的拥挤地下世界内觅食时，真菌如何在这两种选择之间平衡利弊呢？[7]

博迪的"两个木块"实验展现了一种常见的事件发生顺序。最开始，菌丝体处于探索模式中，向着各个方向生长。想象在沙漠里寻找水源——我们必须选择一个方向开始探索，真菌却能同时选择所有可能的路径。一旦找到食物，真菌就会加强与食物之间的联结并舍去那些什么都没找到的联结。我们可以基于自然选择来理解这个过程。菌丝体产生过量的联结。一些联结比其他联结更有竞争力，因此能被加强；竞争力不足的联结则会受到削减。最后只剩下几条主要的"高速公路"。通过往一个方向生长，同时撤回同其他方向的联结，菌丝体网络甚至能穿越一整片土地。"放肆"（extravagant）一词的拉丁文词根意为"漫游到……之外"。用这个词来形容菌丝体很适合，因为它们不停在往自己的极限之外漫游——与动物的身体不同，菌丝体并没有预设好的边界。它是一个没有形体构型①的身体。[8]

––––––––––––––––––

① Body plan，生物及其骨骼的基本形态结构和造型。

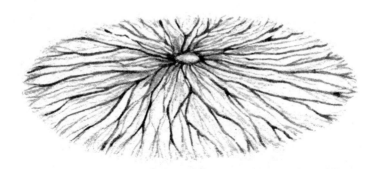

菌丝体在探索一个平面

　　菌丝体网络的一部分是怎么"知道"远处的另一部分在发生什么的呢？菌丝体向外扩张，但也要有办法让自己身体的各部分保持联系。

　　斯特凡·奥尔松（Stefan Olsson）是一名瑞典籍真菌学家。他花了数十年，尝试理解真菌网络协调自我并以单个整体来行动的机制。几年前，奥尔松开始对一种表现出生物发光现象的真菌产生兴趣。这类真菌的子实体和菌丝体会在黑暗中发光，帮助它们吸引能为自己散播孢子的昆虫。19世纪英格兰的煤矿工人曾报告，长在木制坑柱上的发光真菌亮到"矿工仅靠它们就能看到自己的手"；本杰明·富兰克林（Benjamin Franklin）曾提出利用某些发光真菌产生的"狐火"来照亮第一艘潜艇①内的指南针和深度量规。奥尔松研究的物种是鳞皮扇菇（*Panellus stipticus*）。"我把它养在罐子里的时候，能直接借着它的光看书。"他告诉我，"它就好像一盏立在我家书架上的小台灯。我的孩子们特别喜欢它。"9

　　为了监测鳞皮扇菇菌丝体的行为，奥尔松将它们培养在实验室的培养皿里，并把其中两个菌株放在一个全黑的盒子里，保持恒定的实验条件。他用一台感光性能强到足以检测到真菌生物发光的相机每隔几秒就给它们拍照，连续拍了一个星期。在这些照片合成输出的延时影片里，两个自我行为尚未协调的菌丝体在各自的培养皿中向外长成不规

――――――――――

① 即"海龟"号（The Turtle）潜艇，于1775年建造完成，曾在美国独立战争期间使用。

则的圆形，在圆心处发出比边缘更亮的光。几天后（在影片里的 2 分钟左右），培养皿里的状况突然发生了变化。在其中一个培养皿中，一波生物荧光从菌丝体的一侧传到了另一侧。一天后，另一个培养皿里也出现了相似的荧光波浪。在菌丝体的时间尺度上，这可是极其戏剧化的一幕。在菌丝体生命的"一瞬间"内，两者都忽然进入了一种与之前不同的生理状态。[10]

"这什么情况？！"奥尔松惊呼着向我转述道。他开玩笑地说，这些被放在一边的真菌可能觉得无聊了、开始玩耍了，或是抑郁了。他让培养皿在黑暗中多待了几个星期，可是这些荧光波浪再也没有出现过。几年过去了，他还是没弄明白出现这种现象的原因，也不清楚菌丝体如何在如此短的时间内协调了自己的行为。[11]

菌丝体的协调性之所以显得不可思议，是因为它们不具备控制中枢。如果把我们的头砍掉或让心脏停搏，我们就完了。菌丝体网络没有头，也没有脑子。真菌和植物一样是去中心化的生物。它们没有行动中心，没有首都，没有政府办公楼。它们拥有的是分散的控制：对菌丝体来说，协调是一个同时发生在所有地方、不发生在特定一处的过程。菌丝体的碎片能重新生长出一整个网络。这也就意味着，一个菌丝体在某种意义上可以（如果你不怕用这个词的话）永生。

奥尔松被自己记录到的、自发形成的生物荧光波浪迷住了，所以又为后续实验准备了另一套培养皿与菌株。他试着用移液管的尖端戳鳞皮扇菇菌丝体的一侧。受伤的地方立刻亮了起来。但令他不解的是，不到 10 分钟，亮光已经往网络中的其他部分移动了 9 厘米。这比化学信号从菌丝体的一边传到另一边的最高速度都快得多。

奥尔松意识到，受伤的菌丝可能向空气中释放了一种易挥发的化学信号；这个信号以气态云的形式存在，因此无须在菌丝体内部传导，也能散播至菌丝体网络的各处。为了验证这个假设，他将两个遗传物质相同的菌丝体并排培养。两个菌丝体之间没有直接连接，但它们之间的距离足以让化学物质经由空气从一方传播到另一方。奥尔松戳了戳其中一个菌丝体。跟之前一样，光在受伤的菌丝体网络中传播。但它并没有传播到这个菌丝体网络的邻居身上。这意味着，单个菌丝体网络中必然存在某种高速的交流系统。奥尔松越来越为这种交流系统的本质所着迷。真菌通过菌丝体进食。包括能进行光合作用的植物在内，一些生物能为自己合成食物。另一些生物（比如大部分动物）四处觅食并把食物放入负责消化和吸收的身体。真菌的策略则不同。它们直接消化周围的基质，再把营养吸收进身体。它们的菌丝长且分叉，直径只有一个细胞的粗细，大约 2～20 微米，不到一根人类头发平均粗细的 1/5。菌丝从环境中触碰到的基质越多，它们能吸收的也就越多。动物和真菌之间的不同显而易见：动物将食物放入身体，真菌将身体放入食物。[12]

　　然而，环境是不可预测的。大部分动物通过迁移来应对这种不可预测性：如果有食物更充足的地方，它们就会迁移过去。但菌丝体所处的环境中，食物分布既不规律，又难预测。因此，变形的能力对它们来说至关重要。菌丝体在不断生长、伸展与蔓延，用有形的身躯去推测环境并探索机遇。我们将这种能力称为发育上的"非决定性"（indeterminism）：没有哪两个菌丝体网络是一模一样的。菌丝体是什么形状的？这就像在问"水是什么形状"一样——只有知道一个菌丝体恰巧生长在何处，我们才能回答这个问题。相比之下，所有人类都有共同的形体构型，发育过程也大同小异。在没有特殊事件干预的情况下，如果一个人生来有两条手臂，长大后也还是只有两条手臂。

　　菌丝体在环境提供的容器当中不断融入，但它们的生长规律并不是毫不受限的。不同的真菌物种会形成不同类型的菌丝体网络。一些物种的菌丝纤细，另一些的则较为粗壮。一些物种对食物较为挑剔，另一些则不那么挑食。一些物种如一股云烟稍纵即逝，菌丝体不过房间里的一粒灰尘那么大，只栖居于其食物之上。另一些物种则拥有生命力持久的网络，能探索数千米之远。一些热带物种完全不会觅食；它们像滤食性动物一般，将一股股粗壮的菌丝编成"捕网"，把落叶截入囊中。[13]

　　无论真菌生长在何处，它们都要找办法渗入食物的所在之处——

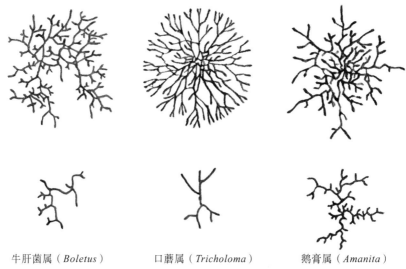

| 牛肝菌属（*Boletus*） | 口蘑属（*Tricholoma*） | 鹅膏属（*Amanita*） |

不同的菌丝体形态。重绘自 Fries（1943）

压强是它们的手段。当菌丝体要穿透格外坚硬的障碍时（例如致病真菌感染植物时），它们会长出具有穿透性的特化菌丝，蓄积 50 到 80 个大气压的压强，产生足以穿透塑料聚酯薄膜（Mylar）和凯芙拉材料（Kevlar）① 的力度。据一项研究估计，如果这菌丝和人的手掌一样宽，将能抬起一辆 8 吨重的校车。[14]

　　大部分多细胞生物是通过一层一层堆叠细胞来生长的。细胞分裂，从而制造出更多能进一步分裂的细胞。肝脏就是肝细胞堆叠在一起组成的，肌肉和萝卜也类似。菌丝则不同：它们的生长方式是变长。在合适的条件下，一根菌丝能将自己无限拉长。

　　在分子层面，不论真菌还是其他生物的细胞活动都高速到模糊。即使以菌丝的标准来看，菌丝尖端的活动也能算得上喧嚣，甚至比弹跳着一万个篮球的球场还热闹。一些物种的菌丝生长速度快到我们能实时观

① 一种合成纤维，材料原名为聚对苯二甲酰对苯二胺。

察到它们在伸长。菌丝要伸长，就要在尖端堆积新的材料。装满细胞建筑材料的小囊袋从菌丝内部到达尖端，并以最快每秒 600 个囊袋的速率与顶端结合。[15]

1995 年，艺术家弗朗西斯·阿尔利斯（Francis Alÿs）带着一罐罐底有洞的蓝色颜料在圣保罗四处游走。在他漫游城市的几天里，颜料连续不断地滴在地上，在他身后留下足迹。这些蓝色颜料连成的线条绘出了他旅途的地图，也展现出了时间的印记。阿尔利斯的表演很好地展现了菌丝的生长过程。阿尔利斯本人就是正在生长的菌丝尖端。他留在身后的足迹就是菌丝的身体。菌丝的生长发生在尖端；如果那会儿有人突然拦住阿尔利斯，他身后的线也会停止延长。你也可以这样来思考自己的人生。生长的菌丝尖端就是你生活所在的当下，而当下会逐渐蚀入未来。你过去的生活是菌丝的其余部分，是你留在身后错综复杂的蓝色足迹。一张菌丝体网络就是一张真菌近期生活的缩影，很好地提醒我们：所有生命形式都是过程，而非一成不变的东西。5 年前的"你"和今天的"你"是由不同物质构成的。自然是一个从不停止、一直在发生的事件。造出"遗传学"（genetics）一词的威廉·贝特森（William Bateson）曾这样总结他的观察："我们通常会把动物和植物想象成物质，但它们其实是不断有物质流过的系统。"当我们看着一个生物，不论是一个真菌还是一棵松树，我们看到的都是它持续发育过程中的一个剪影。[16]

一般情况下，菌丝体的生长都发生在菌丝尖端，但也有例外。菌丝缠结在一起形成蘑菇后，必须快速地吸收环境中的水分，好让自己膨胀起来——这就是为什么蘑菇常在雨后出现。蘑菇的生长能产生一股爆破力。当一株鬼笔属真菌顶破柏油路面时，它产生的力足以举起重达 130 千克的物体。在一本 19 世纪 60 年代出版的热门真菌图鉴中，莫迪凯·库克（Mordecai Cooke）写道：

几年前，［英国］小镇贝辛斯托克（Basingstoke）铺上了路；没过几个月，人们就发现路面上出现了不平整的地方——没人知道是怎么回事。不久之后，谜团解开了：一些非常重的石头被完全顶出了路面，而抬起它们的是一些正在生长的巨大毒菌（toadstool）。其中一块石头长宽皆有22英寸（约56厘米），重达83磅（约38千克）。[17]

我如果思考菌丝体的生长过程超过一分钟，就会感觉头昏脑涨。

20世纪80年代中期，美国音乐学家路易斯·萨诺（Louis Sarno）录下了生活在中非共和国森林中的阿卡人（Aka）的音乐。其中一段录音题为"女人采蘑菇"。当阿卡女人四处游走、采摘蘑菇时，她们也在用足迹追踪着地下的菌丝体网络。伴随着森林动物发出的声响，她们也唱着歌。每个女人唱着一条不同的旋律，每个声音讲述着一个不同的音乐故事。许多旋律缠结在一起，又不失各自的光彩。一些歌声环绕着另一些歌声，时而交织，时而并行。[18]

"女人采蘑菇"是一首复调（polyphony）。复调指的是同时歌唱不止一个声部，或是讲述不止一个故事。与理发店四重唱①中的和声不同，这些女人的声音从不合为一个单体。每一个声音都保有各自的独特性，同时又没有哪个声音独出风头。没有主唱，没有独唱，也没有领唱。如果我们把这音乐录音放给10个人听，并让他们唱出录音中的调子，每个人唱的都会与其他人的有所不同。[19]

菌丝体就是有形的复调。每个女人的声音都是一个菌丝尖端，探索着属于自己的声音空间。虽然每个尖端都能独自四处游走，但它们的行动又与其他顶端的行动息息相关。没有领唱，也没有主旋律。没有中心规划。就算如此，它们还是生长出了自己的形状。

每当我聆听"女人采蘑菇"，我的耳朵都会找准一个声音循着它走，仿佛我在森林中向着其中一个阿卡女人走去，并站在她的身旁。同时循

---

① Barbershop quartet，一种无伴奏的合唱形式，共分四个声部，负责唱主旋律的领唱、高音声部、低音声部和中音声部。

着多个声音听很难，就好比试图同时听清好多段谈话，且不会从一段对话跳到另一段对话。多条意识之流需要在脑中融合。我的注意力不能那么集中，而要更加分散。每次尝试都失败了。但是，当我不那么专注于听觉时，意料之外的事情发生了：那么多的歌声合成了一首歌，而这一首歌又不单独存在于任何一段歌声之中。这是一首涌现之歌，只有不将其分成一条条独立的声音时才能听到。

真菌菌丝就像是意识之流的具象对照物——它们融合在一起便成为菌丝体。但就像研究菌丝体发育的真菌学家艾伦·雷纳（Alan Rayner）对我说的："菌丝体不只是一团没有固定形状的棉絮。"菌丝能结合在一起，发展出复杂的结构。

当我们观察蘑菇时，我们观察的是一种与果实类似的东西。想象成堆的葡萄从地上冒出来，再想想那些结出它们的藤，在土壤表面之下扭曲、分支。葡萄和木质的葡萄藤是由不同类型的细胞构成的。但把真菌的子实体切开，你会发现它和菌丝体一样，都由菌丝组成。

除了蘑菇，菌丝还能特化成别的结构。许多真菌物种都能形成中空的绳索状菌丝，即菌索（cord 或 rhizomorph）。菌索可以十分纤细，也

和菌丝体一样，蘑菇也由菌丝构成

可以粗达几毫米、长达数百米。鉴于菌丝本身也是管状的，而非实心的（我们很容易忘记菌丝的内部充满了液体），菌索可以被看作许多小管子组成的大管子。它们传导物质的速度是单条菌丝的数倍——根据一份报告，这个速度可以达到将近每小时 1.5 米——这使得菌丝体网络能够跨远距离运输养分和水。奥尔松跟我讲过瑞典的一块森林，他在那儿见过一片巨型的蜜环菌网络。在 2 个足球场大小的区域内都能找到它长出的蘑菇。有一座小桥横跨在穿过那块区域的一条小溪之上。"我开始更仔细地观察那座桥。"他回忆道，"我看到真菌在桥底下缠上了自己的菌索。它在用这座桥跨越溪流。"不过，我们仍不知道真菌如何调控这些结构的生长。[20]

菌索很好地提醒了我们：菌丝体网络是运输网络。这一点也可以从博迪的菌丝体交通地图中看出。蘑菇的生长也是个很好的例子：要想穿透柏油路，蘑菇需要水分来让自己膨胀起来。而要做到这一点，水分又需要从网络中的一处被快速运输到另一处，并被小心翼翼地泵入发育中的蘑菇里。

在短距离上，菌丝体可以通过微管（microtubule，由微管蛋白原丝构成的动态结构，功能如同脚手架和电梯的结合）网络运输物质。但是，用微管马达蛋白运输物质非常不节能，所以在长距离运输时，菌丝中的物质是乘着流动的细胞液前进的。两种方法都能保证菌丝体网络中的高速运输，保证其让不同的部分能够进行不同的活动。英国乡村别墅哈顿厅（Haddon Hall）经历重修时，人们在一个废弃的石炉里发现了干朽菌属（Serpula）真菌的子实体。它的菌丝体穿过 8 米厚的石质结构，绕到了房子另一边的腐烂地板里。那块地板是它的进食之所，石炉则是它的结实之处。[21]

想要理解菌丝体内部的物质流动，最好的办法就是直接观察这些物质在网络中四处穿梭。2013 年，加利福尼亚大学洛杉矶分校的一组研究者对菌丝体进行了特殊处理，以便可视化在菌丝内运动的细胞结构。他们拍摄到的视频显示，成群的细胞核会一起移动。在一些菌丝中，它们移动的速度更快；在另一些菌丝中，它们会往不同的方向移动。有时会出现交通堵塞，细胞核则会利用菌丝里的小道绕路而行。细胞核的流动会相互融合。这些有规律的细胞核脉冲如同彗星一般，或向前推进，或在路口分叉，或向路旁的小道冲刺。其中一个研究者将其戏称为"细胞核骚乱"。[22]

这种物质流动能展示出菌丝体网络中的运输系统，但解释不了真菌生长的方向性。菌丝对刺激敏感。每时每刻，它们都面对着万千种可能性。但菌丝并不是以恒定的速率沿着直线生长，而是会向着有吸引力的方向前进，同时避开无趣的目标。它们是如何做到的？

20 世纪 50 年代，诺贝尔奖得主、生物物理学家马克斯·德尔布吕克（Max Delbrück）迷上了感官行为，并选择用布氏须霉（*Phycomyces blakesleeanus*）作为模式生物。布氏须霉惊人的感知（perceptual）能力让德尔布吕克着迷。它们的产孢结构（可以认为是无数条巨大的垂直菌丝）对光线的敏感度和人眼相似，能像我们的眼睛那样适应明暗。它们能察觉到一颗星星发出的微光，而且只在大晴天的太阳直射下才会感到无法适应。如果要让植物对光产生反应，用到的光得比这亮数百倍才行。[23]

德尔布吕克在其职业生涯的末期写道，他依旧坚信布氏须霉是简单多细胞生物里"最智能的"。布氏须霉拥有强大的触觉感知，尤其喜欢生长在风速只有每秒 1 厘米（每小时 0.036 千米）的地方。除此之外，它还能察觉到周边物体的存在——我们将这种现象称为"回避反应"（avoidance response）。即使经过了数十年的艰难研究，回避反应仍是一个谜团。即使不直接接触，几毫米内的物体也会让布氏须霉的子实体朝反方向弯曲。不论面对的这个物体是浑浊还是透明、是光滑还是粗糙，布氏须霉都会在大约 2 分钟后开始弯折。我们已经排除了以静电场、湿度、力学信号和温度等因素为主所做的假设。有些人设想布氏须霉用的是一种易挥发的、能环绕障碍物并产生细微气流的化学信号，但这个假说远未得到证实。[24]

布氏须霉对刺激有着罕见的敏感程度，不过大部分真菌都能感受到光（包括光的照射方向、强度或颜色）、温度、湿度、养分、毒素和电场，并对这些刺激做出反应。和植物一样，真菌能借助对蓝光和红光敏感的感受器"看见"光谱上的许多颜色；但和植物不同，真菌还有视紫红质，即动物眼睛里的视杆细胞和视锥细胞所含有的光敏色素蛋白。菌丝还能感受到物体表面的质感。一项研究表明，导致菜豆锈病（bean rust）的真菌，其菌丝能察觉到人造表面只有 0.5 微米深的沟壑——仅相当于 CD 光盘背部激光轨道之间沟壑深度的 1/3。当菌丝交织成蘑菇时，它们会对重力极度敏感。另外，正如我们已经提到的，真菌拥有数不清的化学信号传输通道，以便它们与自己以及其他生物交流：当它们结合或交配时，菌丝不仅能分清"自己"和"其他个体"，还能分清不同类别的"其他个体"。[25]

真菌生活在感官信息的洪流中。通过某种我们尚不知晓的方式，菌丝能在其尖端的带领下整合如此多的信息流，并决定一条最适合它们的生长轨迹。和大多数动物一样，人类利用大脑整合感官信息并决定最佳的行为方式。因此，我们也常常试图在别的生物身上搜寻这种信息整合所发生的部位——我们总希望会有这样的一个部位。但在研究植物和真菌时，寻找这个部位是徒劳的。菌丝体网络和植物都由许多不同的结构组成，但这些结构在它们身体中并不是唯一的——每种结构都有很多个。那么在菌丝体网络里，感官数据流到底是如何被整合的呢？没有大脑的生物又是如何将感知和行为联系起来的呢？

植物学家已经和这些问题角力了一个多世纪。1880 年，查尔斯·达尔文和他的儿子弗朗西斯（Francis）出版了《植物的运动本领》（*The Power of Movement in Plants*）一书。他们在最后一段中提出，既然植物的根尖决定了根的生长轨迹，那从生物全身各处传来的信号也必定要在这里被整合。达尔文父子写道，根尖"就像低等动物 ① 的大脑……接

---

① 生物界现已很少使用该称呼。此处的"低等"指的是身体、系统构造相对简单，并非对演化程度的评断。

收感受器官传来的信息，并指导植物的那些运动"。达尔文父子的猜想被人们称作"根-脑"假说。但婉转一点说：这个猜想颇受争议。这倒不是因为有人质疑他们的观察——正如茎尖能带着茎在地表向上生长，植物的根尖也确确实实会牵引着根在地下移动。植物学家们争议的焦点是能否使用"大脑"这个比喻。对一些学者来说，这样比拟能让我们更好地理解植物的生命运作。另有一些学者则认为，说植物拥有跟大脑相似的东西实在太过荒谬。[26]

　　某种意义上，"大脑"这个词或许并不是重点。达尔文父子想表达的是，生长中的顶端（不论是根尖还是茎尖）必然是整合信息、联结感知和运动的场所，并在这里决定合适的生长轨迹。真菌菌丝也一样。菌丝尖端是菌丝体生长、转向、分叉和融合所发生的部位，也是菌丝体里任务最繁重的。而且，它们数量繁多。单个菌丝体网络可能包含的菌丝尖端，数量从数百到数十亿不等，而且每一个都在与大量其他尖端并行地整合和处理信息。[27]

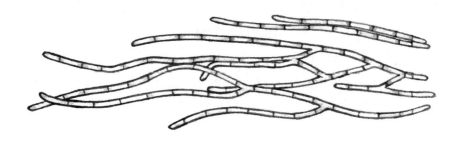

　　菌丝尖端或许是整合信息流并决定生长速度和方向的地方，但网络里的一部分尖端如何"知道"远处的另一些尖端在做什么呢？我们又绕回到奥尔松的难题。有生物发光能力的鳞皮扇菇菌株能在极短的时间内协调自身的行为——这种速度不可能通过网络中的化学信号传输实现。一些真菌物种的菌丝体能形成"蘑菇圈"（fairy ring，又名"仙女环"）。它们可以蔓延数百米，活上数百年之久，然后突然在地上长出一圈蘑菇。在琳内·博迪的菌丝体觅食实验中，整个菌丝体网络里只有一部分发现了新的木块，但整个菌丝体的行为都改变了，而且改变的速度极快。菌丝体网络是怎么做到与自身交流的呢？信息又是如何在菌丝体网络里快速传播的？[28]

这背后有好几种可能的机制。一些研究者认为，菌丝体网络或许能通过液体压强或流速的改变来传递发育信号。菌丝体和汽车刹车一样，是一个连通的液压系统。理论上，网络中一部分的液压突然发生变化，其他所有部分都可以迅速察觉。另一些研究者发现，菌丝的代谢活动（包括每节菌丝中代谢产物的累积和释放）能以规律的脉冲形式发生——这或许能帮助网络中的各部分同步它们的行为。而在为数不多的剩余可能里，奥尔松将注意力放在了电信号上。[29]

很久以前，人们就已经知道动物身体中的各部分会使用电脉冲（即"动作电位"）交流。神经细胞（神经元）长长的，具有电兴奋性，并负责协调动物行为。神经科学就是专门研究它们的学科。虽然我们通常认为电信号是动物独有的，但是动物并不是唯一能产生动作电位的生物。植物和藻类也能产生动作电位；而自 20 世纪 70 年代以来，人们陆续发现一些真菌同样能产生动作电位。细菌也具有电兴奋性。电缆细菌（cable bacteria）能形成长长的导电束［也被称为纳米线缆（nanowire）］。自 2015 年开始，研究人员还发现细菌群落能用类似动作电位的电活动协调它们的行为。然而，没有几个真菌学家认为动作电位在真菌的生命里有多重要。[30]

20 世纪 90 年代中期，奥尔松所在的瑞典隆德大学院系里有一个研究昆虫神经生物学的课题组。他们设计实验，在一种夜蛾的大脑里插入精密的玻璃微电极，以监测神经元的活动。奥尔松联系该团队，询问自己是否可以用他们的仪器回答一个简单的问题：如果把夜蛾的大脑替换成真菌的菌丝体，会发生什么？这些神经科学家们对此很感兴趣。理论上，真菌的菌丝应该具有传导电脉冲的能力。它们身上包裹着一层绝缘的蛋白质，和动物神经元外的绝缘鞘类似，可以保证一波波电活动在远距离传输时不会消散。此外，菌丝体中的细胞是相连的。这或许能让始于网络中一部分的电脉冲在不受阻扰的情况下传递给另一部分。

　　奥尔松挑选实验用的真菌物种时十分谨慎。他猜想，如果以电信号为基础的交流系统确实存在于真菌内，那么在需要远距离交流的物种中应该能更容易地检测到。保险起见，他选择了蜜环菌，即前文提到的最大菌丝体网络纪录的保持者——它们的菌丝体网络横跨数千米并存活了数千年之久。

　　当奥尔松将微电极插入蜜环菌的菌丝束里之后，他检测到了规律的、类似动作电位的脉冲，其放电频率约为每秒 4 次，和动物的感官神经元差不多。这些脉冲以至少每秒 0.5 毫米的速度在菌丝里前进——这是真菌菌丝内液体流动最高速度的数十倍。这让他十分在意。但电脉冲的存在本身并不能说明脉冲是快速信号传导系统的基础。电活动只有对刺激敏感，才可能真正在真菌交流中起到作用。奥尔松决定用它们的食物（木块）来测试真菌的反应。[31]

　　奥尔松搭建起实验器材，将监测菌丝体电活动的电极插入菌丝体，再把一个木块放在离电极几厘米远的菌丝上。他的发现令人惊讶：当菌丝体接触到木块时，电脉冲的频率翻了一倍。当他移走木块之后，放电频率又降回常态。为了保证真菌不是在对木块的重量做出反应，他又将一个不可食用的、但与木块体积和重量相同的塑料块放到菌丝体上。这次，真菌没有任何反应。

　　奥尔松接着测试了一堆其他种类的真菌，其中包括一种长在植物根系上的菌根真菌——侧耳属真菌（*Pleurotus*，或者可以认为是平菇的菌丝体），还有干朽菌（就是在哈顿厅的炉子里发现的那种）。它们都能制造类似动作电位的脉冲，并对一系列刺激都敏感。奥尔松猜想，许多真菌都可能在用电信号完成体内不同部分之间的交流。这些电信号传导的信息包括"食物源、所受损伤、真菌体内局部的情况，或周围是否有其他个体的存在"。[32]

与奥尔松合作的神经生物学家里，有许多人都为他的发现而兴奋：菌丝体网络或能像大脑一样工作。"这是所有那些昆虫学家的第一反应。"奥尔松回想道，"他们想着电信号在森林里这些巨大的菌丝体网络内不断传递着。他们将这些菌丝体网络简单地想象成硕大的大脑。"我承认，我也没能无视这种表面上的相似。奥尔松的发现说明菌丝体或许能形成由具有电兴奋性的细胞构成的、无比复杂的网络。而大脑，也正是这样的网络。

奥尔松向我阐述道："我不觉得它们是大脑。我必须抑制住将它们类比成大脑的想法。每次一有人提到这个类比，大家就会联想到我们的大脑：拥有语言能力，能处理想法并做出决定。"他这么谨慎是有道理的。"大脑"是个语义丰富的词，其背后的概念大多与动物相关。"当我们提到'大脑'这个词时，"奥尔松继续说道，"所有的联想都与动物大脑有关。"奥尔松还指出，大脑之所以那样运作，是因为它们的构造如此。动物大脑的架构和真菌网络十分不同。在动物的大脑里，神经元和其他神经元通过名为"突触"的接口相连。在突触里，一些信号和另一些信号相融合。神经递质分子穿过突触间隙，让不同的神经元以不同的方式运作：一些神经元负责激活其他神经元，另一些则负责抑制。菌丝体网络完全没有这些特征。

但是，如果真菌确实会用一波波的电活动在网络中传输信号，我们难道不能把菌丝体想得至少有一点像大脑的样子吗？奥尔松认为，在菌丝体网络中，或许有其他调节电脉冲的机制能创造出"类脑环路、门和振荡器"[1]。在一些真菌中，菌丝由带孔的膈膜分成一个个小隔室（即一个个菌丝细胞）。而真菌可以精细调控这些隔膜孔。开关隔膜孔能改变信号从一个菌丝细胞传到另一个菌丝细胞的强度，不论那是化学分子、压强还是电信号。奥尔松沉思道：如果一个菌丝细胞内电荷的突然改变能控制隔膜孔的开关，那么短而强的脉冲就能改变菌丝里后继信号的传

---

[1] 环路（circuit）、门（gate）和振荡器（oscillator）是电气工程和计算机科学等学科中的基本概念；这些组件能构成复杂的网络结构。

输方式，从而形成一个简单的学习环路。何况菌丝还能分支。如果两个脉冲在一处聚合，它们就都会影响隔膜孔的传导能力，让菌丝得以整合来自不同分支的信号。"不需要很了解计算机的工作原理就能看出：这些系统能造出决定门（decision gate）。"奥尔松告诉我，"如果将这些系统结合成一个灵活的、有适应力的网络，那么，我们就可能得到一个会学习和记忆的'大脑'。"提到"大脑"一词，他谨慎地用双手比画出引号的样子，强调这是个比喻。[33]

　　真菌能用电信号作为高速交流的基础——安德鲁·阿德玛茨基（Andrew Adamatzky）很清楚这一点。他是非常规计算实验室的主任。2018年，他将电极植入从菌丝体中冒出的一簇簇平菇里，并检测到了一波波自发的电活动。当他将一团火靠近平菇时，在同一簇平菇里，不同片平菇都产生了强烈的尖峰电流。不久之后，他发表了一篇名为"向真菌计算机迈进"（"Towards fungal computer"）的论文。他在论文里提出，菌丝体网络能"解码"由电活动尖峰编码的信息。阿德玛茨基设想，如果我们知道一个菌丝体网络对特定刺激的反应，我们就能将它当成一块活的电路板。通过刺激菌丝体（例如用火或化学物质），我们便能将数据输入真菌计算机中。[34]

　　真菌计算机或许听起来有些异想天开，但生物计算（biocomputing）是一个正在迅速发展的领域。阿德玛茨基已经花费数年开发由黏菌制成的传感器和计算机。这些黏菌生物计算机原型已经能解决一系列几何问题。我们能通过切断黏菌网络中的连接等方式来调整网络，从而改变这种生物计算机的"逻辑函数"。阿德玛茨基构想的"真菌计算机"只是将这种黏菌计算应用到了另一种基于网络的生物身上。[35]

　　阿德玛茨基通过观察得出，一些真菌物种的菌丝体网络比黏菌更适合用来进行计算。它们能形成长寿的网络，而且不会动不动就长成新的形状。它们也相对更庞大，有着更多菌丝之间的节点。正是在这些节点（奥尔松称其为"决定门"，阿德玛茨基叫它们"基础处理器"）上，从网络中各个分支传来的信号互相作用并结合。据阿德玛茨基估计，在一个幅员 15 公顷的蜜环菌网络中，存在着大约 1 万亿个这样的信号处理单位。

对阿德玛茨基来说，他并不是想用真菌计算机来取代硅基芯片——真菌的反应还是太慢了。他认为人类可以将生态系统中的菌丝体用作一种"大型的环境传感器"。他阐释道，监控大量的环境数据是真菌网络日常生活的一部分。如果我们能接入菌丝体网络并解读它们处理信息时所发出的信号，我们就能更好地获知生态系统中的各种指标，包括土壤质量、水质、环境污染以及任何其他对真菌来说敏感的环境特征。[36]

我们离这个目标还差得比较远。利用以网络形式存在的生物体进行计算还是个非常新鲜的概念，也还有许多问题有待解答。奥尔松和阿德玛茨基展示了菌丝体的电敏感性，但他们还没证明电脉冲能将刺激和其相对的反应联系起来。这就好比你将大头针扎进脚趾头之后，我们监测到了在你身体里传输的神经脉冲，但没能测到你对疼痛的反应。[37]

这在未来会是个挑战。在奥尔松的菌丝体研究与阿德玛茨基的平菇研究间隔的 23 年内，鲜有其他关于真菌电信号的研究。奥尔松告诉我，如果他有研究这个课题所需的资源，他会试着证明真菌因电活动改变而确实产生了相应的生理反应，并解码电脉冲背后的规律。他的理想是"将真菌接入计算机，与其交流"，即利用电信号让真菌改变它的行为。"如果这真能实现，我们将能开展各种有趣且精彩的实验。"[38]

这些研究引出了一大堆问题。基于网络的生命形式（如真菌和黏菌）是否具有某种形式的认知功能？我们能将它们的行为视为智能行为吗？如果其他生物的智能和我们的不同，那它们的智能将以何种形式表现出来？甚至，我们是否可能注意不到这种智能呢？

生物学家们对此看法不一。传统意义上，智能和认知都是根据人类标准定义的，至少需要一个大脑，或者换种更普遍的说法，需要心智。认知科学脱胎于对人类的研究，因此人类心智自然而然地被视为核心。如果没有心智，经典的认知过程（语言、逻辑、推理、在镜子中辨认出自己）便看起来根本无法实现。这些过程都需要高阶的心理功能。但是，我们对智能和认知的定义是主观的。基于"大脑中心主义"的观点在许多人看来实在过于狭隘。在这种观点中，非人类和人类之间有一条清晰的分界线，只有人类才拥有"真正的心智"并产生"真正的理解"。哲学家丹尼尔·丹内特（Daniel Dennett）不客气地批评其为"古旧而荒诞"。大脑的功能并非凭空演化出来的，在它的许多特征背后是无数在大脑出现前就已存在的古老机制。[39]

　　1871 年，查尔斯·达尔文秉承实用主义的精神，试图追溯人类智能的起源，他表达过大概的意思：一个物种为了生存发展出了种种行为手段，智能就体现在该物种能多有效地对其加以应用。许多当代生物学家和哲学家颇为赞同这一认识。智能（intelligence）一词的拉丁文词根意为"在……之间选择"。许多没有大脑的生物（如植物、真菌和黏菌）能根据环境条件随机应变、解决问题，并在不同行为之间做出选择。复杂的信息处理显然不仅存在于大脑的内部运作中。一些人用"群体智能"（swarm intelligence）来形容无脑系统解决问题的行为。还有一些人提议，我们可以认为这些以网络形式运作的生命形式所表现出的行为源于"最简"（minimal）或"基底"（basal）的认知。他们指出，我们不该探讨"这些生物是否具有认知功能"，而应该去分析"这些生物有着何种程度的认知能力"。而以上所有观点都认为，智能行为不一定需要大脑的参与，只要有一个动态的、能做出反应的网络就够了。[40]

　　一直以来，人们都将大脑想作一个动态的网络。1940 年，获得诺贝尔奖的神经生物学家查尔斯·谢灵顿（Charles Sherrington）将人类大脑形容为"一台魔法织布机，其中有万千闪光的梭子编织着变化的图案"。今天，"网络神经科学"正尝试解释大脑的活动如何从数百万个神经元的交联活动中涌现而出。大脑中的单个神经元环路无法孕育出智能行为，就好比仅一只白蚁的行为不能创造出白蚁穴那样精密的结构。单个神经元环路对整个神经网络中正在发生的事情"了解"得并不比单个白蚁对白蚁穴结构的"了解"更深入，但数量庞大的神经元能建立起网络，进而涌现出各种惊人的生物学现象。这样的观点认为，复杂行为（包括心智，以及对过往和既有经验如此清晰细微的感知）是由复杂神经网络中神经元灵活不断地自我重构所产生的。[41]

大脑只是这种网络的一个例子，只是处理信息的其中一种方式。就算在动物中，很多现象也可以脱离大脑发生。塔夫茨大学的研究者用扁虫在一些引人注目的实验中举证了这一点。扁虫因其再生能力而成为广经研究的模式生物。如果我们切断一只扁虫的头，它会再长出另一个头，包括其中的大脑和其他所有组织。我们也能训练扁虫。研究者想知道，如果训练扁虫记住环境特征，然后将它的头切下来，长出新的头和大脑的扁虫是否还保留着这些记忆——惊人的是，它们确实能保留这些记忆。扁虫的记忆似乎存储在大脑以外的地方。这些实验表明，就算是依赖大脑的动物，复杂行为背后的可变网络也不一定受限于头部内的狭小空间。还有其他例子可以佐证这一点，比如章鱼。章鱼的大部分神经都不在大脑里，而是分布于它们身体的各个部分。研究人员在它们的触腕中发现了很多神经，这些身体结构不需要大脑参与也能探索和品尝环境中的一切。即使触腕被截断，残肢仍能伸长和抓握。[42]

总而言之，很多生物都演化出了可变的网络，帮助它们解决生存中遇到的问题。不过相比其他生物，那些产生菌丝体的生物似乎率先演化出了这种形式。2017年，瑞典国家自然历史博物馆的研究者发表了一篇报告，描述了古老熔岩流碎片中保存的菌丝体化石。这些化石里有"互相接触和缠绕"的分叉细丝。这些菌丝与孢子状结构的大小直径、菌丝的生长状态及其形成的"纠缠网络"都很接近现代的真菌菌丝体。这个发现非同寻常，经测定，这些化石来自至少24亿年前，比之前我们认为的真菌从生命之树上分支出来的时间要早10多亿年。我们没办法确切地鉴定这个生物，但不论它是不是真正的真菌，它都明显展现出了菌丝体的特征。这个发现让菌丝体成了生物中目前已知的、由简单迈向复杂多细胞生命的最早一步——它展现出了一种原始的缠结，是活体网络的先祖。菌丝体的形态几乎没有发生过任何改变，它们在生命 40 亿年的历史中延续了一半有余，撑过了无数灾难和全球剧变。[43]

因为在玉米遗传学上所做的贡献而获得诺贝尔奖的芭芭拉·麦克林托克（Barbara McClintock），曾形容植物绝妙到"远远超出我们的预期"。这并非因为它们找到了实现人类行径的方式，而是因为生活被固定于一处的植物没法像动物一样通过主动的移动来避害，这样的生存处境诱使它们演化出了无数的"巧妙机制"来应对挑战。真菌也一样。菌丝体就是一个能完美解决生存中大部分基本问题的巧妙办法。菌丝体真菌与我们不同：它们不具有可变的、持续自我重构的网络——它们本身就是可变的、持续自我重构的网络。[44]

麦克林托克强调，训练出"一种对所研究生物的感觉"（a feeling for the organisms）非常重要，这能让研究者有足够的耐心去"听见研究材料想要对你说的话"。在真菌研究中，我们真的可以做到这样吗？菌丝体的生活与我们的太过不同，它们身体中暗藏的可能性对我们来说都很陌生。但是，它们或许并不像乍看上去那么不可理解。许多传统文化将生命理解成一个纠缠的整体。今天，"世间万物都互相联系"的说法对我们来说已经司空见惯。"生命之网"（web of life）的理念是现代科学理解自然的基础；诞生于 20 世纪的"系统理论"学派将所有系统（包括交通车流、政府部门和生态系统）都看作动态的交互网络；"人工智能"领域用人工神经网络解决问题；人类生活中的许多方面和互联网构成的数字网络密不可分；网络神经科学提议将我们自己也想象成动态网络。就像一块训练有素的肌肉，"网络"已经膨胀成了一个万能概念。很难想到哪个学科不利用网络的概念来理解现象。[45]

然而，我们还是没能很好地理解菌丝体。我问博迪，菌丝体生活的哪一方面最为神秘。"嗯……好问题。"她一时语塞，"我真不知道。实在太多了。菌丝体真菌如何以网络的方式运作？它们如何感知环境？它们如何将信息传给自己身体的其他部分？它们又如何整合这些信息？这些似乎都是没人在研究的庞大问题。然而要理解真菌的几乎任何行为，都需要回答这些问题。我们有研究这些问题的技术，但有多少人在研究基础的真菌生物学呢？没多少人。我觉得这是个很让人担忧的状况。我们还没能将此前的众多发现整合成一种全面的认识。"她笑道，"这个领域正待丰收！但我不认为有多少人正在其中采摘已然成熟的果子。"

1845 年，亚历山大·冯·洪堡（Alexander von Humboldt）谈论道："走近自然本质深处的每一步，都将我们领到新迷宫的入口处。"正如"女人采蘑菇"的复调歌曲生发自人声的纠缠，菌丝体也形成于菌丝的纠缠。对菌丝体的透彻认知尚未成形。我们正站在一个最为古老的生命迷宫入口前。[46]

3
亲密的陌生者

问题在于，当我们用"我们"一词时，我们并不知道自己在指谁。
——阿德里安娜·里奇 ①

2016 年 6 月 18 日，"联盟"号（Soyuz）宇宙飞船的返回舱降落在哈萨克斯坦的一片荒凉草原上。在国际空间站上工作期限已满的三名宇航员安全地从烧焦的太空舱里撤出。在坠向地球的途中，他们并不孤单。在他们座位下的盒子里，满满当当地紧堆着数百个活着的生物。

这些样品中有几种被送入太空生活了 1.5 年的地衣，是生物学和火星实验（Biology and Mars Experiment，缩写为 BIOMEX）的一部分。BIOMEX 由一群国际天体生物学家组织开展。他们利用装在国际空间站外部的托盘（被称为 EXPOSE 设备），在地外环境中培养生物样品。BIOMEX 地衣研究团队的一员那图什卡·李（Natuschka Lee）在计划返回地球日期的前几天跟我说："希望他们安全返航。"我不清楚她口中的"他们"指的是谁，但没过多久，李就联系我说一切安好。她收到了德国宇航中心（DLR）柏林办公室一名首席研究员的邮件。念出邮件的标题，她松了一口气："EXPOSE 托盘回到地球……"李微笑道："用不了多久，我们就能拿回样品了。"[1]

好几种具有极高耐受性的生物被送上了空间站轨道，其中包括细菌芽孢、一些自由生活的藻类、石生真菌（rock-dwelling fungi，缩写为

---

① 阿德里安娜·里奇（Adrienne Rich，1929—2012），美国诗人、散文家和女权主义者。

RIF），还有缓步动物（tardigrade，一种微小的动物，俗称"水熊"）。如果能屏蔽太阳辐射带来的有害影响，其中一些生物便能存活。但若被完全暴露在太空环境中，浸在未经过滤的宇宙射线下，除了一些地衣，其他能够幸存下来的生物少之又少。这些地衣惊人的生存能力，让它们成为天体生物学研究的模式生物。一名研究员写道，它们是帮助我们"找到地球生命的极限和局限"的理想生物。[2]

这不是地衣第一次帮助人类洞察已知生命的极限了。地衣是活着的谜题。自19世纪以来，它们就挑起了激辩：究竟是什么构成了具有自主能力的个体？我们对地衣研究得越深入，它们就显得越陌生。直至今日，地衣仍在挑战我们对个体的认知，迫使我们思考生物个体之间的边界在何处。

生物学家和艺术家恩斯特·海克尔（Ernst Haeckel）为他的《自然界的艺术形态》（1904）一书绘制了华丽的插图，生动地描绘了一系列地衣的形态。他笔下的地衣繁茂地铺展开来，狂乱地堆叠在一起。清晰可见的脉纹状隆起逐渐转变为表面平滑的泡泡；杆状结构延伸出尖刺和圆盘。它们蜿蜒崎岖似海岸线的轮廓与奇异似帐幔的结构相接，其中布满了幽深的凹凸和缝隙。"生态学"（ecology）一词正是海克尔于1866年创造的。这一学科研究生物和它们所处环境之间的关系。这里说的"环境"既指生物身处之所，也包含了维持它们所需的层层关系。受亚历山大·冯·洪堡工作的启发，生态学研究脱胎于"自然是一个相互连接的整体"的理念——一个"活跃力量构成的系统"。脱离环境，我们就没法理解生物。[3]

3年后，也就是1869年，瑞士植物学家西蒙·施文德纳（Simon Schwendener）发表了一篇提出"地衣二元性假说"（dual hypothesis of lichens）的论文。他在文章里描述了一个激进的想法：跟长久以来的分类认知不同，地衣不是单单一种生物。他主张，地衣实际上由2种非常不同的实体构成：真菌和藻类。施文德纳认为，地衣真菌［如今称作

"地衣共生菌"（mycobiont）〕提供物理防护，并为自己和藻类细胞寻找养分。而它的藻类同伴〔如今称作"共生光合生物"（photobiont），有时这个角色由能进行光合作用的细菌扮演〕则捕获光和二氧化碳，从而制造可以提供能量的糖类。在施文德纳看来，共生的真菌"虽然有政治家的智慧，但仍然是寄生体"。共生的藻类则是真菌的"奴隶……真菌找到它们……并强迫它们为自己服务"。它们一同长成了我们肉眼看到的地衣。二者凭借它们之间的关系在那些它们本来无法单独存活的环境中谋得生机。[4]

施文德纳的提议受到了地衣学家同行的激烈反对。两个不同的物种在不丢弃自己本体的情况下，怎么可能一同形成一种新的生物？大家都无法接受这样的想法。"有用且利于存活的寄生关系？"一位同行不屑道，"谁听过这种玩意儿啊？"还有一些人将这种观点斥为"感性的浪漫臆想"与"被囚禁的藻类少女和暴戾的真菌主人的不合理联盟"。另一些人的态度则较为温和。以创作儿童图书出名的英国真菌学家毕翠克丝·波特（Beatrix Potter）①写道："这么说吧，我们不相信施文德纳的理论。"[5]

彼时的分类学家辛辛苦苦地将生命分门别类成界限清晰的系谱，所以最令他们担心的是，一种生物或许能包含两条不同的演化支系。自达尔文 1859 年发表自然选择论后，人们普遍认为新物种通过演化支系分支（diverging）形成。物种的演化谱系像树枝一样分叉。树干分叉形成树枝，树枝分叉形成小树枝，小树枝又分叉形成枝丫。物种就是生命之树枝丫上的叶子。然而，二元性假说认为地衣是拥有不同起源的物种融合而成的。在一个地衣里，生命之树上已经分支了数十亿年的树枝做出了意料之外的举动：汇合（converging）。[6]

接下去的数十年里，越来越多的生物学家接受了二元性假说，但很多人不同意施文德纳对真菌和藻类之间关系的描述。不是因为他们矫

---

① 也是彼得兔系列故事和相关绘本的创作者。

情，而是因为施文德纳选择的比喻让大家很难看到二元性假说所引出的更大问题。1877 年，德国植物学家阿尔贝特·弗兰克（Albert Frank）创造了 *symbiosis*（共生）一词，以描述真菌和藻类共同生活的现象。在研究地衣的过程中，他清晰地意识到自己需要一个新词，一个不偏袒所描述的关系中任何一方的词。不久之后，生物学家海因里希·安东·德巴里（Heinrich Anton de Bary）采用了弗兰克所造的这个词，并将其拓展到了所有生物之间的交互关系，囊括了从只有一方获利的寄生关系到互利共赢关系的所有关系类型。[7]

往后的几年间，科学家们对共生关系提出了不少重要的新猜想，其中就包括弗兰克提出的"真菌能帮助植物从土壤里获取养分"的惊人理论（1885）。所有这些学者都引用了地衣的二元性假说来支持他们自己的想法。人们还发现珊瑚、海绵和绿色海蛞蝓里也生活着藻类，一名研究者将它们称作"动物地衣"。几年后，有人在细菌里发现病毒，并将它们描述为"微地衣"。[8]

换句话说，地衣很快就成了一条生物学原理。19 世纪末 20 世纪初，共生是一个挑战当时热门演化思想的概念。当时的流行观念在托马斯·亨利·赫胥黎（Thomas Henry Huxley）的作品中可见一斑。他将生命描绘成"角斗士的表演……最强壮、最敏捷、最狡诈的才能多活一天"。地衣则是让人们逐渐接受共生概念的生物。在二元性假说诞生后，我们不能再单单以竞争和对抗来思考演化了。地衣成了生物跨界合作的

Niebla 属地衣

经典案例。[9]

　　地衣覆盖着大约 8% 的地球表面，比热带雨林占据的区域还大。它们包裹着岩石、树木、屋顶、栅栏、悬崖，还有沙漠的表层。一些地衣呈黄褐迷彩色，还有一些呈柠檬绿或亮黄色。一些看上去像污渍，另一些像矮小的灌木，还有一些像鹿角。一些有着皮革质地，如同蝙蝠翅膀一般下垂，另一些则如诗人布伦达·希尔曼（Brenda Hillman）描述的那样，"像社交媒体上带'#'的话题一般，这一块那一块地，而且引人注目"。一些与甲虫一同生活，为后者提供了生存所需的迷彩防护。不固定长在一处的地衣［被称作"流浪地衣"（vagrants）或"漂泊地衣"（erratics）］四处游荡，不附在特定的东西上生活。如加利福尼亚大学河滨分校植物标本馆的地衣管理员克里·克努森（Kerry Knudsen）所说，在周围如"平淡故事"般背景的反差衬托下，地衣"显得像神话故事"。[10]

　　我在位于加拿大西海岸的不列颠哥伦比亚小岛上，被地衣深深吸引。我俯瞰着海岸线渐渐隐入大洋，没有分明的边界。陆地慢慢变成水湾和河口，再变成水道和航路。海岸之外，散布着数百个小岛。一些不过鲸的大小，最大的温哥华岛则有不列颠岛的一半长。这些岛大部分由坚硬的花岗岩构成，有着由海底山脊冒出海面形成的顶峰和冰川磨蚀出的山谷。

　　每年都有那么几天，我会和几个朋友挤上一艘长约 8.5 米的帆船，驶向这些小岛。我们的船名为"刺山柑"号（Caper），船体深绿色，没有龙骨，挂着一面红色的帆。要从"刺山柑"号上回到陆地是一件难事。我们要换到一艘颠簸的小艇上划桨前进。每划一次，桨都会从桨架里滑出去。上岸更是难上加难。海浪将小艇推上石块，又在我们艰难爬出小艇时将其拉回。但只要登陆，地衣就近在眼前了。我曾好几小时地沉浸在它们创出的世界中——一大片岩石上的生命之岛。地衣的种种名字都不太讨人喜欢，说都很难说顺，例如壳状地衣（crustose）、叶状地衣（foliose）、鳞状地衣（squamulose）、癞屑衣型地衣（leprose）和枝状地衣（fruticose）。枝状地衣丛生、下垂；壳状和鳞状地衣蔓生、渗透；叶状地衣成片、层叠。一些地衣喜欢长在朝东的表面，一些则偏爱朝西的表面。一些在裸露的岩架上生长，一些则喜欢潮湿的沟槽。一些排斥或骚扰它们的邻居，发动长期斗争；另一些则生存在其他地衣死去、剥落后所暴露出的表面。它们长得像陌生地图册上的群岛和大陆，这也是"地图衣"（*Rhizocarpon geographicum*）得名的原因。数世纪以来，地衣的生与死在最古老的表面留下了斑驳的痕迹。

地衣对岩石的钟爱从过去到现今一直在改变这个星球的面貌（有时改变的就是字面意义上的面貌）。2006 年，人们用高压水枪冲洗了拉什莫尔山（Mount Rushmore）上的总统雕像，冲走了上面长了 60 多年的地衣，希望以此延长纪念雕像的寿命。总统像不是特例。诗人德鲁·米尔恩（Drew Milne）写道："每一座纪念碑，都有地衣镶边。"2019 年，复活节岛的居民发起了一个活动，为的是擦去附着在数百座复活节岛人像上的地衣。当地人叫这些地衣"麻风病"；它们让雕像的特征变形，将岩石软化成"黏土状"。[11]

地衣在名为"风化"（weathering）的两步过程中"开采"岩石中的矿物质。首先，它们利用自己生长的物理力量破坏岩石的表面。然后，它们用一系列强劲的酸和吸附矿物质的化合物来溶解岩石。地衣风化岩石的能力让它们成了一股地质作用力。但它们所能做到的，并不仅限于溶解世界的物理特征。当地衣死亡、降解，它们便为新的生态系统制造了第一层土壤。对岩石里那些无生命的矿物质而言，地衣是它们跨越障碍、进入生命代谢周期的通道。你身体中的某些矿物质也很可能曾经流经地衣的躯体。不论是在墓地里的墓碑上，还是在南极的花岗岩石板间，地衣都居住在生命和非生命之间的那条边界线上。在"刺山柑"号上望向加拿大布满岩石的海岸线时，这一点变得清晰起来。从潮汐线往上，仅仅经过匍匐数米的地衣和苔藓，就能看到一棵棵比它们高大的树木的踪迹。这些树木扎根在海水不可及的裂隙之中，原始的土壤正是在这里成形。[12]

如何定义"岛"？这是生态学和演化学中的一个基础问题。对天体

树花属地衣（*Ramalina*）

生物学家（包括 BIOMEX 团队中的学者）来说，这个问题一样重要。他们试图解决"宇宙胚种论"（panspermia，该词源自希腊语，由意为"全部"的 *pan* 和意为"种子"的 *sperma* 两部分构成）提出的问题，即：行星是否也是岛？生命是否能在不同的天体间穿行？很久以前，人们就开始往这个方向畅想，但直到 20 世纪初期，这个想法才成为一个科学假说。一些推崇者认为，生命本身就来自其他行星。另一些人则表示，地球和其他行星上的生命是各自演化出现的，而来自太空的生命碎片开启了地球上的物种大爆发。也有人提出"泛宇宙胚种论"，认为地球上演化出了生命本身，但生命所需的化学元件来自太空。行星间的运输是如何实现的？围绕这个问题生发出了许多假说。其中，大部分或多或少认为，生命可以被小行星或其他行星碰撞陨石时喷射出的碎片裹挟着在宇宙中飞驰，直到撞上另一颗行星；这样，它们或有可能在其他行星上繁衍生息。[13]

　　20 世纪 50 年代晚期，正当美国准备向宇宙发射火箭时，生物学家乔舒亚·莱德伯格（Joshua Lederberg）担心起了天体污染的可能（"微生物组"一词正是莱德伯格于 2001 年提出的）。现在，人类已经能将地球生物送往太阳系中的其他区域。更令人担忧的是，人类可能将外星生物带回地球，造成生态失调——或者更糟糕地，带来肆虐的疾病。莱德伯格给美国国家科学院写了一封加急信，警告他们潜在的"宇宙灾难"。他们注意到了这个问题，并发表了一份官方关注声明。当时还没有描述"地外生命科学"的词，因此，莱德伯格造出了"外空生物学"（exobiology）一词。这就是如今天体生物学的前身。[14]

莱德伯格是个奇才。他 15 岁就进入哥伦比亚大学，20 多岁又发现了一个足以改变人类对生命史认知的现象。他观察到，不同细菌个体之间能交换基因。一个细菌能"水平地"（horizontally）从另一个细菌身上得到某种特质。"水平地"获得的特质指的是那些并非"垂直地"（vertically）遗传自上一代的特质。它们是在路上被"顺手捡起"的。人类对这样的情况司空见惯：我们学习和教授知识时，就是在水平地交换信息。人类的文化和行为有很多是这样传递与流通的。但是，人类几乎不能像细菌一样进行水平基因转移（虽然这在我们的演化历史上曾偶尔发生）。水平基因转移的发生意味着基因（和它们编码的特质）具有了"感染性"，就像是你在路边发现了一个不知名的特质，放到自己身上试了试，然后发现自己长出了一对酒窝。或者像是你在街上碰到一个人，然后用自己的直发和她/他的鬈发交换，抑或换上了其眼睛的颜色。又或像是不小心蹭到了一条猎狼犬，然后发展出了每天都想快跑几小时的冲动。[15]

莱德伯格的发现让他在 33 岁那年获得了诺贝尔奖。发现水平基因转移前，人们普遍将细菌视为和其他生物一样的"生物岛屿"。大家认为，基因组是一个封闭系统。一个生物不可能在出生后还能获得新的DNA，也不可能获得在其他生物身上演化出来的基因。水平基因转移改写了我们已知的生物法则，表明了细菌基因组是一个包罗了各界基因的场所，里面满是各自分别演化了数百万年的不同基因。正如地衣一样，水平基因转移也说明了，演化树上分叉已久的树枝，能在同一个生物的体内重新汇聚。

对细菌来说，水平基因转移是常态 —— 在任意一个细菌体内，大部分基因的演化历史都不同；细菌一点一点地获得这些基因，就好像布置房间时一件一件地添置新物品。这样，一个细菌就能获得现成的特质，大幅加速演化过程。通过交换 DNA，一个无害的细菌能在一步之内就变成一个拥有抗生素抗性的凶恶超级细菌。过去几十年的研究越来越明确地表明，虽然细菌最擅长驾驭这种能力，但它们并不是唯一能交换DNA 的生物：遗传材料能在生命的各个域之间横向交换。[16]

莱德伯格的想法混杂着一丝冷战时期的被害妄想。在他看来，宇宙胚种论就是宇宙尺度上的水平基因转移。人类有史以来第一次（至少在理论上）获得了用别处演化出的生物去感染地球和其他行星的能力。我们不能再将地球上的生命视为封闭的遗传系统，或是在一片无法跨越的海面上的一座行星岛屿。就像细菌能通过水平获取 DNA 来"快进"演化，来到地球上的地外 DNA 也可能为本该"迂回曲折"的演化过程创造出一条"捷径"，从而有潜在的可能造成灾难性的后果。[17]

BIOMEX 的主要目标之一，是弄清生命是否确实能在宇宙航旅中生存下来。脱离了地球大气层的保护，生存环境会变得极其恶劣——宇宙中的危险包括太阳和其他恒星发出的极高强度辐射、能让生物材料（包括地衣）几乎瞬间干枯的真空；还有转换飞速的冰冻、解冻和加热循环，温度能在 24 小时内从零下 120℃ 飙升至零上 120℃，再跌回零下120℃。[18]

人类第一次尝试送地衣上太空，并没有取得什么好结果。2002 年，一艘装载了地衣样品的"联盟"号无人运载火箭从俄罗斯的一个发射站升空，几秒后就爆炸坠毁。事故发生后的几个月，待积雪消融，人们取回了火箭货舱残骸。"奇怪的是，"首席研究员报告道，"地衣实验是残骸中少数可辨认的部分之一，而且即使经历了这样的险境，这些地衣……仍然表现出一定程度的生物活性。"[19]

在那之后，一系列研究都展现了地衣能在宇宙中存活的能力，研究的结论也大同小异。一些最坚韧的地衣物种能在复水后的 24 小时内完全恢复代谢活动，还能修复宇宙环境导致的很多损伤。*Circinaria gyrosa* 是最强韧的地衣；鉴于它们在这些实验中的存活率之高，近期有3 项研究决定将该地衣样品暴露在辐射水平比真实宇宙更高的环境中，以测试它们的"最高生存极限"。当然，地衣肯定会在一定剂量的辐射之下死亡，但是破坏它们的细胞所需的辐射强度极高。暴露在 6 000 戈瑞伽马辐射（这是美国食品辐照消毒标准的 6 倍，是人类致死剂量的 12 000 倍）下的地衣样品完全不受影响。将辐射水平提升一倍，即到 12 000 戈瑞（缓步动物致死量的 2.5 倍）时，地衣的繁殖能力受损，但仍能存活，并继续维持相对正常的光合作用。[20]

对不列颠哥伦比亚大学馆藏地衣标本的管理主任特雷弗·高厄德（Trevor Goward）来说，地衣的极端忍耐力印证了他总结的"地衣针效应"①。关于地衣的一切都能迅速激发洞见——用高厄德的话来说，"为知识强劲充电"。地衣针效应描述了地衣如何将我们熟知的概念击碎成新知识。共生概念是其中一例，在宇宙中存活是一例，撼动既有的生物分类系统又是一例。高厄德向我大呼："地衣教会我们有关生命的知识，它们向我们传授自然的奥秘。"[21]

高厄德首先是一个地衣迷（为大学馆藏捐赠了大约 30 000 个地衣样品），其次还是一名地衣分类学家（已经命名了 3 个属，描述了 36 个新的地衣物种）。但他觉得自己像是个神秘主义者。他轻声笑着对我说："我常说，地衣很多年前就完全将我的大脑表面覆盖住了。"他生活在不列颠哥伦比亚一大片荒野的边上，运营着一个名叫"地衣启示之道"（Ways of Enlichenment）的网站。对高厄德来说，仔细思考和钻研地衣会改变我们理解生命的方式；它们是能带领我们走向新问题和新答案的生物。"我们和世界的关系是什么？我们的生物学意义是什么？"天体生物学在宇宙尺度上抛出这些问题。也难怪地衣在宇宙胚种论激辩的正中央闪烁着不可忽视的鲜艳光芒。

然而，地衣和它们代表的共生概念所带来的重大存在主义疑题与我们息息相关。跨生物界合作（inter-kingdom collaboration）在 20 世纪改变了科学对复杂生命演化历史的理解。高厄德的问题或许听起来有点小

---

① 原文为 lichening rod effect，是作者在"避雷针"（lightening rod）一词上玩的一个文字游戏。

题大做，但地衣和它们的共生方式确实让我们重新审视了我们和世界的关系。

我们将生命分成 3 个域（domain）。细菌是一个。古菌（是类似于细菌的单细胞微生物，但其细胞膜的构成不同）是另一个。真核生物是第三个。我们是真核生物；所有多细胞生物，包括动物、植物、藻类和真菌，都是真核生物。真核生物的细胞比细菌和古菌的大，内部有一系列组织细胞运转的专门结构。细胞核就是其中之一，里面包含了细胞内的大部分 DNA。线粒体（生产能量的结构场所）是另一个细胞器。植物和藻类还有一个额外的结构：进行光合作用的叶绿体。[22]

1967 年，美国先驱生物学家林恩·马古利斯（Lynn Margulis）成了一个争议理论的主要支持者。这个理论让共生成为早期生命演化中最为关键的一环。马古利斯指出，演化中一些极为重要的事件，都源于不同生物的汇聚和融合。真核生物的诞生，多亏一个吞噬了细菌的单细胞生物。自那以后，前者就在后者的体内与其共生。线粒体就是这些细菌的后代。叶绿体则是被早期真核细胞吞噬的光合细菌的后代。包括人类在内，所有在此之后衍生出的复杂生命，都在持续演绎这段"亲密陌生者"之间的关系。[23]

"真核生物起源于'交融和汇合'"的概念。这概念自 20 世纪初以来一直在主流生物学思想里时隐时现，但大多数情况下还是在生物学界的边缘徘徊，直到 1967 年都没什么改变。马古利斯的论文经历 15 次拒稿后才被接受。发表后，她的理论受到了激烈的反对，就跟过去类似的想法刚提出时一样。1970 年，微生物学家罗杰·斯塔尼尔（Roger Stanier）尖锐地批判道，马古利斯"对演化的猜测……可以被看作一个相对无害的习惯，就好比吃花生；但如果她真的把它当回事儿地较劲，这种猜测就会带来恶果"。然而在 20 世纪 70 年代，人们证实了马古利斯的猜想。新的遗传学技术揭示，线粒体和叶绿体确实从曾经自由生活的细菌演化而来。之后，人们又找到了其他内共生（endosymbiosis）的例子。例如，一些昆虫的细胞里住着细菌，而这些细菌的体内又住着其他细菌。[24]

马古利斯的理论算得上是早期真核生命的二元性假说，那么她利用地衣来支持自己的论点也不足为奇了——20 世纪初，最早一批提出类似马古利斯观点的人也是这么干的。她认为，我们可以将最早的真核细胞"想成"地衣。接下去的数十年里，地衣在她的研究里继续大放光彩。"合作可以催生创新，地衣就是很好的例子。"她后来写道，"联合，可以让一加一大于二。"[25]

这一切都在后来以"内共生理论"为人所知，并改写了生命的历史。这是 20 世纪生物学共识所经历的一场剧变。演化生物学家理查德·道金斯（Richard Dawkins）祝贺马古利斯"坚守"这个理论"从异教变成正道"。"这是 20 世纪演化生物学的一项卓著成就，"道金斯继续说道，"我非常欣赏林恩·马古利斯令人赞叹的勇气和决心。"哲学家丹尼尔·丹内特这样评价马古利斯的理论："［我］几乎没见过比这更美妙的理论了。"他称马古利斯为"20 世纪生物学界的一位英雄"。[26]

内共生理论隐含的一大推测是，生物能在很短的时间内，从非亲代、非同物种、非同界甚至非同域的生物身上获得现成演化好的一套能力。莱德伯格展示了细菌水平获取基因的能力。内共生理论则提出，单细胞生物曾水平获得过整个细菌。水平基因转移将细菌基因组转变成了一个包罗万象的场所；内共生则对整个细胞进行了同样的改造。所有现代真核生物的共同祖先曾水平获得了一整个细菌，后者早已学会利用氧气制造能量。与此相似，现今植物的祖先也水平获取过一整个已经能进行光合作用的细菌。

其实这么说也不完全对。并不是说现代植物的祖先获取了一个能进行光合作用的细菌；它们起源于能进行光合作用的生物和不能进行光合作用的生物之间的融合。在这两种生物一同生活的 20 亿年间，它们都变得越来越依赖对方，直到密不可分，成为我们今天看到的模样。在真核细胞中，生命树上距离遥远的树枝纠缠、交融成一个不可分割的新谱系；它们汇聚、融合（anastomose），恰如真菌的菌丝。[27]

地衣并没有完全重演真核细胞起源的故事，但如高厄德所说，它们的故事"互为韵脚"。地衣有着包罗万象的身体，生命在其中相遇。真菌单独不能进行光合作用，但如果它能与藻类又或是能进行光合作用的细菌合作，就可以水平获得这种能力。与之相似，藻类和光合细菌自己不能长出坚硬的保护组织层，也不能分解石头，但只要和真菌合作，它们就能在一瞬间获得这些能力。通过合作，这些分类学上距离遥远的生物融成了拥有全新可能的合成生命。与不能和自身叶绿体分离的植物细胞相比，地衣拥有的是一段开放关系。这意味着它们能灵活变通。在一些情况下，地衣会在保持这段关系的条件下繁殖——含有各个共生伙伴的地衣碎片能整体移动到新的住所，并生长成新的地衣。在另一些情况下，地衣真菌（即地衣共生菌）会产生独自移动的孢子。一旦到达新的住处，真菌必须和一个相容的共生光合生物相遇，然后形成一段全新的关系。[28]

通过合作，真菌变成了共生光合生物的一部分，反之亦然。然而地衣与两者都不一样。类比一下，氢元素和氧元素能结合形成水，但水和氢、氧之间毫无相似之处。地衣是一个涌现（emergent）现象，整体大于部分之和。高厄德强调，这一点过于简单直白，因此反而难以理解。"我常说，唯一看不见地衣的人就是地衣学家。跟任何受过训练的科学家一样，他们观察的是部分。然而问题在于，如果我们只观察地衣的细部，就看不见地衣本身。"[29]

正是地衣涌现出的这些形式，让它们从天体生物学的角度看起来相当有意思。借用一项研究里的话，"很难想象还有哪一种生物系统［比地衣］更好地总结了地球上生命的特征"。地衣是小小的生物圈，其中有能进行光合作用和不能进行光合作用的生物，从而整合了地球上主要的代谢过程。可以说，地衣就是"微观行星"，是缩小版的世界。[30]

但运载到太空中的地衣在环绕地球时究竟做了什么呢？为了绕过在太空中监测生物样品的这一难题，BIOMEX 团队的成员们从西班牙中部的干旱高地上搜寻到了坚韧的 *Circinaria gyrosa*，将它们带到了一个火星环境模拟装置里。他们在地球上把地衣暴露在类宇宙的环境中，希望能实时监测地衣的活动。然而他们发现，其实并没有什么好测量的。打开火星模拟装置不到 1 小时，这些地衣已经将它们的光合作用活动减少到几乎一点不剩。待在模拟器里的大部分时间，它们都处于休眠状态；30 天后经过复水，它们才恢复正常的生理活动。[31]

我们知道，地衣在极端环境下存活的能力要求它们进入"生命暂停"的状态——一些研究表明，它们脱水 10 年后仍能成功恢复生机。一旦它们的组织脱水，冷冻、解冻、加热就不会对其造成太多伤害。脱水也让它们免受宇宙射线带来的最危险产物：活性极高的自由基——在水分子受到辐射后形成，能损坏 DNA 的结构。

休眠似乎是地衣最重要的生存策略，但它们还有其他手段。最坚韧的地衣物种拥有厚厚的组织层，能阻挡有杀伤性的射线。地衣还能制造 1 000 多种不存在于其他生命形式里的化学物质，其中一些的作用相当于"防晒霜"。这些化学物质是它们独特代谢过程的产物，让它们与人类产生了各种各样的关系：被用作药物（抗生素）、香水（橡苔）、染料（粗花呢、苏格兰格纹和石蕊 pH 试剂）和食物（一种地衣是葛拉姆马萨拉^①的主要成分之一）。许多为人类生产重要化合物的真菌［包括青霉（penicillin mold）］在它们演化历史的早期都以地衣的形式生活，直至后期才开始独立生存。一些研究者认为，这些化合物中有不少（包括青霉素）最初是被作为防御策略在原始地衣中演化出来的。如今，作为这段古老关系的遗存，它们已经化入地衣后代们的代谢之中。[32]

地衣是"嗜极生物"（extremophile），也就是在我们看来能在"其他世界"生存的生物。嗜极生物的耐受度超乎我们的想象。在火山温泉、海床上的高温热液喷口和南极洲冰面 1 千米以下等各种极端环境采集样品时，我们就会发现生活在这些条件下的嗜极微生物似乎完全

---

① Garam masala，印度北部烹饪常用的香料。

不受环境影响。深碳观测站（Deep Carbon Observatory）最近的研究表明，地球上一半以上的细菌和古菌［也被称为"地下居民"（infra-terrestrial）］都生活在地球表面以下数千米处，面对着压强极大、温度极高的居住环境。这些地下世界的多样性堪比亚马孙热带雨林，包含了数十亿吨微生物，是地球上所有人类总重量的数百倍。一些微生物样品在地质环境中已存活了成千上万年之久。[33]

地衣丝毫不比细菌和古菌差。它们在许多不同种类的极端环境里的生存能力担得起"多重嗜极生物"（polyextremophile）的称号。例如，在沙漠里最热、最干旱的地方，你能在那焦热的地面上找到繁茂生长着的壳状地衣。地衣在这些环境里扮演着重要的生态角色，维持沙漠表面的稳定，降低沙尘暴的发生频率，还能防止进一步的沙漠化。一些地衣能长到坚硬石头的裂缝和孔洞里。某位学者在一项研究里提到花岗岩块里的地衣，并表示他们完全不知道这些地衣一开始是怎么进去的。有多个地衣物种能在南极的干谷里茂盛生长。那里的生态环境十分恶劣，极端到人类都会借用它来模拟火星的环境。长时间的极寒温度、高强度的紫外线辐射和水分的近乎缺失，这些条件似乎完全没有影响到地衣。即使从零下195℃的液氮里被取出，地衣也能很快恢复。此外，它们的寿命比大部分生物长得多。地衣的长寿纪录保持者生长于瑞典的拉普兰（Lapland）地区，至今已有9 000多岁。[34]

即使在嗜极生物本就足够奇异的世界里，地衣仍然算是个怪类。原因有二。首先，它们是复杂的多细胞生物。其次，它们由共生关系构成。大部分嗜极生物不会发展出如此复杂的形态，也没有这么持久的关系。这是天体生物学家对地衣如此感兴趣的原因之一。一个在宇宙中穿梭的地衣就是一小捆精心打包好的生命——是一整个生态系统在一起航行。还有什么生物比它们更适合进行跨行星之旅呢？[35]

虽然一系列研究已经展现了地衣在外太空里存活的能力，但要在行星之间穿梭，它们还需要应对两个额外的挑战。一是在陨石撞击行星时，它们会经历被迅速抛出的冲击；二是重新进入一个行星的大气层的过程。两者都极其危险。然而，受到撞击后被抛出时所受到的冲击对它们来说可能不是个问题。2007 年，研究人员发现地衣能抵抗 10～50 GPa^①的冲击波，100 到 500 倍于马里亚纳海沟（地球表面的最深处）底部的压强。陨石撞击火星表面之后，将石头以逃逸速度抛出时所形成的压强也不过如此。重新进入行星大气层或许是个更大的问题。2007 年，人们把一些细菌样品和一个石生地衣放在返回舱外部的隔热板上。随着返回舱燃烧着穿过地球的大气层，这些样品经受了 30 秒超过 2 000℃的高温。在这个过程中，石头部分熔化，并结晶成了新的形状。检查遗骸时，人们没有找到任何细胞存活下来的迹象。[36]

这个发现并未让天体生物学家气馁。一些人认为，包裹在大型陨石里的生命能不受这些极端情况的影响。其他人则指出，大部分从宇宙来到地球的物质多以微陨石（一种宇宙尘埃）的形式到达。这些小颗粒在进入大气层的时候不会经受那么多的摩擦与这么高的温度，因此或许比火箭的返回舱更可能带回生命。很多研究人员宽慰道，这场争论还没到盖棺定论的时候。[37]

没人知道地衣是何时演化出现的。最早的化石有 4 亿多年的历史，但类似地衣的生物可能出现得更早。自那以后，地衣就独立演化了 9 到 12 次。今天，已知的真菌中有 20% 能构成地衣——这一过程被称为地衣化（lichenise）。一些真菌（例如青霉）过去一度能构成地衣，但现在已经失去了这种能力。我们称这为去地衣化（de-lichenise）。一些真菌在它们的演化史中更换了自己的光合作用伙伴，即经历了再地衣化（re-lichenise）。对一些真菌来说，地衣化仍是一种自愿选择的生活方式；它们能根据环境的状况，决定要不要以地衣的形式生活。[38]

我们发现，真菌和藻类不需要太多外部的刺激就能合为一体。如果我们将多种独立生活的真菌和藻类放在一起培养，它们几天之内就能形

---

① 1 GPa=10^9 Pa。

成一种彼此受益的共生关系。不同种类的真菌、不同种类的藻类——这些都不成问题。全新共生关系的形成，比伤疤愈合所需的时间还要短。哈佛大学的研究者在 2014 年发表了这些惊人的发现，这是对新共生关系"诞生"过程的难得见证。真菌被放在藻类旁边生长时，它们能融合成肉眼可见的形态，像柔软的绿色球体。这看起来并不像恩斯特·海克尔和毕翠克丝·波特描绘的精美地衣，但毕竟它们还没在对方身边待上数百万年。[39]

　　然而，并不是任何真菌都能和任何藻类结合。形成一段共生关系要先满足一个关键条件：关系中的每一方都要能做到一些对方单靠自己所做不到的事情。关系双方的身份不要紧，关键在于双方的生态适配度。用演化理论学家 W. 福特·杜利特尔（W. Ford Doolittle）的话说，重要的似乎是"曲子，而不是歌手"。这项发现让我们进一步理解了地衣在极端环境下的生存能力。正如高厄德指出的，地衣本质上是一种"被迫成婚"，因为严峻的环境条件让双方无法独自生存。不论地衣是何时出现的，它们的存在都表明，当时的环境不适合独立生存，只有共同生长才能唱出独自唱不出的代谢之"歌"。从这个角度看，地衣的嗜极性（在极端环境下生存的能力）和地衣本身一样古老，是它们共生生活方式的直接结果。[40]

　　我们不用去南极的干谷或进入火星环境模拟装置，就能目睹地衣的嗜极性——只要去大部分海岸线看看就可以了。在不列颠哥伦比亚布满岩石的海岸上，地衣的坚韧最引我注意。在藤壶生长之处上方大约 30 厘米的地方，稍高于海水能漫到的最高处，一团黑色污迹沿着岩石、条带般地向上蔓延了 60 多厘米。仔细看，仿佛码头上开裂的沥青。这些污迹沿着海岸线分布，连成了一条丝带。当我们绕着周围的岛屿航行时，它们很有用处——我们下锚时会用其来判断潮水所能达到的高度，因为它们确信地展示了潮水所不能及的范围，可以被当作"陆地①的标志"。

----

① Dry land，相对于海洋而言的"陆地"。

这条黑色的丝带是一种地衣，虽然可能没人会猜到它是一个活物。它确实不会长出精细的结构，但这种学名为 *Hydropunctaria maura* 的地衣（英文名为 water speckled midnight，字面意思是点缀着水斑的午夜）大量分布在北美洲西海岸的北半部，是海浪不可及之处最先出现的生物。只消看看全球各地的高潮线，类似的情形比比皆是。大多数布满岩石的海岸线都长满了地衣。海草停止蔓延的地方，地衣开始生长，一些地衣还能长到海水里。当一座新的岛屿随着火山喷发而在太平洋中央形成时，在裸露岩石上生长的第一批生物就是地衣——它们以孢子和碎片的形态，由风和鸟带到岛上。冰川消退时也会发生类似的事情。地衣生长在刚裸露出来的石头上，这正是宇宙胚种论的一种展现。这些裸露的表面是不宜居的岛屿，大多数生物不可能在这生长。贫瘠且接受着强烈的辐射，暴露在不羁的风暴和温度变化下，这简直就像是其他行星上的环境。[41]

地衣同时呈现了一个生物展开成一个生态系统，以及一个生态系统凝结成一个生物的样子。它们在"整体"和"部分的堆集"之间徘徊。在这两个视角之间不停转换是种令人困惑的体验。Individual（"个体"）一词来自拉丁文，意为"不可分割的"。整个地衣是一个个体吗？还是说，它的各个组成部分才是个体？问出这个问题是否合理呢？与其说地衣由它的组分构成，不如说由它组分之间的交流构成。地衣是由关系形成的稳定网络；它们从不停止"地衣化"；它们既是动词也是名词。[42]

为这些分类问题担忧的人之中，有蒙大拿州的地衣学家托比·斯普里比尔（Toby Spribille）。2016 年，斯普里比尔等人在《科学》杂志上发表了一篇论文，出人意料地向二元性假说提出了挑战。斯普里比尔在一个地衣的主要演化支系中描述了一种新的地衣真菌。人们钻研地衣已有一个半世纪之久，却一直完全忽视了这位共生参与者。[43]

斯普里比尔的发现缘于一场意外。他的一个朋友向他发出挑战，要他碾碎一个地衣并测序它所有成员生物的 DNA。他以为结果显而易见。

"教材上都写得很清楚，"他告诉我，"只可能有两个成员。"然而随着斯普里比尔深入研究，这个说法似乎越来越站不住脚。每次分析这种类型的地衣，他总能在预料之内的真菌和藻类之外发现其他生物。"我和这些'污染'生物打交道很久了，"他回忆道，"直到我说服自己：没有'污染'，地衣就不会存在。此外，我们还发现这些'污染物'的身份总是相同的。了解得越深，它们看起来就越像是普遍存在的组成部分，而非例外。"

"地衣可能含有其他的共生伙伴"并非一个新鲜的假说。毕竟，地衣并不包含微生物组——它们就是微生物组。除了两个必要成员以外，它们体内还塞满了真菌和细菌。然而直到 2016 年，都没有任何对新的稳定关系的报告。斯普里比尔发现的其中一种"污染物"是个单细胞酵母。它其实远不是临时居客那么简单——在跨越 6 个大陆的地衣里都能找到它们的身影。它们对地衣生理的影响深远到能让后者变得看起来像完全不同的物种。这种酵母在这段共生关系里是关键的第三者。斯普里比尔令人震惊的发现仅仅是一切的开端。两年后，他和他的团队发现狼地衣（*Letharia vulpina*，一个被研究甚多的物种）还含有另一种真菌——第四个真菌伙伴。地衣的身份破裂成了更小的碎片。然而，斯普里比尔告诉我，就连这都还不是事情的全貌。"真实情况比我们发表的结果还要复杂无数倍。每个地衣类群的'基本'伙伴都不同。一些地衣有更多细菌，一些更少；一些地衣有一种酵母，其他的有两种，还有的一种都没有。有趣的是，我们还没找到任何符合传统定义的'一种真菌、一种藻类'构成的地衣。"[44]

我问他，这些新的真菌伙伴究竟在地衣里扮演着什么角色呢？"我们还不确定。"斯普里比尔回答道，"每次我们着手尝试，想搞明白谁在做什么，结果都会让我们非常困惑。我们不仅没有弄清每个成员扮演的角色，还碰见了更多成员。研究得越深入，发现得就越多。"

对一些研究者来说，斯普里比尔的发现给他们的研究带来了不少麻烦，因为这些发现意味着地衣的共生关系并不像我们一直以为的那么

"板上钉钉"。斯普里比尔解释道："一些人会把共生想象成宜家的家具安装盒——每一个部分都清晰可辨，功能分明，还注明了安装顺序。"相较之下，他的发现暗示了，或许各种组合的不同成员都可以构成一个地衣——只要它们"彼此合得来"就行。对地衣来说，"歌手"的身份没那么重要，重要的是它们所具有的功能，也就是它们各自所唱的代谢之"歌"。从这个角度看，地衣是动态的系统，而非登记了相关组分的花名册。

这跟二元性假说完全不同。自从施文德纳将真菌和藻类形容成主人和奴隶，生物学家就在争论究竟哪一方才在这段关系中占上风。然而现在，二重唱变成了三重唱，三重唱又变成了四重唱，而这四重唱听起来又像是个合唱团。我们不可能给地衣的本质下一个单一且稳定的定义，但斯普里比尔对此似乎并不在乎。这是高厄德经常提到的一点。他对其中的荒谬之处饶有兴味："我们好像有一整个无法定义所研究对象的学科噢？"希尔曼也写道："不管你怎么命名（地衣），任何如此极端却又普通的东西背后都藏着一些重要的秘密。"100 多年来，地衣为我们揭示了许多秘密，也很可能继续挑战我们对生命体本质的认知。[45]

与此同时，斯普里比尔还在研究几个大有可为的新方向。他告诉我："地衣里堆满了细菌。"确实，地衣里的细菌多到让一些研究者开始设想：让它们充当微生物的储藏库，在荒瘠之地"种"下能够开拓生命疆域的细菌——这是宇宙胚种论的又一个延伸。在地衣内部，一些细菌负责提供防御，另一些制造维生素和激素。斯普里比尔怀疑，这些细菌做的可能比这更多。"我觉得，这些细菌里的少数几种，可能保证了地衣系统的一体性，让地衣不仅仅是培养皿上的一团东西。"[46]

斯普里比尔跟我提到了一篇名为"地衣的酷儿理论"（"Queer Theory for Lichens"）的论文（斯普里比尔还补充道："如果你在谷歌上搜索'酷儿'和'地衣'，第一个搜索结果就是这个。"）。论文的作者提出，地衣跟酷儿们没什么不同，它们让人类的思维跳离了死板的二元框架：地衣的身份是一个问题，而不是一个已知的答案。斯普里比尔很快发觉，酷儿理论的框架很有助于我们理解地衣。"人类的二元框架让我们很难问出非二元的问题。"他解释道，"我们对性别的死板观念让我们很难问出打破二元性别的问题，诸如此类。我们总是从自己的文化背景出发提出问题，这让我们很难对地衣这样的复杂共生关系提问。因为我们们将自己想成自治的个体，所以很难理解地衣。"[47]

斯普里比尔说地衣是所有共生关系里最"外向"的。然而，我们已经无法将任何生物（包括人类）与共享各自身体的微生物群落分离。大部分生物的生物学身份都与它们的微生物共生体的生活密不可分。"Ecology"（生态学）一词的希腊语词根是 *oikos*，意为"房子""家庭""居所"。和其他所有动物的身体一样，我们人类的身体也是"居所"。生命就是一环接一环的生物群落。

我们无法从解剖学的角度定义自己，因为我们和微生物共享一个身体，且微生物的细胞比我们"自己"的细胞还多。举个例子：奶牛吃了草后自身无法消化，但它们的微生物群落可以。奶牛的身体由此演化出了为这些微生物提供居所的功能。我们也无法从发育学的角度把自己定义成从一颗动物卵子受精开始再发育成形的动物，因为正如所有哺乳动物一样，我们发育系统的许多步骤也依赖我们的共生伙伴。我们也不能从遗传学的角度将自己定义成由拥有同一个基因组的细胞所组成的身体，因为在我们体内，并不是所有细胞都拥有同一套基因组——我们不仅从母亲那里遗传到了"自己"的 DNA，还遗传到了许多共生微生物伙伴；而且在生命演化史上的多个时刻，一些微生物伙伴永久地入驻了宿主细胞：我们的线粒体有它们自己的基因组，植物的叶绿体也一样，且人类基因组里至少有 8% 的基因来源于病毒［我们甚至可以和其他人类互换细胞，通过母亲和出生前的胚胎在子宫中交换细胞或遗传材料而演变成"（异源）嵌合体"（chimera）］。虽然我们常常认为免疫系统能区分"我"和"非我"，但是我们也不能将自己的免疫系统当成个体性（individuality）的体现。免疫系统在抗击外来攻击者的同时，也管理着我们和体内微生物"居民"的关系；演化似乎让免疫系统允许（而非阻止）微生物定居。这对你（或者该说"你们"？）意味着什么呢？[48]

一些研究者用"共生功能体"（holobiont）一词来指不同生物集合在一起，以一个整体来行动。"共生功能体"的英文单词源于希腊语 *holos*，意为"整体"。在更广义的世界里，共生功能体就好比生物界中的地衣，整体大于部分之和。和"共生""生态"一样，"共生功能体"也是一个非常有用的词——如果只有描述界限分明的自治个体的词语，我们就很容易误以为这些个体确切存在。[49]

共生功能体并非一个乌托邦式的概念。合作永远掺杂着竞争与配合。在许多情况下，共生生物的利益并不相同。我们肠胃中的一种细菌是消化系统的关键组成部分，但如果它们进入我们的血液，就能导致致命的感染。我们非常熟悉这种情况。一家人能组成一个家庭，一个巡回演出的爵士乐团能呈现精彩的表演，而这两者的内部并不一直一派和谐。[50]

这么说，或许我们并不难理解地衣的存在形式。这种关系建立的过程体现了演化里的古老规则。如果说"赛博格"［cyborg，控制论有机体（cybernetic organism）的简称］一词描述了生物和科技之间的融合，那么我们，连同所有其他的生命形式，都是"辛博格"（symborg），即共生有机体（symbiotic organism）。讨论生命共生观点的研究者们，在一篇对该领域具有开创性影响的论文中表态道："从来不存在个体。我们都是地衣。"[51]

乘着"刺山柑"号四处游荡，我们花了很多时间盯着航海图看。在这些地图上，我们熟悉的海洋和陆地的角色对调了。陆地是空白的、米黄色的广袤区域，水域则布满等高线和标记，在石头周边皱出波澜。毫无特点的一片片陆地中穿插着分支和融汇的海道。大洋以不可预测的方向在水道组成的网络中流动。我们只能在一天中的特定时间段穿过某些航道。当潮水涌过某个险峻、狭窄的航道，许多水流聚成一体，堆叠成1.5米高的海浪悬停在半空，形成一面靠自身撑住的水墙。在两座岛屿之间尤其凶险的廊道上，能出现直径15米的涡流，将海面上的浮木吸到海面之下。

　　好些这样的海上航道里都凸露着岩石。花岗岩峭壁猛地向下塌入海里。树木倾斜，缓慢地倒下。海岸线沿岸，树、苔藓和地衣都经受着潮汐的冲刷，巨砾和岩架渐渐显露，其中许多都带着冰川留下的刮痕。我们很难忽略大部分陆地都是坚硬的岩石。这些岩石会慢慢裂成碎片。崎岖的岩架倾斜出陡峭的悬崖。我和我的兄弟常常在这些岩架上过夜。地衣随处可见，睡一晚醒来满脸都是。之后几天我还在裤子口袋里发现它们的碎片。我把口袋翻出来，将碎片倒出去，觉得自己就像个人形陨石，想着其中会有多少碎片能在这些意料之外的地方——也就是它们被抖落之处扎根存活。

4
菌丝心智

在我们无法触及之处，存在着另一个世界……那个世界会说话。它有自己的语言。我传达它所说的话。神圣的蘑菇拉着我的手，带我去往那个没有秘密的世界……我向它们提问，它们予我回答。

——玛丽亚·萨维纳[①]

从 1 到 5，1 为"完全没有"，5 为"极其强烈"，你会给自己平日本体（identity）的缺失感打多少分？你会给自己纯粹的存在（Being）体验打多少分？你会给自己融入更大整体的感觉打多少分？

在 LSD 旅途的末期，我躺在临床药物试验病房的床上，仔细思索这些问题。墙壁似乎在轻轻呼吸。我感觉很难专心看屏幕上的字。我的肚子周围传出轻柔的咕噜声。房间外头柳树摇曳，绿意盎然，生机勃勃。

和裸盖菇素（psilocybin，许多迷幻蘑菇中的致幻成分）一样，LSD 也被分类为迷幻剂（psychedelic，意为"臆现心智"）和宗教致幻剂（entheogen，能诱发"内在神性"体验的物质）。这些化学物质所产生的效果包括听觉和视觉幻觉、似在梦中的狂喜状态、认知和情感上的剧烈变化，还有时间感和空间感的消逝；它们让我们放下日常感官的循规蹈矩，进入我们的意识，从深处触动我们。许多使用者都报告了神秘的体验、与神圣的存在或实体的连接、与自然世界合而为一的感觉，还

[①] 玛丽亚·萨维纳（María Sabina，1894—1985），马萨特克族巫医（*curandera*），以使用裸盖菇属真菌行神圣蘑菇仪式医治伤病而闻名。

有自我意识清晰界限的消失。[1]

我难以下笔完成的那份心理量表问卷是经过设计而专门用来评估这种体验的。但是，我越尝试将我的感官塞进量表的 5 分量程里，就越困惑。我要怎么测量时间消逝的体验？我要怎么测量与终极实在合而为一的体验？这些是质（quality），不是量（quantity）。然而，科学在乎的是后者。

我局促起来，深呼吸了几下，然后再尝试从不同的角度看待这些问题。你会给自己的惊奇体验打多少分？床似乎在轻轻摇晃。一大团想法散布在我的脑海里，就像很多受惊的小鱼。你会给自己对无限的体验打多少分？我能感觉到，科学的程序在看似不可能完成的任务下，因压力而呻吟。你会给自己时间感的消逝打多少分？我不禁爆发出一阵大笑——之前的预备风险评估中提到，这是 LSD 的常见效果之一。你会给场所感的丢失程度打多少分？

我从大笑中缓过神来，抬头看向天花板。仔细想想，我之前是怎么来到这里的？一类真菌演化出了制造一种化学物质的能力，我们将这种化学物质做成了药物。非常偶然地，我们发现这种药物能改变人类的感官体验。70 多年来，LSD 对我们心智产生的奇特效果为我们带来了惊异、困惑、传道式的狂热、道德上的恐慌，还有在这种种体验之间过渡的所有感觉。这些使用 LSD 的经历经过 20 世纪的淘洗，留下了一份不可抹灭的文化余产——我们直至今日仍在尝试理解这些余产的道路上挣扎。我躺在这个医院的房间里，参与这次临床试验，就是因为 LSD 的效果仍如之前一样令人困惑。

也难怪我被难住了。LSD 和裸盖菇素是与人类生活产生了复杂缠结的真菌分子。这一切都源于它们混乱了我们的概念和思想体系，其中就包括"自我"这一最基本的概念。它们能将我们的思维拽到意料之外的地方。这让产生裸盖菇素的迷幻蘑菇自古以来就融合在人类社会的仪式教条和精神教义之中。它们也能软化我们想着想着就钻进死胡同的思维惯性，被制成强力的药物，用于治疗严重的上瘾行为、其他疗法无法治好的抑郁症，以及被诊断患上绝症之后产生的存在焦虑。它们还能改变我们心智的内在体验，从而辅助改变现代科学框架之下对心智本质的理解方式。然而，为什么一些真菌物种演化出了这些能力呢？这仍然是个令人费解且引人遐想的谜团。

我揉了揉眼睛，翻了个身，拾起了勇气，再看一眼屏幕上的字。你会给无法准确用语言形容自身体验的这种感觉打多少分？

种类最为丰富且最有创造力的动物行为操纵者，是一类生活在昆虫体内的真菌。这些"僵尸真菌"能够改变它们宿主的行为，从而给自己带来显而易见的好处：通过绑架昆虫，这类真菌可以散播它们的孢子，完成生命周期。

这类真菌中被研究得最为深入的物种之一是偏侧蛇虫草（*Ophiocordyceps unilateralis*）。它们的生活围绕着某种弓背蚁[①]展开。弓背蚁一旦被这种真菌感染，就会失去恐高的本能。它们会离开相对安全的蚁穴，爬到最近的植物上——这种症状名为"登顶症"（summit disease）。不用多久，真菌就会迫使蚂蚁用颚钳紧叶脉，让其以这个姿势在此处慢慢死去。所以，这一咬又被称为"死亡紧咬"（death grip）。菌丝体从蚂蚁的步足长出来，将它们固定在叶片背面。然后，这种真菌消化掉蚂蚁内部的器官组分，从它的头部后面伸出一根子座（stroma）[②]。孢子从子座上往下泼洒，落到路过的蚂蚁身上。如果孢子没能命中目标，它们就会产生有黏性的次生孢子；这些孢子能向外延展形成丝，就像拉起了一条能绊住其他东西的线。[2]

僵尸真菌能十分精确地控制它们昆虫宿主的行为。偏侧蛇虫草逼迫蚂蚁在温度、湿度刚刚好的区域内进行"死亡紧咬"，保证真菌能产生孢子：高度一般在林地上方 25 厘米处。这种真菌会根据太阳的朝向来控制

---

① 常见于弓背蚁属中的 *Camponotus leonardi*。
② 子囊菌营养菌丝生长到一定时期所产生的菌丝聚集物，是承载可育子囊果的不育结构，常呈垫状、柱状、棍棒状、头状等。

蚂蚁，受到感染的蚂蚁会同步在中午进行紧咬。它们不会咬到叶片背面任何衰老的组织；在98%的研究案例中，弓背蚁钳紧的都是叶片的主脉。[3]

僵尸真菌如何能够控制它们昆虫宿主的心智？这个问题长期困扰着研究者们。2017年，真菌操纵行为方面的专家戴维·休斯（David Hughes）带领的一个团队在实验室里用偏侧蛇虫草感染了蚂蚁。研究者把蚂蚁进行死亡紧咬当下的身体保存了下来，切成薄片，然后通过三维图片重构了真菌居住在蚂蚁组织内的真实状况。他们发现，真菌极其惊骇地化成了蚂蚁身体的一个假体器官。受到感染的蚂蚁体内，最多有40%的生物量都是真菌。菌丝在它们头、胸、腹内迂回穿行，从首到足，缠入它们的肌肉纤维，通过一个内部连通的菌丝体网络来协调蚂蚁的行为。然而引人在意的是，在蚂蚁的大脑中，真菌却缺了席。对休斯和他的团队来说，这是意料之外的结果。他们以为，要对蚂蚁的行为行使如此精细的操控，真菌一定得出现在脑子里。[4]

与他们预想的不同，真菌似乎是通过药理来实现行为控制的。研究者们猜想，真菌能通过分泌化学物质来操控蚂蚁的行动。即使不在蚂蚁的脑内，这些化学物质也能作用于蚂蚁的肌肉和中枢神经系统。我们尚未确定具体是哪些化学物质，也不知道真菌是否能让蚂蚁的身体脱离大脑的控制，直接操纵蚂蚁肌肉的收缩。偏侧蛇虫草和麦角菌（ergot fungus）的分类关系较近，后者能产生用于制作LSD的一类化学物质——麦角生物碱（ergot alkaloid）。瑞士化学家阿尔贝特·霍夫曼（Albert Hofmann）首创性地将其麦角生物碱分离提取了出来。在受感染的蚂蚁体内，偏侧蛇虫草基因组内负责制造这些生物碱的部分会被激活。这意味着，它们或许在操控蚂蚁行为的过程中起到了作用。[5]

以人类的标准来看，不论这些真菌如何操控行为，它们的干预都十分惊人。历经数十年的研究和投入数十亿美元的资金后，我们仍然不太能精准地用药物调控人类的行为。例如，抗精神病药物不针对特定行为，仅仅起到镇静作用。而与之对比，偏侧蛇虫草控制弓背蚁的成功率高达98%——偏侧蛇虫草可不仅仅能让蚂蚁往上攀爬、进行"死亡紧咬"（这两件事是必然会发生的），它们还能让蚂蚁咬住叶片上的特定部位，保证真菌身处最宜产生孢子的环境。让我们公正一点：偏侧蛇虫草和许多僵尸真菌一样，都经历了很长时间的演化来细调它们的操控方法。被真菌感染的蚂蚁行事总会留下痕迹。蚂蚁的"死亡紧咬"会在叶脉上留下独特的伤痕，而化石记录中的此类伤痕表明，这种行为最晚起源于始新世（Eocene），也就是 4 800 万年前。也许，自动物演化出心智之后，这些真菌就开始操纵动物的心智了。[6]

偏侧蛇虫草从蚂蚁头部后方长出子座

我 7 岁时得知，人类能通过吃其他生物来改变自己的心智。当时，我的父母带着我和我的兄弟一起去夏威夷，和他们的一个朋友住一块儿。这个朋友是个古怪的作家、哲学家和民族植物学家，名叫特伦斯·麦克纳（Terence McKenna）。他酷爱能改变心智的植物和真菌。他曾在孟买走私哈希什①、在印度尼西亚采集蝴蝶，还在北加利福尼亚州培育含有裸盖菇素的蘑菇。那会儿他正匿身在名为"植物次元"（Botanical Dimensions）的另类小屋里——沿着冒纳罗亚火山（Mauna Loa）斜坡上一条坑坑洼洼的道路，往上走几千米就能找到。他把自己在夏威夷的

① Hashish，是大麻产生的树脂。

这片地打造成了一个森林公园、一座活着的图书馆，里面种着从热带地区的不同角落收集来的、罕见的和没那么罕见的、带有精神活性成分和具有药用价值的各种植物。要到达小屋外围的廊道，我们得沿着一条蜿蜒的小径步行穿过森林，钻过滴着水的叶片和藤本植物。那条道路旁往下几千米处，岩浆流入大海，打起泡沫，沸腾海水。

麦克纳在含有裸盖菇素的蘑菇上投注了最大的热情。20 世纪 70 年代，他和他的兄弟丹尼斯（Dennis）一起去了哥伦比亚的亚马孙丛林，在那里第一次吃到了这类蘑菇。自那之后的几年里，麦克纳定期摄入剂量夸张的含裸盖菇素蘑菇，麦克纳发现了自己喋喋不休的罕见天赋，还有公开演讲的才能。他回忆道："我意识到，多年摄入裸盖菇这事儿高速激活了我胡言乱语的爱尔兰人天性。我可以整个人通了电似的对着一小群人谈论……异常超验的话题。"麦克纳高谈阔论其吟游诗人般的沉思冥想，将其广为传播，至今毁誉参半。[7]

在"植物次元"住了几天后，我发起烧来。我记得自己躺在蚊帐下面，看着麦克纳用一根大杵在研钵里磨着什么。我以为这是给生病的我准备的药，就问他在做什么。他拉长带有金属感的古怪声音跟我解释，这不是给我的药。他在捣的这种植物和一些蘑菇一样，能让我们做梦。幸运的话，这些生物甚至还能跟我们说话。它们是强效药物，很久之前就开始为人类所用；但它们也可以很危险。他咧着嘴，懒洋洋地笑着对我说，等我再长大一点，我可以试试他磨碎的东西［后来我才知道，这是鼠尾草家族中能够改变心智的一员——墨西哥鼠尾草（*Salvia divinorum*）］，但现在不行。我完全被迷住了。

动物界里有许多陷入迷醉状态的例子——鸟类食用发酵后产生酒精的浆果，狐猴舔舐马陆，蛾子喝下具有精神活性的花蜜。而我们很可能在成为人类之前就用了这些能改变心智的药物。哈佛大学的生物学教授，也是产生精神活性物质的植物和真菌方面的权威研究者理查德·埃文斯·舒尔特斯（Richard Evans Schultes）写道，这些物质的效果"常常莫名其妙，实在神秘离奇……毋庸置疑，人类自打最早开始尝试环境里的草木，就已经知道并使用［这些化合物］了"。其中许多具有"奇异、神秘和令人混乱"的效果，就像含裸盖菇素的蘑菇一样，与人类的文化和宗教习惯形成了亲密的关系。[8]

不少真菌都有改变心智的能力。其中就包括最为标志性的蘑菇——带有"红白斑点"的毒蝇鹅膏菌（*Amanita muscaria*）。在西伯利亚的一些地区，萨满会食用这种蘑菇，它们能诱发狂喜和布满幻觉的梦。麦角菌能引起一些可怕的反应，包括幻觉、痉挛，甚至还有无法忍受的灼痛感。不自觉的肌肉抽动是麦角中毒的主要症状之一，而麦角生物碱在人类体内引发肌肉收缩的能力，或许正好映照了它们在偏侧蛇虫草感染弓背蚁过程中所扮演的角色。文艺复兴时期的画家耶罗尼米斯·博斯（Hieronymus Bosch）的画里描绘了许多可怖的场景。有人认为，其中的许多场景都启发自麦角中毒后的症状；还有人猜想，14世纪至17世纪广泛暴发、致使数百个城镇的居民连续多天不停歇跳舞的"流行性跳舞病"（dancing mania），是麦角中毒所导致的痉挛。[9]

记载完好的含裸盖菇素蘑菇使用事件里，时间最久远的发生在墨西哥。多米尼加的修士迭戈·杜兰（Diego Durán）报告道，在1486年阿兹特克国王的登基仪式上，呈奉的食物里包括了具有改变心智能力的蘑菇（被称为"诸神之肉体"）。西班牙国王的医师弗朗西斯科·埃尔南德斯（Francisco Hernández）记录了"食用后不致死，而会致人发疯"的蘑菇。"有些情况下，这种疯病会持续。疯病的症状是无法控制地大笑……还有食用其他（蘑菇）的案例，它们不会引发大笑，但会令人眼前出现各种幻觉，例如战争和恶魔的样子"。方济各会修士贝尔纳迪诺·德萨阿贡（Bernardino de Sahagún，1499—1590）极为生动地描述了食用蘑菇之后的场景：[10]

　　　　他们和着蜂蜜吃下这些小蘑菇。当这些蘑菇开始让他们兴奋起来时，他们便开始起舞，一些人伴着歌声，一些人伴着哭泣……一些人不想唱歌，而是在他们的营地上坐了下去，一直待在那里，仿佛陷入了冥想。一些人产生了看到自己正在死去的幻觉，哭了起来；还有人看到自己被野兽吞噬……在小蘑菇引发的迷醉效果过劲后，他们一起详尽地讨论了自己看到的幻觉。

在中美洲，明确无误的蘑菇食用记录最早可以追溯到 15 世纪，但在此之前，这片区域的人们几乎肯定已经使用过裸盖菇。人们发现了数百座建于公元前 2000 年的蘑菇形雕像。在这片地区发现的存在于被西班牙征服之前的手抄本上，描绘着长着羽毛的神灵食用和高举蘑菇的情景。[11]

在麦克纳看来，人类食用含裸盖菇素蘑菇的历史比这更长，并为人类的生物、文化与宗教演化打下了根基。在漫长的人类历史里，有许多证据证明宗教、复杂社会组织、贸易和早期艺术在大约 7 万年到 5 万年前的相对一小段时间接连涌现。是什么导致了它们的出现尚不为人知。一些学者将它们归因为复杂语言的出现。还有一些人猜想，基因突变让大脑结构发生了改变。而对麦克纳来说，是含裸盖菇素的蘑菇在旧石器时代的原始文化迷雾中，引燃了人类自我思考、语言和宗教性的第一点星火。蘑菇是知识的起源之树。

因阿尔及利亚南部撒哈拉沙漠的干热条件而保存下来的洞穴壁画，为麦克纳提供了令他印象最深刻的古代食用蘑菇的证据。阿杰尔壁画（Tassili n'Ajjer）的创作可追溯到公元前 9000 年和公元前 7000 年间，其中一幅上画着一个长有动物头颅的神，蘑菇状的物体从他的肩膀和手臂上伸出。麦克纳猜想，当我们的祖先漫步在"点缀着蘑菇的热带和亚热带非洲草原上时，他们遇到、食用和神化了含有裸盖菇素的蘑菇。语言、诗歌、仪式、思想，全都因其而从原始人心智的蒙昧之中涌现出来"。[12]

这种"吸毒猿"假说有许多变体，但和大部分起源故事一样，这个假说既难证实，也难证伪。不论在哪里，只要有人食用含裸盖菇素的蘑菇，就会产生一大堆有关它们的猜想。现存的文字资料和物质遗存不仅不能提供完整的故事，还常常模棱两可。阿杰尔壁画是否描绘了一位蘑菇之神？或许是，或许不是。从尼安德特人的牙菌斑、"冰人"和其他保存完好的尸体上得到的证据表明，人类早在几千年前就知道了蘑菇的食用和药用价值。然而，我们未能在这之中的任何一具尸体上找到哪怕一点点含裸盖菇素蘑菇留下的痕迹。我们知道一些灵长类动物会寻觅和食用蘑菇，还有灵长类动物食用含裸盖菇素蘑菇的逸闻传说，但并不存在关于这些行为的详细记录。一些学者提出，古欧亚人群曾将裸盖菇用作宗教仪式的一部分，其中最著名的要数厄琉息斯秘仪（Eleusinian Mysteries）。这是古希腊的一种秘密仪式，据传包括柏拉图在内的众多社会精英都会参加。但关于这些传闻，同样没有确切的记录。然而，证据的缺席并不是事实缺席的证据。这也就让假说不可避免地出现种种变体。而有含裸盖菇素蘑菇助力的麦克纳更是这方面的好手。[13]

古巴裸盖菇（*Psilocybe cubensis*）

偏侧蛇虫草已经是至少两类虚构怪物的灵感来源。一是电子游戏《最后生还者》（*The Last of Us*）[①]里的食人族，二是小说《天赐之女》

[①] 由顽皮狗公司开发的游戏，于2013年发行，以真菌感染者为题材，设定在末日之后的美国。玩家在游戏中以第三人称视角扮演乔尔，和游戏中的另一个角色艾莉一起逃生。

（*The Girl with All the Gifts*）①里的僵尸。偏侧蛇虫草的生活听起来像是个怪诞的特殊现象，是演化的意外产物。然而，它只是一个经过充分研究的案例。这种操纵行为并非特例。在真菌界，这种行为在和偏侧蛇虫草无亲缘关系的支系中独立演化了数次，真菌界以外也有很多同样能操控宿主心智的寄生性生物，它们也能操控宿主的心智。[14]

　　真菌用一系列手段改变它们宿主的生化机制，从而控制宿主的行为。一些真菌使用免疫抑制剂来压制昆虫的防御反应。正因为具有这样的效果，这类化合物中的两种被引入了主流医学界：环孢素是使器官移植成为可能的免疫抑制药物；多球壳菌素（myriocin）经过结构修饰被开发成了治疗多发性硬化症的热门药物芬戈莫德。后者最初由研究人员从受真菌感染后形成的虫草身上提取得到，在中国的部分地区，这些虫草（又名"蝉花"）被作为延年益寿的药物来食用。[15]

　　2018年，加利福尼亚大学伯克利分校的研究者发表了一项研究，记录了虫霉菌（*Entomophthora*）的惊人手法。虫霉菌能感染黑腹果蝇并操控其心智。其手法和偏侧蛇虫草有些许相似之处。受感染的黑腹果蝇会攀向高处。当果蝇伸出口器想要取食时，真菌产生的胶质会将它们粘在所接触的表面。真菌会从果蝇的脂肪体开始蚕食它们的身体，直到掏空重要器官；之后，虫霉菌会从果蝇的后背伸出一根根分生孢子梗，将孢子抛入空中。

　　令研究者惊讶的是，虫霉菌携带着一种能感染昆虫而非感染真菌的病毒。这项研究的第一作者称其为研究生涯中"最为怪诞的发现之一"。怪诞之处在于，这暗示了真菌在利用这种病毒操控昆虫的心智。目前这还是个假说，但不无道理。一些类似的病毒确实精通改变昆虫的行为。这类病毒中的一种能被寄生蜂注射到瓢虫体内，使瓢虫不定时地颤抖身体，呆在一处不移动，成为寄生蜂蜂卵的守卫。另一种相似的病毒能让

---

① 由英国作家麦克·凯里（M. R. Carey）创作的小说，于2014年出版发行。小说主角是一个名叫梅勒妮的女孩，她是感染真菌后的僵尸样品，也是人类最终生还的希望。本书的同名电影曾入围第70届英国电影学院奖。

蜜蜂变得更具攻击性。驾驭着能够操控心智的病毒，真菌就不需要自己演化出操控昆虫宿主的能力。[16]

不少学术发现令人惊异的程度足以扭转人们对僵尸真菌的认识。其中一项研究来自西弗吉尼亚大学的马特·卡松（Matt Kasson）等人。卡松研究的是团孢霉菌（*Massospora*）。这是一种能感染蝉的真菌，感染后能使蝉身体的后三分之一解体，将孢子从蝉破裂的后背处射出。用卡松的话说，受感染的雄性蝉会变成"飞翔的死亡盐瓶"；即使它们的射精管已经破裂得不成样子，它们还是会活跃亢进、性欲极高。这从侧面说明了真菌控制蝉的高超技巧。在它们逐渐衰败的体内，中枢神经系统还完好无损。[17]

2018 年，卡松等人分析了真菌感染蝉后从蝉破裂的身体后方长出的"栓塞"。他们惊喜地发现，真菌会产生卡西酮（cathinone）这种化学成分。这是一种安非他命类药物，和成瘾性毒品甲氧麻黄酮（mephedrone）属于同类。卡西酮一般出现在恰特草（*Catha edulis*，又名巧茶、阿拉伯茶等）的叶片中。这种植物在非洲之角和中东地区被栽种与培育。几个世纪以来，许多人都因为其叶片中化学成分所具有的兴奋效果而喜欢嚼用它们。人们从未在其以外的生物中发现过卡西酮。最令人惊奇的是，"栓塞"里还含有极大量的裸盖菇素——虽然人类要吃上几百只受感染的蝉才能产生较为明显的致幻效果。要知道，团孢霉菌所属的真菌和已知能生产裸盖菇素的物种完全不同，它们之间隔着数亿年的演化鸿沟。几乎没有人预想到，在真菌的演化树上，裸盖菇素会在相隔如此遥远的两个地方出现，在如此不同的情境之下发挥着操控行为的功能。[18]

团孢霉菌用致幻剂和安非他命给宿主下药，究竟能达到什么目的？研究人员推测，这些药物在真菌操控昆虫的过程中各有作用，但具体为何还不得而知。[19]

有关致幻体验的记录里常常提到混种怪物和跨物种变身。神话和童话故事里也满是合成动物，从狼人、半人马到狮身人面像和喀迈拉（古希腊神话中狮头、羊身、蛇尾的吐火怪物）。奥维德（Ovid）的《变形记》（*Metamorphoses*）中记载了各种生物之间的幻化，甚至包括一个"从大雨浸湿的真菌中长出人来"的地方。许多传统文化都相信合成生物确切存在，以及生物之间的界限并非固定不变。人类学家爱德华多·维伟罗斯·德卡斯特罗（Eduardo Viveiros de Castro）曾报告，亚马孙雨林原住民部落中的萨满相信，他们能暂时进入其他动植物的心智和身体。人类学家拉内·维勒斯列夫（Rane Willerslev）写道，西伯利亚北部的尤卡吉尔人（Yukaghir）会在捕猎驼鹿时穿得和行动得与驼鹿一样。[20]

这些记录似乎超出了生物学可能性的极限，很少被现代科学界严肃对待。然而，共生现象的相关研究揭示，生物界中充满了拼贴而成的生命形式，例如由多种不同生物构成的地衣。在某种程度上，所有植物、真菌和动物（包括我们）都是合成生物：真核细胞就是合成体，且我们也和大量微生物共享一个身体。没有这些微生物，我们就不能像现在一样发育、行动和繁殖。给我们带来过益处的那些微生物里，很可能有许多和偏侧蛇虫草这类寄生生物一样具备操纵能力。有越来越多的研究开始把动物行为与生活在动物肠道内的数百亿细菌和真菌联系起来。这些细菌和真菌中有许多能产生影响动物神经系统的化学物质。肠道微生物和大脑之间交互（即所谓的"微生物群落-肠道-大脑轴"，也常简称为"脑-肠轴"）的影响之深远，已经促生出了"神经微生物学"这个新型研究领域。然而，操控心智的真菌仍是合成生物中最极端的例子。用休斯的话说，受到感染的蚂蚁就是"披着蚂蚁皮的真菌"。[21]

我们或许能在科学框架内理解这种"变形"能力。在《延伸的表现型》（*The Extended Phenotype*）一书中，理查德·道金斯指出，基因不仅仅指导生物如何构建自己的身体，还教会它们如何构建某些行为。鸟巢是鸟类基因组的外在表达。海狸坝是海狸基因组的外在表达。一只蚂蚁的"死亡紧咬"则是偏侧蛇虫草基因组的外在表达。道金斯提出，通过可遗传的行为，一个生物基因组的外在表达（"表现型"）能延伸到世界当中。

道金斯小心翼翼地为延伸表现型这一概念定下了"严格要求"。虽然这只是一个纯理论的概念,他还是很负责任地提醒我们:这是个"受到严密限制的猜测"。如果不加限制,表现型可能变得过于延伸(如果说海狸坝是海狸基因组的表达,那坝上游形成的池塘算什么?池塘里的鱼又算什么呢?以此类推)。为了防止这样的情况发生,延伸表现型必须满足 3 个关键标准。[22]

首先,延伸的性状必须可遗传。举个例子,偏侧蛇虫草就遗传了一个药理技能,能够感染和操纵蚂蚁。其次,延伸的性状必须在代与代之间有差异。一些偏侧蛇虫草就能比另一些更精准地操控蚂蚁的行为。最重要的是第三点,这种差异必须能影响一个生物存活和繁殖的能力,也就是名为"适应度"(fitness)的特质。能更精准地控制昆虫行动的偏侧蛇虫草,更有能力散播它们的孢子。一旦满足了这 3 个标准(性状必须可遗传、性状必须有差异、性状差异必须影响一个生物的适应度),延伸的性状就会经历自然选择,像身体特征似的演化。能造出更好的坝的海狸就更可能存活,并让下一代也具备这种能力。但人类的坝(或人类的其他任何建筑)并不算是我们的延伸表现型,因为我们并不生来就有建造特定建筑物的直觉,且这些建筑物也不会直接影响我们的适应度。

相比之下,登顶症和"死亡紧咬"完全是真菌行为,而非蚂蚁行为。真菌没有能抽搐和长着肌肉的身体,不像动物那样有中心化的神经系统,不能走、不能咬、不能飞行。因此,它们强占了其他生物的身体。这种策略如此成功,以至于它们离开动物身体之后不再能独立存活。在它们的生命周期里,偏侧蛇虫草必须"穿"着蚂蚁的身体度过一段时间。在 19 世纪的唯灵论(spiritualist)圈子里,人们相信死者的灵魂能附身于活人。往生者没有了自己的身体和声音,但他们的灵魂可以附在活人身上,借活人之口说话,借活人之身行动。操纵心智的真菌也像招魂似的占据它们所感染的昆虫。受感染的蚂蚁不再像蚂蚁一样行动,而是成了真菌存活于世的媒介。休斯所说的"披着蚂蚁皮的真菌"

正是这个意思。在真菌的命令下，蚂蚁脱离了自己的演化轨道，它们的行为，它们与世界和其他蚂蚁的关系，不再受到蚂蚁演化之路的指引。取而代之的是，它走上了偏侧蛇虫草的演化轨道。从生理、行为和演化的角度来看，这只蚂蚁变成了真菌。

　　偏侧蛇虫草和其他操纵昆虫的真菌演化出了伤害它们所感染动物的惊人能力。而越来越多的研究表明，含裸盖菇素的蘑菇演化出了治愈一系列人类问题的惊人能力。从某种意义上来说，这还是新鲜事：自 21世纪初以来，严格的控制试验和先进的大脑扫描技术帮助研究者用现代科学的语言解读致幻体验——正是这新一代的致幻剂研究把我带到医院参与 LSD 研究。这些近期的发现广泛支持 20 世纪 50 年代和 60 年代许多研究者的想法：LSD 和裸盖菇素是治疗很多精神问题的"神药"。然而，从另一方面来说，在现代科学框架下进行的许多此类研究，大多验证了传统文化中为人所熟知的事情。彼时的人们早已将带有精神活性的植物和真菌当作药物与心理–精神疗法用具使用了不知道多长时间。从这个角度看，现代科学只不过刚刚跟上了脚步。[23]

　　以常规的药物干预标准来看，近期的许多发现都有特别的意义。在 2016 年纽约大学和约翰·霍普金斯大学的一对姊妹研究中，研究者为一群在被诊断出癌症晚期后陷入焦虑、抑郁与"存在主义悲痛"的患者们提供了裸盖菇素，并辅以心理治疗。使用一剂裸盖菇素后，80% 的患者的心理症状显著减少，且这种状态持续了至少 6 个月。裸盖菇素缓解了"精神堕落和绝望感，改善了精神健康，增进了生活质量"。参与者描述了"开心、欢喜和爱的强烈感觉"，还有"从感到孤立无援变成了感到与他人相连"。超过 70% 的参与者认为，在他们已有的人生体验中，参与这项研究的体验能排进最有意义的前五。"你可能会问，这意味着什么呢？"参与这项研究的高级研究员罗兰·格里菲思（Roland Griffiths）在一次采访中说道，"一开始我想的是，或许他们的生活非常无聊？但事实并非如此。"参与者认为他们的体验能和第一个孩子的出生或父母的死亡相提并论。这些研究被认为展示了现代医学历史上最有效的一些精神干预。[24]

人的心智和性格很少发生深刻的改变，而这样的改变如果发生在极短的体验内则更令人震惊。然而，这些发现并非特例。近期有几项研究报告了裸盖菇素给人的心智、观念和看待事物的视角带来的剧烈影响。通过我挣扎着完成的那堆心理量表问卷所提供的数据材料，很多这类研究发现，使用裸盖菇素基本能稳定地引发"神秘"体验。神秘体验包括敬畏之情、所有事物都紧密相连的感觉、跨越时间和空间的感觉、对现实本质有了深刻直观理解的感觉，还有从心底涌出的爱意、平静或喜悦的感觉。在这些感觉之中，个体的自我意识通常会消融。[25]

和《爱丽丝漫游仙境》里的柴郡猫之笑一样，裸盖菇素能在人们的脑海中留下持久的印象，"药效过劲之后，影响还持续存在"。在一项研究中，实验人员发现，健康的志愿者接受一剂高剂量的裸盖菇素后，对新体验的开放程度就提高了，且他们的心理健康和生活满意度也得到了改善；在大部分情况下，这些改变都持续了至少一年。一些研究发现，裸盖菇素带来的体验帮助烟瘾人士和酗酒者戒掉了瘾。其他研究还报告，参与者与自然世界的相连感持续提升。[26]

在近期有关裸盖菇素的众多研究中，一些共性开始涌现。其中非常有趣的一点，在于裸盖菇素试验的参与者对他们体验的理解。如迈克尔·波伦（Michael Pollan）在《改变你的心智》（*How to Change Your Mind*）中写到的，大部分使用裸盖菇素的人不会以现代生物学机制的术语（在他们脑中活动的分子）来解读自己的体验。波伦发现，与常规看法相反，在他采访过的人里，许多"一开始都是坚定的唯物主义者和无神论者……然而有多位在经历'神秘体验'后就产生了一种不可动摇的信念，相信世界上有超越我们认知的事物——一种超越物理宇宙的'不可知的彼岸'（beyond）"。这些效果给我们出了一道谜题。一种化学物质能诱发一段深刻的神秘体验，这似乎支持了主流的科学观点：主观世界是由我们大脑里的化学活动构成的；精神信仰的世界和产生神性的体验可以源自物质层面的生化反应。然而，正如波伦指出的，这种体验如此强劲，以至于能说服人们存在一个非物质的现实——而这正是宗教信仰的原料。[27]

偏侧蛇虫草和居住在肠道里的微生物，通过住在动物体内，实时微调寄主的化学物质分泌，从而影响它们的心智。含裸盖菇素的蘑菇则不同。只要给人注射合成裸盖菇素，就能引发一整套心理-精神效果。裸盖菇素是怎么做到的？

进入身体之后，裸盖菇素就会被转化为脱磷酸裸盖菇素（psilocin）。脱磷酸裸盖菇素会激活一般由神经递质血清素（serotonin）激活的受体，从而悄悄进入大脑的运作机制。和 LSD 一样，裸盖菇素能模仿我们广泛使用的一种化学信使，渗透我们的神经系统，直接干预我们身体各处电信号的传递，甚至还能改变神经元的生长和结构。[28]

直到 21 世纪初，我们才弄清了裸盖菇素改变神经活动规律的详细机制。贝克利 / 帝国理工致幻剂研究项目（Beckley/Imperial Psychedelic Research Programme）的研究人员为试验参与者提供了裸盖菇素，同时监测他们大脑的活动。他们的发现出乎意料。大脑扫描发现，虽然裸盖菇素对人的心智和认知有强力的效果，但它并没有像我们想象的那样上调大脑的活动，反而下调了一些关键脑区的活动。

裸盖菇素下调的这类大脑活动是所谓"默认模式网络"（default mode network，简称 DMN）的基础。当我们漫不经心、思维四处游荡、自我反省、思考过去或计划未来时，我们的 DMN 都处于活跃状态。研究者们将 DMN 形容成大脑的"首都"或"企业高管"。人们认为，在每时每刻的皮层信息处理过程里，DMN 起到了维护秩序的作用，相当于一间混乱教室里的老师。

这项研究表明，在使用了裸盖菇素的参与者中，报告出现最强"自我消融"感的，其 DMN 活动的降低幅度也最大。抑制 DMN，就松开了禁锢大脑的缰绳。皮层的连接性大幅增加，许多新的神经元环路得以形成，将此前相互隔离的活动网络成功相连。奥尔德斯·赫胥黎在《知觉之门》（*The Doors of Perception*）中记录了他对致幻体验的重要探索。借用那本书里的隐喻来说，裸盖菇素似乎关闭了我们意识里的"抑制阀门"。结果就是，一种"不受限制的认知"诞生了。发表该项研究的作者们总结道，裸盖菇素改变人心智的能力，跟这些皮层信息流动的状态有关。[29]

脑成像研究为致幻剂在我们身体里的运作方式提供了重要的描述，但它们并没能很好地解释参与者的感受。毕竟，拥有体验的是人，而不是大脑，且似乎正是人的体验为裸盖菇素产生疗效打下了基础。在那些以癌症晚期患者为对象的研究中，学术人员测量了裸盖菇素在这些患者身上的效果，发现正是那些经历了最强神秘体验的患者，抑郁和焦虑方面的症状得到了最显著的缓解。与之相似，在一项关于裸盖菇素和烟草上瘾的研究中，结果最好的患者是那些经历了最强劲神秘体验的人。裸盖菇素的作用似乎并不来自对某一套生化机制的调控，而是缘于打开了患者的思维，让他们能以新的方式来思考自己的生命和行为。

这项发现，让人回想起出现在 20 世纪中期第一波现代致幻剂研究热潮中的许多 LSD 和裸盖菇素研究。20 世纪 50 年代研究 LSD 效果的加拿大精神病学家艾布拉姆·霍弗（Abram Hoffer）说："自打一开始，我们就认为在治疗中重要的是体验，而非化学物质。"这听起来或许像是常识，但从当时的机械论医学角度来看，这可是一个极端的想法。传统的治疗方法（如今仍被普遍采用）是用东西（不论是药物还是手术工具）去治疗身体里的东西，正如我们会用工具来修理机器一样。人们通常认为，药物通过完全绕过意识的药理环路来发挥作用：药物作用于受体，受体接着引起症状的改变。相比之下，跟 LSD 和其他致幻剂一样，裸盖菇素似乎经由心智来作用于心理疾病的症状。这拓宽了标准定义中的环路概念：药物作用于受体，受体接着引起心智的改变，心智的改变再引发症状的改变。患者的致幻体验本身，似乎就是良药。[30]

用约翰·霍普金斯大学的精神病学家兼研究员马修·约翰逊

（Matthew Johnson）的话说，诸如裸盖菇素的致幻剂，"用药物将人们的心智抽离出之前的运行轨道。这确实是在重启系统……致幻剂创造了一个恢复心理弹性的契机，让我们可以跳脱出自己曾经用来组织现实的心理模型"。顽固的习惯（例如导致物质上瘾和构成抑郁症里"死板的悲观主义"的那些习惯）变得更容易改变。通过软化人类心智中用来理解各种体验的条条框框，裸盖菇素和其他致幻剂能打开新的认知可能。[31]

我们最为顽固的心理模型之一，就是自我。裸盖菇素和其他致幻剂似乎正是干扰了这种自我意识。一些人称其为"自我消融"；另一些人直接报告称，他们不再分得清自己和环境之间的边界。人类如此依赖和奋力守护的"自我"可以完全消失，或逐渐变弱、慢慢融入"他者"当中。而结果就是产生与比自身更大的事物融合在一起的感觉，重新设想自己与世界之间的关系。[32] 从地衣到菌丝体不断拓展边界的行为，真菌的很多例子都从知识上挑战了我们对身份和个体性所持的陈旧概念。产生裸盖菇素的蘑菇和 LSD 也改变着我们这方面的思维，但它们的作用方式更为深入本质：改变我们自己心智的内里。

在偏侧蛇虫草的例子里，我们可以将受到感染的蚂蚁的行为视为真菌的行为。"死亡紧咬"和登顶症都是真菌的延伸性状，是它们延伸表现型的一部分。我们可以将裸盖菇在人类意识和行为上带来的改变看作真菌延伸表现型的一部分吗？偏侧蛇虫草在叶片背面留下咬痕，这种延伸行为变成化石，在世界上留下自己的印记。裸盖菇是否也通过典礼、仪式、颂歌，还有我们的状态受到改变后所衍生出的其他文化和科技产物而在这个世界上留下了它们的印记呢？裸盖菇是否"穿着"我们的心智，就像偏侧蛇虫草和团孢霉菌"穿着"昆虫的身体一样？

特伦斯·麦克纳强烈支持这种观点。他主张，只要剂量足够，我们就能指望蘑菇"在我们心智的凉夜里"清楚且直白地"对自己夸夸其谈"。真菌没有能摆弄世界的手，但它们能将裸盖菇素用作化学信使，借助人类的身体，利用人的大脑和感官思考和说话。麦克纳认为，真菌能"穿"着我们的心智，占据我们的感官，最重要的是，它们还能为我们传递有关外部世界的知识。真菌不仅为我们提供了这些知识，部分真菌更是能利用裸盖菇素影响人类，尝试削弱我们毁灭自身的倾向。对麦克纳来说，这种共生合作关系所展现的可能性，远比真菌和人类各自单独拥有的"更丰富和更复杂"。[33]

正如道金斯提醒我们的，我们思维所能企及的限度，取决于我们拓展猜想的宽度。而我们的猜想又取决于我们处置自带偏见的方式。哲学家阿尔弗雷德·诺思·怀特海（Alfred North Whitehead）曾对他教过的伯特兰·罗素（Bertrand Russell）说："你认为世界是正午好天气下的样子，我认为世界是一个人大清早从深度睡眠中刚刚醒来时所看到的样子。"借用怀特海的形容，道金斯的延伸表现型就是在正午好天气下做出的猜想。他极为小心，以保证自己有关延伸表现型的猜想是"前置条件明确"且"受到严密限制"的。他明确表示：表现型能延伸至身体以外，但不能太延伸。相比之下，麦克纳的则是清晨初醒式的猜想。他提出的限制条件较为宽松，对相关现象的解释较为大胆。在这两极之间，还有提出其他解读的大片余地。[34]

含裸盖菇素的蘑菇是否满足了道金斯的3个"严格要求"呢？

一个蘑菇制造裸盖菇素的能力，当然是可遗传的。这种能力在不同的蘑菇物种和不同的蘑菇个体之间当然也存在差异。然而，要想把人类使用蘑菇之后的状态（包括幻觉、神秘体验、自我消融、自我意识的缺失）算作真菌的延伸表现型，它还必须满足最后的关键条件。能够调和出有"更好"状态（无论具体指什么状态）的真菌，必须更有可能将它们的基因成功传递给下一代。真菌影响人类的能力必须有所区分，能够提供更饱满、更令人满意的体验的真菌，必须以发挥不了同等影响的那些真菌为代价，从中获益。

从表面上看，根据第三个要求似乎足以得出结论。产生裸盖菇素的真菌或许能影响人类的行为，但和偏侧蛇虫草不同，它们并不生活在我们体内。再说了，人类在裸盖菇素的故事中是后来者，麦克纳的猜测因此很难自洽；在人属动物出现前，真菌已经生产了数千万年的裸盖菇素——现有研究给出的最准确估计认为，第一个"致幻"蘑菇出现于大约 7 500 万年前，也就是说，它们的演化历史至少有 90% 是在没有人类的星球上好好发生的。如果这些真菌确实会从我们改变后的状态中获益，它们也没获益多久。[35]

这样的话，裸盖菇素究竟对这些真菌有什么意义，以至于真菌要演化出产生它们的能力呢？一开始生产裸盖菇素是为了什么呢？这是让真菌学家和迷幻蘑菇爱好者们凝神沉思了数十年的问题。

在人类出现以前，裸盖菇素对真菌来说可能并没什么用。真菌和植物中有许多化合物是体内生化反应偶然产生的代谢副产物，堆积在各个角落，扮演着不起眼的小角色。有些时候，这些"次级代谢产物"会遇到一种它们能够吸引、迷惑或杀死的动物，从那往后，它们可能开始让真菌获益，从而走上演化适应的道路。然而有时候，它们不过只是某个生化反应产生的一个与众不同的代谢产物，将来或许有用，又或许一直没用。

2018 年发表的两项研究显示，裸盖菇素确实能为产生它的真菌提供好处。通过测序产生裸盖菇素的真菌，研究人员分析发现，生产裸盖菇素的能力独立演化出了不止一次。更令人惊讶的是，在这种能力的演化历史中，生产裸盖菇素所需的基因簇曾在真菌谱系之间通过水平基因转移"跳跃"了数次。如上文所说，水平基因转移是基因与其所表达的性状无须通过性和繁衍即可在生物之间传播的过程。这在细菌界是家常便饭。抗生素抗性能在细菌群体里快速散播就是用的这种方法。然而在蘑菇中，这十分罕见。更罕见的是，复杂的代谢基因簇能在跨物种"跳跃"中保持完好。而裸盖菇素基因簇恰好能做到这点。这说明裸盖菇素能为产生它的真菌提供不可忽略的重要好处。若非如此，这个特征应该很快就会退化。[36]

但这个好处是什么呢？裸盖菇素基因簇在拥有相似生活方式的真菌物种之间"跳跃"；这些真菌生活在腐烂的木头和动物粪便中，而这些地方同时也住着许多与真菌"一同进食，相互竞争"的昆虫；裸盖菇素进入这些昆虫体内后，应该都能引发剧烈的神经活动。裸盖菇素的演化价值似乎在于其影响动物行为的能力。但它具体怎么影响了动物行为，目前还未可知。真菌和昆虫共享着久远而复杂的历史。例如偏侧蛇虫草和团孢霉菌等真菌会杀死昆虫。另一些则在演化历史中的很长一段时间里，与昆虫并肩作战——比如那些与切叶蚁和白蚁住在一起的真菌。不管是竞争还是合作，真菌都会用化学物质改变昆虫的行为。团孢霉菌为了达到自己的目的，甚至用上了裸盖菇素。裸盖菇素是更适合竞争还是合作呢？人们的观点在这一点上出现了分歧。在食用裸盖菇素的生物身上监控其效果非常困难，就算在人类身上也是如此——人类至少还能尝试谈论自己的体验，填写心理量表问卷，但我们怎样才可能研究清楚裸盖菇素对昆虫心智的作用呢？有关裸盖菇素的动物研究少之又少，让我们的任务更加艰巨。[37]

　　裸盖菇素是否可能是真菌产生的一种威慑物，用来迷惑可能伤害它们的昆虫的神志？如果是的话，裸盖菇素的效果似乎并不好。一些蚊蚋和蝇类常常以迷幻蘑菇的内部为家。蜗牛和蛞蝓吞下它们之后似乎也没什么不良反应。人们还曾观察到切叶蚁主动寻觅一种含裸盖菇素的蘑菇，将它们整个带回巢里。这些发现让一些人认为，裸盖菇素不但不是一种威慑物，还反而是一种诱惑物。它通过某种方式改变着昆虫的行为，最终让真菌受益。[38]

　　真相大概在这两个极端之间。对一些动物有毒的裸盖菇，对另一些具有抗性的动物来说或许是一顿佳肴。举例来说，一些蝇类对毒鹅膏生产的毒素具有抗性，因此几乎独占了这种鹅膏菌。这些对裸盖菇素具有抗性的昆虫是否通过散播相关真菌的孢子和抵御其他害虫而由此帮护了这些真菌？我们再一次陷入了只能猜想的境地。

　　我们或许不会知道裸盖菇素在其存在的前几百万年中是如何为真菌服务的，但从我们当下了解了更多相关知识的有利位置往回看，我们就能发现，裸盖菇素和人类心智的互动明显改变了能产生裸盖菇素的真菌的演化命运。生产裸盖菇素的真菌发展出了和人类轻松融洽相处的模式。裸盖菇素并没有拒人于千里之外，毕竟要想食用过量，以产生迷幻体验所需的平均剂量来算，一个人需要吃下 1 000 倍于此的蘑菇才行；裸盖菇素会吸引人类主动寻找这些真菌，带着它们四处游走，还开发出培育它们的方法。这样，我们也就帮它们散播了孢子。这些孢子数量庞大，也足够轻盈，因而能够在空气中移动很远的距离：将一颗蘑菇在任何表面放上几个小时，它就能喷射出足够留下厚厚一层黑色污斑的孢子。在与另一种动物相遇的过程中，这种一度迷乱害虫神志、威慑害虫生存的化学物质，几步之内就变成了一个闪耀的诱惑。迷幻蘑菇在 20 世纪的几十年内从无名小卒变成国际巨星的故事，是人类与真菌关系的历史长河里极具戏剧性的一幕。[39]

20 世纪 30 年代，哈佛大学的植物学家理查德·埃文斯·舒尔特斯读到了 15 世纪西班牙修士们有关"诸神之肉体"的记载，由此着迷。我们可以从少量残留的资料中清楚地看到，在中美洲的部分地区，含裸盖菇素的蘑菇已经成为当地文化和宗教仪式的重心。我们能在手抄本中看到当地的神灵高举它们，而尘间对它们的食用也让这些蘑菇本身在神圣事物的形象之中占据了相当的分量

在当今的墨西哥还能找到这些蘑菇吗？舒尔特斯从一名墨西哥植物学家那儿打听到了小道消息，于1938年[①]动身前往瓦哈卡（Oaxaca）东北方偏僻的峡谷，想要在那里找到这个问题的答案。舒尔特斯发现，马萨特克人（Mazatec）仍然在继续使用这些蘑菇。巫医们会定期用蘑菇祈祷，以求治疗患者、找回失物和提供建议。这些蘑菇在村庄周边的牧场很常见。舒尔特斯搜集了样本并发表了他的发现。他报告道，食用这些蘑菇让人产生了"狂喜、无条理的言语和……古怪的、色彩缤纷的幻觉"。[40]

---

① 也是在同一年，阿尔贝特·霍夫曼在瑞士的一个药物学实验室里首次从麦角霉菌里提取出了 LSD。

1952 年，业余真菌学家兼摩根大通银行的副主席戈登·沃森（Gordon Wasson）收到了来自诗人兼学者罗伯特·格雷夫斯（Robert Graves）的一封信。信里描述了舒尔特斯对能改变心智的"诸神之肉体"的报告。沃森被格雷夫斯提及的这个消息迷住了。他也前往瓦哈卡，意图寻找这些蘑菇。在那里，沃森遇到了一位名叫"玛丽亚·萨维纳"的巫医。这位巫医邀请他参加了一场蘑菇仪式。沃森这样形容自己的这次体验："粉碎灵魂。"1957 年，他在《生命》（*Life*）杂志上记述了自己的经历，文章标题为"寻觅迷幻蘑菇：一位纽约银行家前往墨西哥山里，置身印第安人的古老仪式，咀嚼能诱发幻觉的奇异生物"。[41]

沃森的文章大热，读者以百万计。截至那会儿，人们知道 LSD 具有改变心智的能力已有 40 年之久，且有一群活跃的研究者在开展对其效果的研究。然而，沃森的文章是让改变心智的致幻物质进入大众视野的第一批叙述之一。几乎在一夜之间，"迷幻蘑菇"成了家喻户晓的名词和"上钩概念"①。丹尼斯·麦克纳（Dennis McKenna）在自传里回忆起自己在 10 岁时就已经很早熟的兄弟特伦斯，"他会在我们母亲做家务的时候一直追着她提问，手里挥着那本杂志，想要知道更多。但是，她当然没有'更多'可以教他"。[42]

事情进展得飞快。霍夫曼收到了由沃森考察团一员寄来的迷幻蘑菇样品，并且很快就确认、合成和命名了其中的活跃成分：裸盖菇素。1960 年，哈佛大学的著名学者蒂莫西·利里（Timothy Leary）从一位朋友那儿听闻了迷幻蘑菇。他也前往墨西哥，打算尝试一下。这段经历（"充满幻象的旅途"）对他造成了深远的影响，并在回去之后成了"一个崭新的人"。在这次蘑菇之旅的启发下，回到哈佛的利里放弃了原来的研究项目，发起了哈佛裸盖菇素项目。他后来这样回忆自己的"上钩"体验："自从在墨西哥的一个花园里吃下 7 颗蘑菇，我就将所有的时间和精力投入到了对这些神秘深奥领域的探索与描述当中。"[43]

---

① Gateway concept，指许多人在进入致幻剂 / 毒品领域前接触到的相关概念，较容易使人"上钩"。

事实证明，利里的做法有争议。他离开了哈佛，并开始诚心诚意地宣扬自己的观点，即我们能通过食用致幻剂来达成文化上的革命和实现精神启蒙。他很快就变得臭名远扬。他现身于许多电视和广播节目，传教似的宣扬 LSD 和它的好些"益处"。他在接受《花花公子》(Playboy)的采访时告知众人，在一般的迷幻药经历里，女性可以指望享受到 1 000 次高潮。竞选加利福尼亚州州长时，他和罗纳德·里根竞争，但最终落选。20 世纪 60 年代反文化运动的发展势头就由利里的宣教带动。在 1967 年的旧金山，当时被致幻剂运动推为"大祭司"的利里在有上万人参与的"人类大聚会"(Human Be-In)上讲话。不久，在一连串强烈的反对和丑闻的阴霾笼罩下，LSD 和裸盖菇素成了违禁品。到了 60 年代末，几乎所有对致幻剂效果的研究都被关停或转入地下。[44]

对裸盖菇素和 LSD 的法律限制标志着裸盖菇演化历史上的一个新篇章。大部分 20 世纪 50 年代和 60 年代的致幻剂研究使用的是药丸样式的 LSD 或合成裸盖菇素，大部分由瑞士的霍夫曼生产。但是到了 20 世纪 70 年代早期，大众对迷幻蘑菇的兴趣日益增加，部分由于生产与使用纯裸盖菇素和 LSD 将面临法律风险，部分由于其稀缺性。到了 70 年代中期，从美国到澳大利亚，人们在世界各处发现了不同的含裸盖菇素的蘑菇。然而，野生蘑菇的供应会受到季节条件和地理位置的限制。70 年代早期从哥伦比亚返回后，特伦斯·麦克纳和丹尼斯·麦克纳就在搜寻更稳定的供应源。他们的解决方案很激进。1976 年，麦克纳兄弟出版了一本小书：《裸盖菇素：给迷幻蘑菇培育者的指南》(Psilocybin: Magic Mushroom Grower's Guide，后简称《培育者指南》)。兄弟二人表示，翻翻这本小书，再添置一些罐子和压力锅，每个人都可以在自家的花园棚子里生产用之不尽的强力致幻剂。整个过程比做果酱难不了多少；用特伦斯的话说，就算是一个新手也很快就能"炼出齐脖深的剂量"。[45]

麦克纳兄弟并非最早培育含裸盖菇素蘑菇的人，但他们最早发表了不需要专业实验室设备就能培育大量蘑菇的可靠方法。《培育者指南》很快就大获成功，发售不到 5 年就卖出了至少 10 万本。它开启了 DIY 真菌学这一新领域，并影响了一位名叫保罗·斯塔梅茨（Paul Stamets）的年轻真菌学家，后者发现了 4 个含裸盖菇素的真菌新物种，还写了一本含裸盖菇素真菌的辨认手册。

斯塔梅茨当时已经在研究培育一系列"好吃又有药用价值的"蘑菇的新方法。1983 年，他出版了《蘑菇培育者》（*The Mushroom Cultivator*），进一步简化了培育手段。20 世纪 90 年代，随着迷幻蘑菇培育者的网上论坛不断涌现，荷兰的企业家们发现了一个法律漏洞；只要钻这个空子就可以公开销售含裸盖菇素真菌。许多本来在荷兰培养超市售卖的可食用蘑菇的人，随即转向了迷幻蘑菇的生产。21 世纪初，这份狂热传到了英格兰，伦敦的商业街上成箱成箱地卖起了新鲜的含裸盖菇素真菌。到了 2004 年，仅坎登蘑菇公司（Camden Mushroom Company）一家，每周就能售出 100 千克的新鲜蘑菇，足以提供 2 500 次迷幻体验。不久后，新鲜的含裸盖菇素蘑菇就成了违禁品，但蘑菇的秘密已经传开。如今，"加点水就行"的迷幻蘑菇种植套装在网上随处可购。不同的真菌菌株杂交出了新的品种，从'金色老师'到'麦克·肯耐'，每一种的效果都稍有不同。[46]

人类寻找含裸盖菇素的真菌、为其孢子的散播充当热心媒介的历史有多久，真菌从它们影响我们意识的能力上获益的时间就有多久。自 20 世纪 30 年代以来，这些益处已经翻了几番。在沃森的墨西哥之旅前，在中美洲本地社群之外鲜有人知含裸盖菇素真菌的存在。然而在它们到达北美后的 20 年内，一个新的驯化故事就展开了。在橱柜、卧室和仓库里，一堆热带真菌物种在本不适合生存的温带气候下过上了新的生活。[47]

除此以外，自从舒尔特斯的第一篇论文在 20 世纪 30 年代末期发表之后，人们至少发现并记录了 200 种新的可以产生裸盖菇素的真菌，其中包括一种生长在厄瓜多尔雨林中能产生裸盖菇素的地衣。人们发现，只要雨水足够，这类蘑菇几乎可以在任何环境中生长。正如一位研究者所说，含裸盖菇素的真菌"大量出现在任何充满真菌学家的地方"。借助指南，人类能够找到、辨识、采摘并散播那些放在几十年前会被忽略的含裸盖菇素真菌。人们发现，好几种这类真菌尤其喜爱受干扰较大的栖息地，很容易就能在我们的遗弃之处安家。斯塔梅茨揶揄道，其中许多都偏爱公共场所，包含"公园、住宅开发区、学校、教堂、高尔夫球场、工业区、托儿所、花园、高速公路休息区和政府建筑——郡、州法院和监狱都算在其中"。[48]

　　最近几十年发现的事实是否让我们离满足道金斯的第 3 个要求更近了呢？我们是否可以将这些真菌看作借用人类的大脑思考，利用人类的意识感受世界呢？一个受蘑菇影响的人，是否真的像一只被偏侧蛇虫草感染的蚂蚁一样，屈服于蘑菇的影响之下呢？

　　要把我们受影响的状态算作真菌的延伸表现型，受蘑菇影响的人必须能为其所食用真菌的繁衍利益服务。然而，事实似乎并非如此。我们只驯化了少数几种真菌，而且在大多数情况下，栽种哪种真菌取决于相应的栽培难度和产量——我们不知道"善于"改变心智的是否比"拙于"改变心智的真菌更容易被选上。让延伸表现型更难站住脚的是，如果所有人都在一瞬间消失，大部分含裸盖菇素的真菌还是会不受影响地继续生长。和完全依赖蚂蚁受改变状态的偏侧蛇虫草不同，产生裸盖菇素的真菌并不完全依赖我们受到改变后的状态。它们在没有人类的情况下好好地生长、繁衍了几千万年，将来也很可能一直这样长下去。

　　这重要吗？舒尔特斯和霍夫曼在 1992 年写道："有人或许会想，随着裸盖菇素和脱磷酸裸盖菇素（即裸头草辛）的分离，墨西哥的蘑菇已经失去了它们的魔力。"随着含裸盖菇素真菌的驯化和人工培育发展，现在阿姆斯特丹的那些仓库里已经能种上数百千克的蘑菇。随着裸盖菇素的分离，我们能在扫描大脑时根据需求去抑制默认模式网络，能在医院病床上引发迷幻体验、敬畏感和自我意识的消失。这些进展让我们对裸盖菇素影响人类心智的机理增进了多少理解呢？

对舒尔特斯和霍夫曼来说，这个问题的答案是"没多少"。迷幻体验本身就很难被理性地解释。心理量表问卷上的数字评分不能准确框定这些体验。它们使人迷惑，又令人激动。而且毫无疑问，它们确实存在。正如舒尔特斯和霍夫曼认识到的，对裸盖菇素和脱磷酸裸盖菇素本质与结构的科学研究"只不过说明了，这些蘑菇的迷幻性质是两种结晶化合物的性质罢了"。这个发现不过是把问题踢到了别处。"它们对人类心智的影响，就跟这些蘑菇本身一样迷幻和难以理解。"[49]

或许严格来说，裸盖菇的效果不能算作延伸表现型，但这是否意味着我们就要抛弃特伦斯·麦克纳的猜想了？也许不该这么着急。哲学家、心理学家威廉·詹姆斯（William James）在 1902 年写道："我们正常的清醒意识［即我们所谓的理性意识（rational consciousness）］只不过是一种特殊的意识。在理性意识的周围，还有完全不同的各种潜在的意识形式；极薄的帷幔将它们与理性意识隔开。"[①] 利用我们尚不理解的机制，某些真菌能将人类领到熟悉的故事之外，带入完全不同的意识形式当中，向着新问题的边界前进。詹姆斯曾断言："任何对宇宙整体的叙述，如果丢下这些意识形式不予理睬，那绝不会有最后的定论。"[50]

不论是对研究者、患者，还是一个感兴趣的旁观者来说，这些真菌化学物质的奇特之处正是它们引发的体验。麦克纳在蘑菇影响下提出的猜测或许过度拓展了精神和生物学上的可能性，但这就是重点：裸盖菇素对人类心智的影响拓宽了可能性的边界。在马萨特克文化中，蘑菇能说话是一件不证自明的事，任何服用蘑菇的人都能亲自体验到。这种认识还出现在许多其他使用宗教致幻植物或真菌的传统文化中。不在这些传统场景中使用致幻生物的当代人也常持这种看法。其中许多人报告，感觉"自我"和"他者"之间的边界消失了，还有一种与其他生物"合为一体"的体验。

---

① 译文参考来源：威廉·詹姆斯. 宗教经验种种 [M]. 尚新建，译. 北京：华夏出版社，2008：278，略有改动。

世界是正午好天气下的样子，还是我们清晨初醒时看到的样子？我们大概是有一些共识的。不管真菌是否确实通过人类来讲话和占据我们的感官，含裸盖菇素的真菌对我们思想和信念的影响都相当真实。想象一个真菌能"穿"着我们的心智，在我们的意识中尽兴玩耍，那我们预计会看到些什么呢？或许会有关于蘑菇的歌曲、蘑菇雕像、蘑菇画作；会有蘑菇当主角的神话和故事、为了赞颂蘑菇而发展出来的仪式；会有 DIY 真菌学家组成的全球社群，研究着在家培育蘑菇的新方法；会有像保罗·斯塔梅茨一样的真菌传教士，向大批听众宣讲蘑菇如何可能拯救世界；还会有像特伦斯·麦克纳一样的人，声称能用英语为真菌代言。

裸盖菇（*Psilocybe semilanceata*）
在英文中又名"liberty cap"，意为"自由帽"

5
根诞生之前

你永远摆脱不了我

他会用我做一棵树

别说再见，别对我

描述天空吧，为我

—— 汤姆·韦茨和凯瑟琳·布伦南 [①]

大约 6 亿年前，绿藻开始从浅层淡水向陆地迁移。它们是所有陆地植物的祖先。植物的演化改变了这个星球和它的大气层，是生命历史上的关键转折点之一，是生物学可能性上的一次深刻突破。今天，植物构成了地球上全部生物量的 80%，处于食物链的底端，维持着几乎所有的陆地生物。[1]

在植物出现之前，陆地焦枯且贫瘠，环境极端，温度变化剧烈，四处都是岩石和尘埃，我们称作土壤的东西还不存在。营养物质被封锁在坚硬的岩石和矿物里，而且气候干旱。陆地上并非完全没有生命。光合作用细菌、嗜极藻类和真菌形成的壳状物质可以在露天环境下生存。但是，恶劣的陆上环境意味着地球上的生命大部分可能都藏身于水体之中。温暖的浅层海域和淡水湖里满是藻类和动物。几米长的板足鲎在海底漫步。三叶虫用铲子一样的头甲翻耕堆满淤泥的海床。单体珊瑚开始

① 汤姆·韦茨（Tom Waits），出生于 1949 年 12 月，美国音乐家、作曲家和演员；凯瑟琳·布伦南（Kathleen Brennan），出生于 1955 年 2 月，美国音乐家、作曲家、唱片制作人。二人于 1980 年结婚，自 1992 年起，凯瑟琳成为汤姆主要的词曲合作者和制作人。

形成珊瑚礁。软体动物繁荣生长。[2]

　　尽管环境相对荒芜，陆地还是为任何能生存下来的光合作用生物提供了大量机会。光线不会经过水的过滤，二氧化碳也更容易获取——这对利用光和二氧化碳存活的生物来说有着巨大的吸引力。但陆地植物的藻类祖先没有根，没有存储和运输水的办法，也没有从坚硬的土地里吸取营养物质的经验。它们是怎么通过重重挑战，登上干旱陆地的呢？

　　一旦要梳理起源故事，学者们就很难统一意见。证据通常非常零散，仅有的证据也可以被用来支持不同的观点。然而，在围绕着生命历史初期的温热争论中，有一个引人注意的共识：只有通过与真菌结成新的关系，藻类才能成功登陆。[3]

　　这些早期的联合演化成了我们如今所说的"菌根关系"。现今，至少有90%的植物物种都依赖菌根真菌。这是常态，而非例外：菌根关系是比茎、叶、花、果实甚至根都更基础的植物特征。在这种亲密的合伙关系（既有合作，也有冲突和竞争）中，植物和菌根真菌合作共荣，为我们的过去、现在和未来打下基础。没有它们，就没有我们，而我们却鲜少想起它们。这种忽视是有代价的，而且这代价从未像今天这样显著。我们承受不起这种态度带来的损失。[4]

　　如上文所说，藻类和真菌喜欢合伙。它们的联合有多种形式。地衣就是一个例子。海藻是另一个例子；许多被冲上海岸的海藻依赖真菌供养自己和防止自己变干燥。别忘了哈佛研究者们将独立生活的真菌和水藻放在一起后所形成的"软软的绿球"。只要真菌和藻类在生态上足够合适，只要二者能一起唱出一首单靠自己唱不出来的代谢之"歌"，它们就会融合，形成全新的共生关系。从这个意义上来说，真菌和藻类联合形成植物的故事，属于一个更大的故事。这是一首演化的叠歌。[5]

　　地衣里的伙伴们所形成的新整体和每个单个成员都不同，但在菌根关系里，植物还是植物，菌根真菌还是真菌。这就构成了一种非常不同的、更加开放杂乱的共生关系：一株植物能同时与不同的真菌结合，一个真菌也能同时联手许多植物。

　　要让这段关系成功，植物和真菌在代谢上要十分匹配。这是一份熟悉的契约。在光合作用里，植物从大气中获取二氧化碳并合成装满能量的碳基化合物（糖和脂质）——植物外的大部分生物都依赖于此。通过在植物根内生长，菌根真菌能优先接触到这些能量来源：真菌能吃饱。然而，光合作用并不足以维持生命。植物和真菌不只需要能量来源。它们还必须从地里提取水和矿物质。而地下有着各种质地、广布微孔和带电的洞穴与腐殖质构成的迷宫。真菌是这片荒野里敏捷的漫游者，能以植物做不到的方式觅食。植物在根部招徕真菌，借它们大大增强自己获取营养物质的能力：植物也能吃饱。合作共生让植物获得了"外置真菌"，让真菌获得了"外置植物"。它们各自利用对方来延展自己的能力范围。这示例了林恩·马古利斯所说的"亲密的陌生者之间长久的关系"——只不过植物和真菌已不再是彼此陌生的两方。我们只需要观察根的内部，就能清楚地看到这一点。

　　在显微镜下，根能变成一个个世界。我花了数周时间投入地观察它们，时而入迷，时而受挫。如果将新鲜、纤细的根放在装有水的培养皿里，就能看到真菌菌丝从根部向外摆开。把根放在染料里煮沸几分钟，再用盖玻片将它们压到载玻片上，就能看到一种缠结。真菌菌丝在植物细胞里分叉、融合、迸发，形成分支细丝的狂欢。植物和真菌互相紧抱。很难想象还有什么姿势比这更亲密。

　　我在显微镜下观察到的最奇异的东西，就是正在发芽的尘埃型种子（dust seed）。尘埃型种子是世界上最小的植物种子。用裸眼看，单粒种子就和一根细细的头发或睫毛尖差不多。兰花和其他一些植物的种子属于这种类型。这些种子的重量几乎可以忽略不计，很容易随风顺雨散播。它们遇到真菌之前不会发芽。我花了很长时间想要观察到它们发芽时的样子。我在小袋子里埋了上千颗尘埃型种子，几个月后再把它们挖出来，期待其中一些已经发芽。我一边用一根针在玻璃培养皿里四处拨动种子，一边通过显微镜观察，寻找生命的迹象。几天之后，我找到了我想要看到的东西：一些种子已经膨大，与真菌菌丝纠缠在一起形成了胖胖的一团；真菌菌丝像一根根黏糊糊的飘带，拖曳着贴在培养皿上。正在发育的根内，有缠成结状、卷成线圈的菌丝。这不是有性生殖：真菌和植物细胞没有融为一体，也没有合并它们的遗传信息。但这蕴含着勃勃生机：两种不同生物的细胞相遇且兼收并蓄，还一起合作创造出一个新的生命。脱离真菌想象未来任何一种植物的生存都荒谬至极。

我们不清楚菌根关系一开始是如何出现的。一些人认为，最早的相遇场景湿软且混乱：真菌在被冲到泥泞湖岸和河滩上的水藻体内寻找食物与庇护。另一些人则提出，水藻登陆之时就已经带着它们的真菌伙伴。英国利兹大学的教授凯蒂·菲尔德（Katie Field）解释道，无论如何，"它们很快就依赖起了对方"。

菲尔德是位卓越的实验者。她已经花了数年时间研究现存最古老的一些植物类群。利用放射性示踪剂，她在模拟古气候的生长室里测定了真菌和植物之间交换的物质。它们的共生方式为研究植物和真菌登陆初期的互动提供了线索。同样，化石也提供了关键证据，让我们能一窥这些早期的联合。目前保存最好的化石可以追溯到大约 4 亿年前。菌根真菌在上面留下了清楚的印迹。那些印记呈羽状裂片状——就和今天的它们一样。菲尔德赞叹道："你能看到，真菌真的住在植物细胞里。"[6]

最早出现的植物和绿色组织堆成的胶土差不了多少，没有根，也没有其他特化的结构。随着时间的推移，它们演化出了粗糙的肉质器官，给它们的真菌同伴提供住处；真菌则在土壤里搜寻营养物质和水分。最早的根演化出来之时，这样的菌根联合已经存在了大约 5 000 万年。菌根真菌是之后所有陆地生命的源头。"菌根"（*mycorrhiza*）这个名字起得真好：有了"菌"（*mykes*），"根"（*rhiza*）就接着出现了。[7]

数亿年后的今天，植物演化出了更细、生长得更快且更大肆伸展的根部；这些根在行为上更像真菌。但在探索土壤这件事上，这些根仍比不上真菌。菌根菌丝的粗细是最纤细的根的 1/50，长度上能超过植物根的 100 倍。它们在根之前出现，比根走得更远。一些研究者说得更夸张。"植物没有根。"本科期间一位教授吐露秘辛似的对满课室一脸震惊的学生们说道，"它们有的是真菌-根，即'菌根'。"[8]

菌根真菌数量众多。它们菌丝体所构成的生物量占土壤里总生物量的 1/3 到 1/2 之多。这些数字大得惊人。以全球来论，在土壤最上层的 10 厘米中，菌根菌丝的总长度大约是我们银河系宽度的一半（4.5×10^{17} 千米长的菌丝对比 9.5×10^{17} 千米宽的银河系）。如果将这些菌丝熨成一张平毯，能盖过超出地球陆地面积 2.5 倍的区域。但是，真菌不是静止的。菌根菌丝死亡和重生的速度飞快，每年能达到 10 到 60 次之多；它们在 100 万年间所累计的长度能接近可观测宇宙的直径（4.8×10^{10} 光年长的菌丝对比直径大约为 9.1×10^{10} 光年的可观测宇宙）。考虑到菌根真菌已经存在了大约 5 亿年，而且它们拓展的疆域并不局限于最上层 10 厘米的土壤，以上这些数字必然低估了真实的全貌。[9]

在植物和菌根真菌的关系中，两者构建出了一种二象性：植物的幼芽与光和空气互动，真菌和植物的根则与坚硬的土地互动。植物把光和二氧化碳转化为糖和脂质，菌根真菌则从石头和可降解物质中吸收养分。真菌置身于二重生态位中：一部分生活发生在植物内，另一部分在土壤中。它们驻扎在碳元素进入陆地生命循环的入口处，将大气层与土地相连。直至今日，菌根真菌还和挤在植物叶片和茎里的那些共生真菌一起，帮助植物渡过干旱、炎热与其他陆地生命从一开始就要面对的难关。这里的"植物"其实是指演化出了供养藻类能力的真菌，还有演化出了供养真菌能力的藻类。

Mycorrhiza（菌根）一词由德国生物学家阿尔贝特·弗兰克创造于 1885 年——他对地衣的迷恋让他在 8 年前创造了 *symbiosis*（共生）一词。后来，他受到普鲁士王国农业、土地和林业部门的聘任，要"推动实现松露的人工培育"；这项工作让他把注意力转向了土壤。与很多前人和来者一样，是松露的诱惑将他拽入了真菌的地下世界。

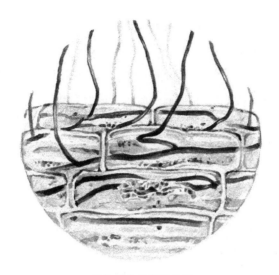

植物根内的菌根真菌

弗兰克在培育松露这一方面没取得多少成功，但在这个探究过程中，他记录下了树根和松露真菌菌丝体之间相互纠缠的生动细节。他的图示展现了缠绕在胞间菌丝网中的根尖。图中菌丝扭转，仿佛快要冲出纸张。弗兰克被这种联结的亲密所震惊。他提出，植物的根和它们的真菌同伴之间的关系，或许是互利，而非寄生。和大多数研究共生的科学家一样，弗兰克以地衣作比来理解菌根的联结。在他看来，植物和菌根真菌捆绑在"亲密的互相依存"关系当中。菌根菌丝体就像植物的"乳母"，使"土壤能为大树持续供能"。[10]

和西蒙·施文德纳的地衣二元性假说一样，弗兰克的想法也受到了猛烈的攻击。在弗兰克的批评者们看来，"共生关系能使双方受益"（"互利共生"）是一厢情愿的幻觉。如果其中一方似乎在获益，那它必定要为此付出相应的代价。任何看似互利的共生关系，实际上都是带着伪装的冲突，是寄生关系。[11]

弗兰克丝毫不觉挫败。为了理解植物和它们真菌"乳母"之间的关系，他研究了 10 年。他巧妙设计，用松树苗做了实验，将一些栽在无菌土里，将另一些种在取自周边松树林的森林土中。生长在森林土中的幼苗形成了真菌关系，比在无菌条件下生长的幼苗长成了更大、更健康的树苗。[12]

弗兰克的发现吸引了 J. R. R. 托尔金（J. R. R. Tolkien）的注意。托尔金对植物出了名地喜爱，对树木尤其。菌根真菌在《魔戒》（*The Lord of the Rings*）中很早就登场了。[13]

> "对你这位小园丁，爱好树木之人，"［精灵凯兰崔尔］她对［霍比特人］山姆·詹吉说，"我只有一个小礼物……这盒子里有我果园的泥土……但是，如果你保存好它，最后重返家乡，那么，或许它会奖赏你。纵使你发现一切遭到破坏，田园荒芜，只要你将这些泥土撒在那里，那么中洲将没有哪些花园能盛放如你的花园。"①

当他终于回到家园，看见荒芜的夏尔时：

> 山姆在每个曾有特别美丽或备受钟爱的树木被砍倒的地方都种下了小树苗，并在每棵树苗的根部土壤中放下一粒宝贵的沙……整个冬天，他都尽可能耐心地等候，克制着别不断到处跑去看是否有变化发生。春天来临，一切好得超乎他最大胆的憧憬。他种的树都开始抽芽生长，仿佛时光也在紧赶慢赶，想让一年抵得上二十年。②

托尔金描述的完全可能是泥盆纪（4 亿到 3 亿年前）植物生长的场景。那时，植物已经在陆地上谋得生计，在高强度的光照和高浓度的二氧化碳助力下，它们散布整个世界，以快于过去任何时候的速度演化出了更大、更复杂的形态。一米高的树在几百万年间就演化成了 30 米高的参天大树。在这段时期，随着植物繁盛生长，大气中的二氧化碳含量

---

① 引文参考来源：J. R. R. 托尔金. 魔戒（第一部）. [M]. 邓嘉宛，石中歌，杜蕴慈，译. 上海：上海人民出版社，2013：469—470
② J. R. R. 托尔金. 魔戒（第三部）. [M]. 邓嘉宛，石中歌，杜蕴慈，译. 上海：上海人民出版社，2013：354

下降到了原先的 10%，引发了一阵全球降温。植物和它们的真菌同伴是否在这场巨大的大气变化事件中起到了一定作用呢？包括菲尔德在内的不少研究者认为很有可能。[14]

菲尔德解释道："几乎在陆地植物演化出更复杂结构的同时，大气中的二氧化碳水平发生了剧烈下降。"植物生产力的激增又有赖于它们的菌根伙伴。这是一连串可以预料的连锁事件。限制植物生长的重要因素之一是营养物质磷的缺失。菌根真菌最擅长的事情之一（它们表现得极出众的一首代谢之"歌"）就是吸收土壤中的磷，再将其传递给它的植物同伴。施了磷肥后的植物能长得更好。植物长得越好，它们从大气中吸收的二氧化碳就越多。长出的植物越多，死去的植物就越多，也就有越多碳被埋在土壤和沉积层里。越多碳被埋在地下，大气中的碳含量就越少。

磷只是故事的一部分。菌根真菌利用酸和高压钻进坚硬的石头。在它们的帮助下，泥盆纪的植物能够活化钙和硅等矿物质。这些矿物元素释放出来之后，就会和大气中的二氧化碳反应，将碳储存到陆地生态系统之中。这些反应产生的化合物（碳酸盐和硅酸盐）能进入海洋；海洋生物会用它们来制造自己的外壳。这些生物死后，外壳会下沉到海床上，堆至几百米厚，成为碳的巨型坟场。所有这些加在一起，让气候开始有了变化。[15]

我好奇地问道：有没有办法测量菌根真菌对古代全球气候的影响？"可以说有，也可以说没有。"菲尔德回复道，"我最近试过。"她找了利兹大学的研究员、生物地质化学家本杰明·米尔斯（Benjamin Mills）合作。米尔斯的研究方向是开发能预测气候和大气构成的计算模型。[16]

许多研究者都在开发气候模型。天气预报员和气候科学家要用这些数字模拟来预测未来的情况。想要重构行星历史上重要转折点的研究员也是这么做的。通过更改输入模型的变量，我们能检验有关地球气候历史的不同假说。看看把二氧化碳的浓度调高会发生什么？看看把植物能获取的磷的水平调低会发生什么？模型不能显示究竟发生了什么，但能告诉我们哪些因素很重要。

在接到菲尔德的联系之前，米尔斯还没有往模型中加入菌根真菌。他能改变植物可获取的磷含量；然而，不考虑菌根真菌的话，就不太能估出植物能获取的真实磷含量。菲尔德能帮上忙。她通过一系列实验发现，菌根关系的结果会随着生长室里的气候条件而变化。有时候，植物从关系中能获得更多的益处，有时则更少，她称这为"共生效率"（symbiotic efficiency）。如果植物和一个更高效的菌根同伴合伙，它们就能获得更多的磷，也能长得更好。菲尔德能估测出 4.5 亿年前，在大气二氧化碳水平比现在高出几倍的环境下，菌根交换物质的效率有多高。

当米尔斯采用菲尔德的测量结果，将菌根真菌也囊括到模型中之后，他发现能通过上调或下调共生效率，改变整个全球气候。大气中的二氧化碳和氧气水平、全球气温——这些都会随着菌根交流的效率改变。根据菲尔德的数据，在泥盆纪植物繁盛之后二氧化碳水平剧烈下降的过程中，菌根真菌可能曾扮演着重要角色。"这就是那种少有的瞬间——你会想：哇，居然是这样，等一下！"菲尔德惊叹道，"我们的结果提示，菌根关系可能在地球上大部分生命的演化中起到了作用。"[17]

时至今日，它们仍在发挥作用。《旧约》中的《以赛亚书》就提到"凡有血气的尽都如草"①。我们如今或能称这为"生态学"逻辑：在动物的身体里，草能变成血气。但这个逻辑链为何就此打住呢？草之所以是草，全因为生活在它们根上的真菌在支援它们。这就意味着凡是草的尽都如真菌吗？如果凡是草的都如真菌，且凡有血气的尽都如草，那是否能说凡有血气的尽都如真菌呢？

或许并不能说"凡有血气的"，但其中一部分确实如此：就植物所需的营养物质来论，菌根真菌提供了多达 80% 的氮元素和近乎 100% 的

---

① 引自和合本译文。

磷；另外，它们还提供锌、铜等关键元素。它们也为植物输送水分，并且帮助它们熬过旱季——自陆地生命出现伊始，它们就在这么做了。作为回报，植物会将它们收获碳的 30% 分配给菌根伙伴。在特定时刻，植物和菌根真菌之间发生的事情取决于具体的参与者。植物有很多不同的生存方式，真菌也是如此，而菌根关系也因此可以有很多不同的排列组合：自从藻类迁移到陆地上后，这种生活方式在不同的真菌支系中独立起源了至少 60 次。不论是狩猎线虫、形成地衣，还是操纵动物行为——如同这众多排除万难演化了不止一次的特质，我们很难不觉得"这些真菌找到了必胜策略"。[18]

　　一个植物的真菌伙伴能明显地影响植物的生长——和它的血气。几年前在一次菌根关系会议上，我遇见了一位一直在利用不同的菌根真菌群落来培育草莓的研究者。实验思路很简单。如果同一种草莓和不同种真菌一起培育，草莓的味道是否会改变？通过味觉盲测，他发现不同的真菌群落似乎确实能改变果实的味道。一些味道更浓，另一些更多汁，还有一些则更甜。

　　当他在下一年重复这项实验时，不可预料的天气盖过了菌根真菌对草莓口感的影响，但他发现了另一些显著效果。与某些真菌共同生长的草莓植株，比和另一些真菌一起生长的草莓植株更能吸引熊蜂。和一些菌根真菌一同生长的植株比其他植株结出了更多的草莓。而且，草莓的外形也会随着真菌伙伴而改变。一些菌根群体让草莓看起来更诱人，另一些则不然。[19]

　　草莓并非唯一对真菌伙伴的身份敏感的植物。大部分植物，不论是金鱼藻盆栽还是巨型红杉，都会随着共生菌根真菌群落的不同而长得不同。举个例子，罗勒全株都能产生带有香味的挥发油，这些不同的味道共同构成了罗勒的气味，而这些挥发油的味道也会随着其共生菌根真菌的不同而产生变化。人们发现，一些真菌能让番茄的口感更甜，一些能改变茴香、芫荽和薄荷挥发油的气味，还有一些能增加莴苣叶片里铁和类胡萝卜素的浓度、洋蓟里的抗氧化活性，以及贯叶连翘（*Hypericum perforatum*）和松果菊（*Echinacea*）里药用化合物的浓度。2013 年，意大利的一个研究小组用和不同菌根群落一起生长的小麦烤了面包。然后，他们用一个电子鼻和位于意大利布拉（Bra）的烹饪科学大学（University of Gastronomic Sciences）的 10 位"受过良好训练的测试者"所组成的品评小组检验了这些面包（作者保证说，每一位测试者都"有至少 2 年的感官评测经验"）。出乎意料的是，尽管在小麦收获和品尝成品面包之间有那么多中间步骤（除了加入酵母，还要碾磨、和面和烘烤），测试者们和电子鼻都能分辨出不同的面包。使用和改良过的菌根真菌群落共生的小麦，烘焙出的面包"风味"更浓郁，口感"更弹、更脆"。通过细嗅花朵、咀嚼嫩枝、叶片和树皮，或者饮酒，我们还能尝到多少植物菌根的地下生活？我常常问自己这个问题。[20]

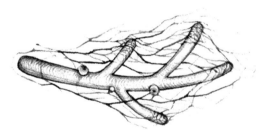

菌根根尖

"在土壤生物群落的成员之间，平衡各方力量的机制是多么精巧。"真菌学家玛贝尔·雷纳（Mabel Rayner）在 1945 年出版的《树木和毒菌》（*Trees and Toadstools*，一本关于菌根关系的专著）中思考过这样的问题。不同种类的菌根真菌或许能让一片罗勒叶有不一样的味道，让草莓植株结出看起来更美味的莓果。但它们是怎么做到的？一些真菌伙伴是否比另一些"更好"？一些植物伙伴又是否比另一些"更好"？植物和真菌能分辨不同的伙伴吗？自雷纳写下那句话已经过去了数十年，但我们才刚刚开始明白维持植物和菌根真菌之间共生平衡的复杂行为。[21]

社交互动的要求非常高。在一些演化心理学家看来，人类之所以会演化出较大的大脑和灵活智能，是为了在复杂的社交情况中获得成功。即使是最小的交互，背后也隐藏着流动的社会关系网络。根据《钱伯斯词源字典》(*Chambers Dictionary of Etymology*)，"缠结"(entangle)一词起初描述的就是这种人类交互或我们身处"复杂事务"中的情形，后来才有了其他含义。故而这一个论点又可以被说成：我们人类能变得如此聪明，是因为我们缠结在劳心劳力的忙乱交互当中。[22]

植物和菌根真菌没有我们熟知的大脑或智能，但它们确实过着纠缠的生活，并且需要演化出处理复杂事务的能力。植物的行动部分地取决于发生在真菌伙伴感官世界中的事。反过来，真菌的行为也部分地取决于发生在植物同伴感官世界中的事。利用来自15到20种不同感官的信息，一株植物的幼枝和叶片能探索空气，根据周围连续的微小变动调整自己的行为。几千到几十亿个根尖探索着土壤，其中的每一个都能与不同的真菌形成多个连接。与此同时，一个菌根真菌必须嗅出营养物质的来源，往其中蔓延分支，与其他微生物（不论是真菌、细菌还是其他）交互，吸收养分，再将其传输到自己网状身躯凌乱蔓生出的各个部分。来自大量菌丝尖端的信息必须被整合在一起——任何时刻，菌丝尖端都可能连接着几种不同的植物，伸展数十米。

阿姆斯特丹自由大学（Vrije Universiteit Amsterdam）的教授托比·基尔（Toby Kiers）就极其深入地研究了植物和真菌维持"力量平衡"的机制。她和同事利用放射性标记物（对分子进行荧光标记），成功追踪了从植物根部移动到真菌菌丝的碳，还有从真菌体内移动到植物根部的磷。通过仔细测量它们的流量，她已经能够描述双方调节各自物质交换的一些方式。我问基尔，植物和菌根真菌究竟如何在高要求的社交环境中生存？她大笑道："我们实在想弄明白真实存在的复杂性。我们知道物质的交换发生了。现在的问题是，我们能否预测交换策略变更的方式？任务艰巨，但试试无妨。"

基尔的发现令人惊讶，因为他们证明，不管是植物还是真菌，都不完全控制这段关系。它们能与彼此达成妥协，分析得失，还能采取精巧的交换策略。她通过一系列实验发现，植物根部能够优先为提供了更多磷的真菌供给更多碳；作为回报，获得更多碳的真菌又会为供给它的植物提供更多磷。可以说，双方在某种意义上能根据资源的多少来协商交换。基尔猜想，这些"互惠回报"促进了植物-真菌联合在演化史上的稳定关系。双方共同控制着物质交换，因此没有哪一方能为了自己独享的利益而劫持这段关系。[23]

虽然植物和真菌都常从这段关系中获益，不同的植物和真菌还是会有不同的共生特性。一些真菌更倾向于合作；另一些则不那么喜欢合作，并会"囤积"磷，不和它们的植物伙伴交换。然而，就算是以囤积见长的真菌也不一定一直囤积。它们行为灵活，会根据发生在周围和自己身上的状况不断协调。我们对这些行为的机制了解得还不透彻，但我们清楚，植物和真菌在任何一刻都拥有许多选项。有选项就意味着有选择的自由，不论做出选择的是有意识的人类、没有意识的计算机算法，还是两个极端之间的任何事物。[24]

我好奇：植物和真菌真的在做出（不需要大脑的）决策吗？"我经常用'决策'（decision）一词。"基尔告诉我，"这个词意味着：我们有一系列选项。而通过某种方式，引导决策的信息不得不整合到一块儿，然后必然有一个选项被选定。我认为，我们的绝大部分研究都在关注微观尺度上的决策。"这些选择能以许多形式产生。基尔思考道："每个菌丝尖端都在做出绝对的决策吗？还是说，这些决策都是相对的，最终的决定会受到网络中各处事件的影响？"

怀揣着对这些问题的兴趣，基尔读了托马斯·皮凯蒂（Thomas Piketty）关于人类社会财富不均的著作，然后也开始思考物质不均在真菌网络中的作用。她和同事为一个菌根真菌的各个部分提供了不均等的磷供应。菌丝体的一部分靠近一大片磷，另一部分则靠近一小片磷。她想知道，这会如何影响同一个真菌网络中不同部分制定的物质交换决策。一些可循的规律确实涌现了。在靠近小片磷的菌丝体网络中，植物付出了更高的"价格",即要为收到的每一单位磷向真菌提供更多碳。与之相反,在靠近大片磷的部分,真菌则会以更低的"汇率"交换物质。磷的"价格"似乎受我们熟知的供需动态控制。[25]

最令人吃惊的是真菌在网络各处调节其物质交换行为的机制。基尔辨认出了一种"低买高卖"的策略。真菌会利用动态的微管马达,主动将磷从富足的区域(植物根部定的磷"价"较低)运送到稀缺的区域(磷的需求-供给比更大,因此植物定的磷"价"更高)。这样,真菌就能将磷储备中的更大一部分以更划算的汇率传输给植物,从而交换到更大量的碳。[26]

真菌是如何控制这些行为的呢?它们能否检测到网络中不同部分的汇率差异,然后据此主动运输磷,从而操纵整个物质交换系统呢?还是说,真菌不论如何都会将网络中的磷从富足区域运输到稀缺区域,有时能从植物身上换取相应的好处,有时则换不到?目前尚不清楚。然而,基尔的研究阐明了植物和真菌物质交换中的一些复杂机制,并揭示了应对复杂挑战的方案是如何出现的。所有这些行为都昭示了一条普遍规律:一株植物或一个真菌的行为,取决于它们伙伴的身份和生长位置。我们可以把菌根关系设想成一个连续体,一端是寄生关系,另一端是合作共赢关系。一些植物在一些条件下能从它们的真菌伙伴身上获益,在另一些条件下则不然。让植物长在含有大量磷的生境中,它们可能就不会那么挑剔和哪种真菌共生。让合作型真菌和其他合作型真菌一同生长,它们或许会变得不那么合作。同样的真菌,同样的植物,不同的环境条件,最终也将得到不同的结果。[27]

我在马尔堡大学(University of Marburg)有一名合作者。这位教授跟我描述过他小时候见到的一座雕塑:《垂直的地球千米》(*The Vertical Earth Kilometer*, 1977)。那是一根埋插在地里的 1 千米长的铜杆,唯一可见的部分就是杆子的末端:一个铜质的圆,和地面平齐,看起来像一枚硬币。那位教授说,这座雕塑在他内心触发了一阵想象的眩晕,感觉像是在一片由陆地构成的"大洋"上漂浮着，透过这个圆形往下望向"大洋"的深处。这种体验唤起了他毕生对根部和菌根真菌的痴迷。当我想到菌根关系的复杂性——那几千米长的缠结生命在我脚下的世界里推推搡搡时，我也会感觉到一阵相似的眩晕。

当我尝试将目光从小尺度转向大尺度，从发生在细胞水平的微观交换决策转向整个行星、大气层、生长在陆地上的3万亿多棵树，以及将它们和土壤缠绕在一起的那千万亿千米长的菌根真菌时，这种眩晕感变得尤其真实。面对如此庞大的数字，我们的思维很难保持平衡。况且菌根关系的相关事实会让人产生许多这样头晕目眩的俯冲，从极其庞大的规模，到隐微细小的尺度，如此往复。[28]

尺度（scale）是菌根研究领域中的大问题。菌根关系发生在我们看不见的地方。我们很难亲身体验、见证或者触摸这些关系。这种不可接近的性质，迫使我们主要从可控环境实验室或温室条件下进行的实验中获取大部分有关菌根行为的知识。将这些发现放大到现实世界复杂的生态系统尺度上常常不可行。很多时候，我们只看到了整个图景中的一小部分。因此，研究者知道的更多是菌根真菌能做什么，而非它们实际上在做什么。[29]

即使在控制条件的环境中，我们也很难感受到菌根真菌平时的行动逻辑。和基尔的研究不同，有时植物和真菌交换物质的方式似乎并不遵循我们所理解的理性交换策略。我们是否漏掉了什么呢？没人能给出确切的回答。我们几乎完全不明白植物和真菌之间的化学交换机制，以及细胞水平上对这些交换的控制。基尔告诉我："我们在尝试研究物质在网络中的移动路径，试着给这个过程录像。在网络里发生的事情超乎我们的想象。但是，这些研究非常困难。我能理解为什么人们会更想研究其他生物。"许多真菌学家都抱有这种既激动又挫败的心情。[30]

我们能用其他方法思考这些联结，平息这种眩晕吗？我的一些同事为他们对菌根的热爱找到了更直观简便的表达。他们中的一些人是狂热的蘑菇猎手。他们寻觅松露、牛肝菌、鸡油菌、松茸等蕈菌，让自己以一种更自发的方式参与到菌根关系当中。还有一些人会花上数小时透过显微镜观察菌根真菌，几乎就像海洋生物学家去潜水一样。这类研究者中，一些人几小时几小时地从土壤里筛出菌根真菌的孢子——这些彩色小球在显微镜下像鱼卵般闪闪发光。我在巴拿马的一个同事是技术精湛的孢子筛选师。好几个夜晚，我们用孢子、饼干碎和酸奶油制作零食：因为太过细小，我们不得不在显微镜下制作这些"菌根鱼子酱"碎屑，然后用镊子将其放进嘴里。我们没学到什么东西，但这本来就不是为了学习。这是一项练习，帮助我们在从小尺度到大尺度的颠簸旅途中保持平衡。这些是少有的、我们能和实验对象不受管控地进行接触的瞬间，是从实验环境穿越到现实世界的间隙，提醒我们菌根真菌并非机械零件或工程制图般的物体（毕竟机器或抽象概念可没法儿吃），而是过着人类至今仍难以理解的生活的鲜活生物。

　　植物仍然是人们进入菌根真菌世界最方便的渠道。正是通过植物，地下菌根的喧闹才会常常涌进人类的日常生活。真菌和根之间发生着数不尽的微观交互，呈现在植物的形态、生长、味道和气息当中。山姆·詹吉和阿尔贝特·弗兰克一样，能亲眼看到菌根关系为树苗带来的影响：他种的树"都开始抽芽生长，仿佛时光也在紧赶慢赶"。吃下一株植物，我们就能尝到菌根关系的产物。在花盆、花床、花园或城市公园里培育植物，就是在培育菌根关系。进一步放到更大的尺度上，植物和真菌的微观交换决策能形塑一整块大陆上的森林群体。

　　距今最近的一次冰期结束于大约 1.1 万年前。随着巨大的劳伦冰盖消退，数百万平方千米的北美大陆显露出来。在接下去的几千年里，森林向北扩展。我们可以通过花粉记录重构不同树种的迁移时间线。一些树种（山毛榉、桤木、松树、冷杉和枫树）移动迅速，一年能迁移超过100 米。另一些物种（悬铃木、橡树、白桦和山核桃）更为缓慢，一年只能移动大约 10 米。[31]

　　是什么决定了不同物种对气候变化的反应呢？真菌和植物祖先之间

的关系使它们能够迁移到干旱的陆地上。数亿年后，菌根关系是否可能仍然在植物的四处移动中发挥着功能呢？有可能。不论是植物还是真菌都不会将个体的性状遗传给对方；它们能继承相互联结的倾向，但按古代许多其他共生关系的标准来看，它们建立的是开放的关系。正如生命刚登上陆地的那段时期，植物根据周围存在的生物而形成关系。真菌也一样。虽然这可能是一个短处（一颗植物种子如果找不到和自己相容的真菌，仍不太可能存活），但这种重新形成关系或演化出全新关系的能力，使关系中的伙伴能对变动的环境做出反应。2018 年，不列颠哥伦比亚大学的研究者发表了一项研究，他们发现树移动的速度或许确实取决于它们缔结菌根关系的难易程度。一些树种比另一些更容易形成菌根关系，因此能与许多不同的真菌物种建立关系。随着劳伦冰盖消退，与真菌相容性更好的树种移动得更快——它们移动到新生境之后，更可能遇见相容的真菌。[32]

和菌根真菌类似，生活在植物叶片和幼芽中的真菌［被称作"植物内生菌"（endophyte）］也能显著地影响植物在新生境中的生存能力。以生长在海岸盐沼中的草本植物为例，如果移除它们的植物内生真菌，这些植物就无法在原本的天然高盐生境中存活。生长在温热的地热土壤里的草本植物也一样。研究者交换了这两种草本植物体的植物内生真菌；也就是说，海岸上的草本植物与地热环境中的真菌一起生长，反之亦然。这些草本植物在两种环境下的生存能力由此交换。海岸上的草本植物不能再在海岸边的高盐土壤里存活，却能在温热的地热土壤里繁茂生长。原本生长在温热的地热土壤里的草本植物不能再在本来的土壤里存活，却能在海岸边的高盐土壤里蓬勃发展。[33]

真菌能决定哪种植物在哪里生长，它们甚至能通过隔开不同的植物种群来推动新物种的演化。豪勋爵岛（Lord Howe Island）位于澳大利亚和新西兰之间，是一座 9 千米长、约 1 000 米宽的岛屿。岛上有两种棕榈科植物，分属不同的属。富贵椰子（*Howea belmoreana*）是其中一种，生长在酸性的火山土中；其近缘种是平叶棕（*Howea forsteriana*），生长在碱性的白垩土中。是什么因素让平叶棕彻底迁移到了完全相对的生境中？这个问题长久地困扰着植物学家。2017 年，英国伦敦帝国理工学院的学者发表的一项研究表明，菌根真菌是这背后的主要推手。他们发现，和这两种棕榈科植物合作的是不同的真菌群落。平叶棕能和允许它们生长在碱性白垩土中的真菌建立关系；然而，这种能力让它们难以和之前的火山土中的菌根真菌形成关系。这意味着平叶棕只能从白垩土里的真菌身上获益，而富贵椰子只能从存在于火山土中的真菌身上获益。随着时间流逝，即使还长在同一个小岛上，生长在不同菌根"岛屿"上的一个物种还是隔离成了两种。[34]

　　植物和菌根真菌重塑它们关系的能力有着深远的影响。这是我们熟悉的发展历程：在人类的历史上，与不同生物的合作延伸了人类和非人类动物的能力范围。人类与玉米的关系带来了新型的文明，与马的关系促生了新型的交通方式，与酵母的关系形成了新型的酒精生产方式和销售形式。在每一个例子中，人类和他们的非人类伙伴都重新定义了自己的可能性。

　　马和人类仍然是不同的生物，正如植物和菌根真菌，但这两种关系都映射了生物之间互相联合的古老倾向。人类学家娜塔莎·迈尔斯（Natasha Myers）和卡拉·赫斯塔克（Carla Hustak）提出，"演化"（evolution，字面意思是"向外滚动"）一词并未表现出生物参与另一生物生命的倾向。迈尔斯和赫斯塔克建议我们使用"内卷"（involution，源自 involve 一词）来表达这种倾向："向内滚动、卷绕、转向"。在他们看来，"卷入"这一概念更能表达"不停创造新型共生方式的生物"之间缠结的推和拉。正是它们这种将自己卷入对方生命的倾向，让植物能在演化自身根系的同时，借用其他生物的根系长达 5 000 万年。如今，植物即使有了自己的根系，还是几乎都在依赖菌根真菌来管理它们的地下生活。真菌的"卷入"倾向让它们可以借用能进行光合作用的藻类来辅助气体交换，直到今天也是如此。菌根真菌并非"内置"在植物种子里。植物与真菌必须不停地形成和重塑它们的关系。"卷入"是不间断和肆意张扬的：通过联合，关系中的所有成员都跨出并超越了它们此前受到的限制。[35]

面对剧烈的环境变化，很多生命都依赖着植物和真菌适应新环境的能力——不论是在受到污染或者采伐严重的区域，抑或是在城市绿化带等新造环境中。大气中上升的二氧化碳水平、气候变化和污染都会影响植物根部与真菌伙伴之间在微观层面的物质交换决策。一直以来，这些交换决策的影响都会随尺度的上升不断地扩大，进而卷向整个生态系统和陆地体系。2018 年发表的一项大规模研究显示，欧洲许多地区树木健康的"惊人恶化"是由它们菌根关系的崩溃所致，而这又由氮污染所致。诞生于人类世的菌根联合将很大程度上决定人类对正在恶化的气候危机的适应能力。而其中蕴含的各种可能性和隐患，在农业中表现得最为显著。[36]

"人类的健康和福祉必然依赖于这种菌根联合的运作效率。"现代有机农业运动的发起人之一，也是菌根真菌的热忱代言人艾伯特·霍华德（Albert Howard）这样写道。20 世纪 40 年代，霍华德提出，化学肥料的广泛应用将破坏菌根联结，而"正是菌根网络……将肥沃的土地和受其滋养的树紧密结合在一起"。化学肥料所造成的破坏能形成深远的影响。切断这些"活着的真菌丝线"就意味着损害土壤的健康。接着，农作物的健康和产量会受损，食用它们的动物和人类也会跟着遭难。"人类能调节自己的行为，从而维护其最主要的财产，也就是土壤的肥沃吗？"霍华德质疑道，"人类文明的未来取决于这个问题的答案。"[37]

霍华德的语气有些夸张，但在随后的 80 年内，他提出的问题逐渐深切了起来。据一些估计，现代化农业一直很高效：作物产量在 20 世纪的后半段翻了倍。但是，单方面关注产量已经造成了严峻的后果。农业发展造成了大面积的环境破坏，排放了全球 1/4 的温室气体。即使大量使用杀虫剂，每年还是有 20% 到 40% 的作物受到害虫和疾病的侵害。虽然肥料用量在 20 世纪后半期增加了 700 倍，但全球农业产量的增幅还是趋于平缓。每分钟，全球范围内就有 30 个足球场面积的表层土壤受侵蚀损坏。然而，人类浪费了 1/3 的食物，而且对农作物的需求到 2050 年还会翻倍。这场危机的紧迫性怎么强调都不为过。[38]

　　菌根真菌能否提供一部分解决方案？这或许是个蠢问题。菌根关系和植物一样古老，在过去的数亿年间都在塑造着地球的命运。不论我们是否想到它们，菌根关系一直深刻左右着粮食作物的收成。数千年以来，全世界许多地区的传统耕作方式都很注意土壤健康，因而默默维护着植物的真菌关系。但在整个 20 世纪，我们对此的忽视带来了麻烦。1940 年，霍华德最担心的是现代化农业技术的发展会忽视"土壤的生命"。他的担心已成为现实。农业实践将土壤视作几乎不存在生命的空间，那些维持可食用生物的地下群落因而受到了严重破坏。这和 20 世纪大部分的医学科学发展有着许多相似之处——后者将"病菌"（germ）和"微生物"（microbe）混为一谈。当然，生活在土壤中的一些生物跟我们体内的一些微生物一样可以导致疾病；但大部分微生物的影响与此相反。扰乱肠道微生物所处的微观生态，我们的健康就会受损——现在出现在人类身上的很多疾病，多与过度清除"病菌"有关。土壤相当于地球的肠道；扰乱土壤中微生物的复杂生态，植物的健康便会受损。[39]

　　2019 年，瑞士苏黎世农业研究所（Agroscope）的研究员发表了一项研究：他们通过对比有机和传统"密集"农耕方式对作物根部真菌群落的影响，测量了破坏的规模。通过测序真菌的 DNA，研究者们得以汇编出展示真菌物种互相联结的网络。他们在以有机和传统方式管理的农田之间找到了"明显差异"。在有机管理的农田里，菌根真菌不仅数量更多，群落也更复杂：他们辨识了 27 种高度相连的"关键种"（keystone species），相比之下，传统管理下的农田里一个关键种都没有。许多研究报告了相似的发现。在耕种方式、化学肥料和杀真菌剂的联合作用下，集约化的农耕方式大大削减了菌根真菌的数量，改变了它们的群落结构。不论有机与否，更多可持续的农耕实践，通常会让土壤内涵养起更多样的菌根群落和更丰富的真菌菌丝体。[40]

这些差异重要吗？农业史的一大部分就是牺牲生态的历史。人们为了开垦农地而砍伐森林，为了拥有更大的农地面积而清除灌木。土壤里的微生物群落凭什么就是例外呢？我们往田里施肥，"喂养"庄稼，不就取代了菌根真菌吗？既然我们已经让真菌变得多余，为什么还要在乎它们呢？

菌根真菌做的不仅仅是给养植物。苏黎世农业研究所里的一些研究人员将它们描述为关键种，但有些人更喜欢称它们为"生态系统工程师"。菌根菌丝体是活生生的黏性针线，在地下穿梭，保持水土；移除了真菌，水土就容易流失。菌根真菌会增加土壤的吸水量，因雨水冲刷而流失的土壤养分最多能因此减少一半。土壤中的有机碳含量（比植物和大气中的有机碳含量要多出惊人的一倍）里，有很大一部分被固定在菌根真菌生产的坚韧有机化合物里。通过菌根通道涌入土壤的有机碳能支持复杂的食物网。在一茶匙体积的健康土壤中，除了几百、几千米长的真菌菌丝体，还有着比从古至今的人类总数多得多的细菌、原生生物、昆虫和其他节肢动物。[41]

正如罗勒、草莓、番茄和小麦实验所显示，菌根真菌还能改善作物的品质。它们能增进作物和杂草竞争的能力，也能装配植物的免疫系统，加强它们对疾病的抗性。它们能让作物更难被干旱和高温胁迫，并更好地抵抗盐胁迫和重金属胁迫。它们甚至能通过刺激植物产生化学防御物质，增强它们抵抗害虫攻击的能力。类似的能力比比皆是，文献里收录了很多菌根关系为植物提供益处的例子。然而，要将这些知识应用到实践当中并非易事。其中一个难处就是，菌根联结并不总会增加作物的产量。在一些情况下，它们甚至会降低产量。[42]

现在有许多项目旨在为农业问题提供真菌解决方案，凯蒂·菲尔德就是受到相关资助的研究者之一。"整个关系比我们想当然认为的要更多变，更容易受环境影响。"她告诉我，"很多时候，真菌并不会帮助作物吸收养分。菌根关系产生的影响很不定向，完全取决于真菌和植物的种类，还有它们生长的环境。"一些研究也报告了类似的不可预测性。在选育大部分现代作物品种的过程中，人们忽略了它们形成高效菌根关系的能力。我们培育了能在肥料富足时快速生长的小麦，得到了被"宠坏"的、几乎完全丧失了与真菌合作能力的植株。菲尔德指出："就连这类作物的根部周围都还有真菌定植，可算得上是一个小小的奇迹了。"[43]

菌根关系的微妙之处在于，最显眼的干预方式（为植物补充菌根真菌和其他微生物）是一把双刃剑。有时，正如《魔戒》中的霍比特人山姆·詹吉发现的，为植物引入土壤微生物群落不仅能支持作物和树木的生长，还能让受损的土壤重现生机。但是，这种实践能否真的奏效，取决于生态适配度。适配不佳的菌根真菌可能对植物弊大于利；更坏的情况是，向新环境中引入机会性真菌（opportunistic fungal）可能会让它们取代本地真菌种类，造成不可预见的生态影响。高速发展的商用菌根真菌产业常常忽视这个事实，将商用菌根真菌宣传为放之四海皆准的高效解决方案。和蓬勃发展的人类益生菌市场一样，许多菌种被选中上架的原因不是它们格外合适，而是它们很容易工业化生产。就算有合理的指引，在环境中施下真菌菌剂也不是万能的方案。和其他所有生物一样，菌根真菌只有在特定的条件下才能繁茂生长。土壤中的微生物群落处于不断的组建当中，如果持续受到干扰，它们之间的联结就不会持久。要让微生物干预见效，农业实践还需要做出更深刻的改变，就如我们试图恢复受损肠道菌群的健康时，要在饮食或生活方式上做出改变一样。[44]

其他研究者从另一个角度看待这个问题。如果人类无意中培育了会与真菌形成失效共生关系的作物，那肯定也能转换思路培育出可以集结高效共生伙伴的作物。菲尔德就正在研究这个方法，希望能选育出共生合作性能更强的作物品种，"能与真菌形成惊人联结的新一代超级作物"。基尔也对这些可能性充满兴趣，但她是从真菌的角度来看待这个问题的。比起选育更容易形成共生关系的植物，她正在培育更有利于作物的真菌：这些菌株必须少为自己囤积养分，有可能的话甚至要优先考虑植物的需求。[45]

霍华德在 1940 年表示，我们缺少对菌根关系的"完整科学解释"。如今，我们的科学解释仍然很不完整，但是随着环境危机愈演愈烈，人们越来越期待通过引入菌根真菌来改变农业和林业的发展，还有修复贫瘠的生态。在陆地生命形成的初期，菌根关系不断演化，以应对荒芜的环境和恶劣天气条件所带来的生存考验。植物和真菌携手演化出了一种农业形式——虽然我们不知道是植物学会了培育真菌，还是真菌学会了培育植物。无论如何，我们都面临一个挑战，即改变自身的行为，让植物和真菌更好地互相培育。[46]

除非我们对生物分类的边界重新发问，否则我们在共生合作的议题上很难走远。"植物是全然独立的个体，具有清晰的分类边界"，这种想法会为我们带来极大的障碍。理论家格雷戈里·贝特森（Gregory Bateson）曾经写道："想象一位挂着拐杖的盲人，这位盲人的自我从何处开始呢？是从拐杖的尖上、拐杖的把手，还是拐杖上的某一点呢？"在贝特森写下这句话的将近三十年前，哲学家莫里斯·梅洛-庞蒂（Maurice Merleau-Ponty）就提出了一个相似的思想实验。他得出结论：一个人的拐杖已经不再只是一个物体。拐杖延展了人们的感官，成了他们感觉器官的一部分，是身体上的一个人造器官。一个人的自我从何处开始，在何处结束，并不如乍看上去那么一目了然。菌根关系用相似的问题挑战了我们的认知。如果不考虑从植物根部向外的、繁盛交织在土壤中的菌根网络，我们还能审视植物吗？如果追随从植物根部发散出的那些缠结蔓生的菌丝体，我们该在何处停止呢？我们会想到土壤中那些紧贴着植物根部和真菌菌丝周围的黏稠薄膜而穿梭的细菌吗？我们会想到那些与植物根部的真菌网络临近且与其交织在一起的其他真菌网络吗？还有一个或许最令人困惑的问题：我们会想到那些根部共享同一个真菌网络的其他植物吗？[47]

6

木联网

> 观察者逐渐意识到，这些生物之间的联结并不是线性的，而是犹如织丝的缠结，形成了网状的结构。
>
> ——亚历山大·冯·洪堡

在北美西北角的太平洋区域，森林绿得铺天盖地。因此，当看到一团团亮白色的植物冲破落在地上的一堆堆冷杉针叶时，我格外震惊。这些剔透雪白如鬼魂的植物没有叶，看上去像靠尖端撑立起来的黏土烟斗，细小的鳞片裹着茎，在本该有叶出现的地方呈螺旋状排列。它们常见于密林下几乎没有植物生长的幽暗之处，和一些菌类一样紧密地挤成簇。说实话，要不是看上去是花的模样，人们真会把它们当成菌类。它们叫水晶兰（*Monotropa uniflora*）[1]，是佯装成非植物样貌的植物。

水晶兰（英文名"ghost pipes"，即鬼魂烟斗）自很久以前就放弃了进行光合作用的能力。随之而去的还有叶片与其通体的绿色。但这是怎么做到的呢？光合作用是植物最为古老的生存能力之一。对绝大多数植物来说，要存活就必须能进行光合作用。然而水晶兰放弃了这个能力。这就好比我们发现了一种猴子，它们不会进食，而是在皮毛里藏着会光合作用的细菌；依靠这些细菌，猴子们从阳光中获得能量。这是彻底的"离经叛道"。

水晶兰的解决方案和真菌有关。和大部分绿色植物一样，水晶兰的

---

[1] 水晶兰的属名 *Monotropa* 意为"单向的"。

存活有赖于和它们共生的菌根真菌。然而，它们的共生模式与众不同。"正常的"绿色植物为它们的真菌伙伴提供富含能量的糖或脂质等碳水化合物，交换得到土壤中的矿物营养。水晶兰跨过了物质交换这一步。它们从菌根真菌那儿既能获得碳，又能获得矿物营养，而且似乎不需要付出什么代价。

水晶兰的碳从哪儿来呢？菌根真菌得到的所有有机碳都来自绿色植物。这意味着，维持水晶兰生命运作的所有碳（作为碳基生物，这是它们生命的基本骨架）必须通过共享的菌根网络，从其他植物身上传输过来：如果碳不通过真菌连接的通道从其他绿色植物身上传给水晶兰，后者便无法存活。

水晶兰一直以来都让生物学家深感困惑。19 世纪末期，一名俄国植物学家想尝试阐明这些奇怪植物的生命运作机制；他是提出植物之间能通过真菌连接传输物质的第一人。当时的人们不太接受这一想法。这个昙花一现的猜想被埋在了一篇晦涩的论文里，几乎没留一丝痕迹地消失了。一直放在故纸堆里的"水晶兰谜题"，直到 75 年后才被瑞典植物学家埃里克·比约克曼（Erik Björkman）重新拾起。比约克曼在 1960 年给树注射了带有放射性的葡萄糖，并在树周边的水晶兰体内检测出了放射性物质的堆积。物质或能在植物之间通过真菌通道传输，这是第一份证据。[1]

水晶兰吸引着植物学家去探明生物学上一种全新的可能。自 20 世纪 80 年代以来，人们研究发现水晶兰并非特例。大部分植物都口味混杂，能和许多菌根同伴搭伙。菌根真菌选择植物的口味也很混杂。不同的真菌网络能互相融合，这就可能形成广阔、复杂、协同合作的共享菌根网络系统。

"不论我们走到哪里，它们都在地下相连，这一点让人相当震撼。"托比·基尔热情洋溢地说着，"这个网络巨大。我不敢相信居然有人没在研究它。"我也有同样的感觉。很多生物都会互动。只要绘制一张"谁在跟谁互动"的地图，我们就能看见一个互动网络。与简单的互动不同的是，真菌网络会在植物之间形成物理连接。前者像是"认识20个人"，后者则更像是"和20个人共享一套循环系统"。领域内的研究者称这些共享的菌根网络为"共有菌根网络"（common mycorrhizal networks）；它们体现了生态学最基本的原则，即生物间关系的原则。洪堡用"织丝的缠结……网状的结构"把自然世界隐喻成一个"活着的整体"——自然界是关系的集合，生物精巧地嵌在这些关系当中。菌根网络让这样的网状结构成了现实。[2]

水晶兰

后来，一些人重新捡起了"水晶兰难题"，其中就有英国研究者戴维·里德（David Read），他是菌根学历史上的卓越研究者，还和其他学者共同撰写了完整可靠的菌根学教科书。他对菌根联结的研究让他授勋成为爵士，并入选英国皇家学会会员。美国的同事都称他为"公子爵士"（Sir Dude）。里德出了名地有魅力，才智也机敏，同行研究者常常说他是个"人物"。

1984年，里德等人首次借助极具说服力的证据展示出，碳能通过真菌通道在普通的绿色植物之间传输。20世纪60年代，研究人员就已经猜想到这种传输的存在。但没人能证明糖不是通过植物的根部渗入外部的土壤、再被另一株植物吸收的。换句话说，在此之前，没人证明过碳能直接通过真菌通道在植物之间移动。

里德设计了一个能让他确切看见植物之间碳传输的方法。他并排栽种了"供体"和"受体"植物，有的带着菌根真菌，有的不带。6 周后，他给供体植物提供了放射性二氧化碳，然后收割植物，将根系曝光在 X 射线胶片上。在没有菌根真菌的情况下，放射性只在供体植物的根部可见。如果允许真菌网络形成，放射性就会出现在供体植物的根部、真菌菌丝和受体植物的根部。里德的发现迈出了关键性的一步。这表明，植物间的碳传输并非像水晶兰属这样的植物所特有的习性。然而，更大的谜题仍然悬而未决。里德是在实验室环境下完成这项实验的，他们还没有证据表明，在外面的自然环境里，植物之间仍然能直接传输有机碳。[3]

13 年后，也就是 1997 年，加拿大一位名叫苏珊·西马尔（Suzanne Simard）的博士生发表了一项研究，首次表明了在自然环境中植物间能进行碳传输。西马尔将森林里生长的一对对树苗暴露在放射性二氧化碳中。两年后，她发现碳已经从纸皮桦传输到了花旗松上——这两者共享一个菌根网络；而纸皮桦和雪松之间没有碳传输，因为它们不共享菌根网络。平均下来，纸皮桦摄入的放射性碳中有 6% 会传给花旗松；西马尔认为这是有实际意义的传输：随着时间推进，可以预料的是，这么多的碳传输会对树木的生命产生影响。而且，当花旗松树苗被阴影遮蔽时，光合作用会受限，碳供应也会被切断，这时它们会从纸皮桦供体那里获得更多的碳。碳在植物间的传输似乎遵循"从高往低"的原则，从多流向少。[4]

西马尔的发现广受瞩目。《自然》（Nature）接收了她的论文，编辑还邀请里德写了一篇评论文章。在这篇名为"相连纽带"（"The Ties That Bind"）的文章里，里德表示，西马尔的研究应该会"激励我们从一个崭新的角度分析森林的生态系统"。那一期《自然》的封面上用硕大的字体印着里德和编辑讨论时想出来的新词：The wood-wide web（木联网）。[5]

在里德、西马尔和 20 世纪八九十年代其他研究人员开展相关研究之前，人们认为植物几乎是各自独立的个体。我们很早就知道，有些树种会形成根接（root grafts），一棵树的根会和另一棵的根结合。然而，人们认为根接是一种特例现象，并觉得大部分植物群落都由许多互相竞争资源的个体组成。西马尔和里德的发现说明，我们或许不应该把植物想成界限分明的个体。正如里德在《自然》的那篇评论文章里写的，既然已经有证据表明资源可能在植物间传输，那么"我们不应该那么关心植物之间的竞争，而应该更在乎群落内资源的分配"。[6]

西马尔在现代网络科学发展史上的关键时间点发表了她的发现。自 20 世纪 70 年代以来，由线缆和路由器互相连接形成的因特网一直在发展扩张。1989 年，万维网（World Wide Web，由互相链接的网页组成的信息系统，因为结合因特网技术而实现的一种服务）诞生，两年后向公众开放使用。1995 年，本来美国国家科学基金会（NSF）资助的 NSFNet 停止运作，因特网开始不受制约地、去中心化地扩展。正如网络科学家奥尔贝特−拉斯洛·鲍劳巴希（Albert-László Barabási）向我解释的："正是在 20 世纪 90 年代中期，网络开始进入公众的视野。"[7]

1998 年，鲍劳巴希等人开始了一个计划为万维网绘制地图的项目。虽然复杂网络在人类生活中随处可见，但在当时，科学家还缺少分析网络结构和性质所需的工具。为网络建模的数学子领域图论（graph theory）还不能描述真实世界中绝大多数网络的行为，许多问题因而仍未有答案。流行病和计算机病毒怎么能散播得如此之快？为什么一些网络在大规模的中断之余仍能继续工作？在鲍劳巴希对万维网的研究中，新的数学工具诞生了。几条关键原则似乎支配着许多网络的行为，从人类的性关系到生物体内的生化互动，都是如此。鲍劳巴希说，"比起瑞士手表"，万维网似乎"和细胞或生态系统有着更多共同之处"。如今，网络科学比比皆是。随便挑一个研究领域，不论是神经科学、生物化学，还是经济系统、流行病传播模式、网络搜索引擎、大多数人工智能背后的机器学习算法，还是天文学和宇宙自身的结构——一张浩瀚大网，纵横交错着纤维状的结构和星系团；这么看，广泛应用网络模型来开展研究也就不那么奇怪了。[8]

里德向我解释，通过西马尔论文的启发、加上受到"木联网"这一朗朗上口的概念的激励，"整个'共享菌根网络'的概念扩张得飞快"，甚至到了后来以一个在地下将植物相连的发光活网络的形式出现在了詹姆斯·卡梅隆（James Cameron）导演的《阿凡达》（Avatar）里。里德和西马尔的研究提出了许多激动人心的新问题。除了碳以外，还有什么能在植物之间传输呢？这个现象在自然界里有多常见呢？这些网络的影响是否能延伸并覆盖整片森林或整个生态系统呢？还有，它们究竟有什么用呢？

没人否认共享菌根网络在自然界中的广布程度。考虑到植物和真菌互相搭伙的可能性之多，还有菌丝体网络本就有的互相融合倾向，共享菌根网络的存在就显得理所当然。然而，并不是所有人都相信它们很重要。

一方面，自西马尔 1997 年在《自然》上发表论文以来，许多研究都测量了植物之间的物质传输。一些研究表明，除了碳以外，氮、磷和水都能通过真菌网络在植物之间进行有效传输。一项发表于 2016 年的研究发现，通过真菌连接，1 公顷森林里的树之间能传输 280 千克的碳。这个总量相当可观，是 1 公顷森林每年从大气中所获取碳总量的 4%，足够为一个一般家庭供能一周。这些发现意味着，共享菌根网络扮演着重要的生态学角色。[9]

另一方面，一些研究并未观察到植物之间的物质传输。这些结果本身并不意味着共享菌根网络不重要：一棵刚刚发芽的幼苗如果能接入一张已经存在的巨大真菌网络，那它就不需要提供碳来从头培养自己的菌根网络。但是这些发现表明，并不能直接将发生在一个生态系统或一种真菌里的事情推广到另一个生态系统或另一种真菌里。许多情况下，共享真菌网络似乎并不会比植物的单个"专属"菌根伙伴提供更多的物质。[10]

我们也许会觉得，共享菌根网络的行为应该非常多变。世界上存在着许多不同类型的菌根关系，不同的真菌类群也有非常不同的行为。而且，即使是单株植物和单个真菌之间的共生行为，也能基于处境而大为不同。但无论如何，多样的实验发现在学术界激起了一系列不同的观点。在一些人看来，现有证据说明共享菌根网络使一些原本不可能发生的交互形式成为可能，并且能对生态系统的行为产生深远影响。其他人则从不同的角度来解读这些证据，认为共享菌根网络并不会增加独特的生态模式，且对植物来说，并不比共享的根际和大气空间更重要。[11]

水晶兰能帮我们理解这场辩论。实际上，它们似乎结束了这场辩论：它们的生存彻底依赖共享菌根网络。我跟里德提到了这一点。他的观点毫不含糊："认为通过真菌通道进行的植物间传输完全不重要，这显然是荒唐的。"水晶兰是专职受体；它们用自身鲜活的生命生动地佐证了这一事实：共享菌根网络能支持独特的生存方式。

水晶兰是真菌异养型生物（mycoheterotroph）。这个词中的"真菌"（myco）源自它们对真菌供养的依赖；"异养"（heterotroph，源于"hetero"，指"他者"；"troph"，指"进食者"）指这些植物不利用太阳能来制造自己的能量，而是必须从别处获取。对如此有魅力的植物来说，这个名字可不是很讨喜。在巴拿马研究 Voyria 这种开蓝花的真菌异养生物时，我开始把它们简称为"菌异养生物"（mycohet）；不过我得承认，这个名字也没好到哪儿去。

水晶兰和 Voyria 并不是仅有的采取了这种生活方式的植物。大约 10% 的植物物种都有这个习性。和地衣、菌根关系一样，真菌异养能力是在演化之歌中反复出现的叠歌部分，在至少 46 个独立的植物支系中演化出现过。一些如水晶兰和 Voyria 的真菌异养生物从不进行光合作用。其他一些植物会在刚发芽时以真菌异养的方式生活，但到成熟后会开始进行光合作用，并成为供体；凯蒂·菲尔德称这种生活方式为"先试用，后付款"。正如里德向我指出的，全部 25 000 种兰花（"地球上最大且可以说是最成功的一科植物"）在发育的某些阶段都是真菌异养生物，不论是"先试用，后付款"，还是先用着，以后还要继续用。真菌异养生物为了谋求自身利益而重复学会如何破解木联网，这说明真菌异养能力并不难获得。也难怪，对里德和其他一些人来说，真菌异养生物并不是一个单独的分类。它们只是共生关系谱中的一个极端，是已经丧失了偿还能力的永久"试用者"。"先试用，后付款"的兰花更靠近关系谱的中央，西马尔的花旗松幼苗也一样。[12]

真菌异养生物的外表十分惊人。它们惹人注目，与其他生物背道而驰，因而能在周围的植被中鹤立鸡群。它们不需要身披绿色，也不需要有叶片；因此，演化能自由地将它们带往新的美学方向。有一种 *Voyria* 属植物通体黄色。血晶兰（*Sarcodes sanguinea*）呈亮眼的红色，美国博物学家约翰·缪尔（John Muir）在 1912 年曾这样描述过，"如同一根燃烧着的耀眼火柱"，它们"比加利福尼亚州的其他任何植物都更受游客喜爱……它的颜色让人想到血液"（缪尔仔细想过将自然串联起来的"成千上万条隐形的绳索"，但他没发现对血晶兰来说，这些绳索是真实存在的）。当我通过显微镜观察到发芽后 *Voyria* 的尘埃型种子时，它们多肉的成束形状震惊了我。巴黎国家自然历史博物馆的教授马克-安德烈·瑟洛斯（Marc-André Selosse）告诉我，15 岁时看到一株明亮的真菌异养型白色兰花的体验，让他一辈子都对共生充满了兴趣。那株兰花提醒了他，植物和真菌的生命是多么不可分割。"对这株植物的记忆伴随了我的整个职业生涯。"他深情地回忆道。[13]

我觉得真菌异养生物有意思，因为它们揭示了地下的真菌生活。在生机盎然的丛林植物中，*Voyria* 的存在意味着共享真菌网络运作正常；真菌异养生物通过破解木联网来维系生命。无须精巧的实验，*Voyria* 就能允许我测量植物间是否进行了有效的碳运输。我是在和俄勒冈州的一位松茸猎人朋友聊天时想到这个主意的。松茸是一种菌根真菌的子实体，有时会在冒出林地之前就被人采摘。通常情况下，会有一条线索引导人们寻找松茸。松茸会和水晶兰的一种真菌异养近缘种产生联结，这种植物有着红白相间的茎，所以又被称为"拐杖糖"

（ *Allotropa virgata* ）①。"拐杖糖"只会和松茸形成菌根关系。看到它们，就等于看到了松茸本身——它们的现身是一种信号，标志着此处会有松茸繁茂生长。和许多真菌异养生物一样，"拐杖糖"是窥探菌根地下生活的潜望镜。[14]

鉴于它们散发的诱惑，我们或许会理所当然地认为人们很久以来都知道真菌异养生物意味着什么东西。如果说"拐杖糖"是字面意义上的"标记物"——松茸猎人利用它们来找到地下的松茸真菌网络，那么对生物学家来说，水晶兰就是概念上的标记物。地衣是通向常见共生关系的入口，水晶兰则是通往共享菌根网络的入口。它们奇异的外形下暗示着，或许通过共享真菌连接在植物间进行有效传输的物质之多，足以维持一种生命的存在。

在所有的物理系统中，能量都向低流动，从多处流向少处。热量从炽热的太阳流入冰冷的宇宙。一棵松露的香气从浓度高的区域飘向浓度低的区域。两者都无须主动运输。只要存在能量坡，能量就会从顶端的源点（source）流向底部的汇点（sink）。重要的是两者之间的坡度。

在许多情况下，通过菌根网络传输的资源会从更大的植物流向更小的植物。更大的植物一般拥有更多资源和更发达的根系，也更容易接收到光照。对生长在阴影处且根系不那么发达的较小植物来说，更大的植物就是源点，更小的植物则是汇点。"先试用，后付款"的兰花一开始是汇点，到更成熟时就会变成源点。水晶兰、*Voyria* 之类的真菌异养生物则一直都是汇点。[15]

尺寸并不代表一切。根据相连植物的活动，源汇动态是可以交换的。当西马尔遮掩住她的花旗松幼苗，阻碍它们进行光合作用从而让它们成为更强的碳汇时，花旗松就从纸皮桦供体那里接收到了更多的碳。在另一个例子里，研究者记录了磷从濒死植物的根部传输到附近共享同

---

① 桃晶兰属植物，暂无通用中文名。

一个真菌网络的健康植物中的过程。濒死的植物是养分的源点，活着的植物则是汇点。[16]

在另一项关于加拿大森林里纸皮桦和花旗松的研究中，碳传输的方向在一个生长季里变更了两次。在春季，当常青的花旗松在进行光合作用、无叶的纸皮桦刚破开它们的花蕾之时，纸皮桦是汇点，碳从花旗松流入纸皮桦。在夏季，当纸皮桦覆满绿叶、花旗松受到遮掩之时，碳传输的方向变成了从纸皮桦"下坡"流入花旗松。在秋季，当纸皮桦的叶子开始掉落之时，两种树会再次互换角色，碳会从花旗松"下坡"流入纸皮桦。资源从富足之处流向匮乏之处。[17]

这些行为呈现了一个谜题。究其根本：既然隔壁的植物 B 是植物 A 的潜在竞争者，植物 A 为什么要把资源给一个会转送给隔壁植物 B 的真菌？乍一看，这像是利他之举。演化理论很难解释利他之举，因为利他行为将受体的利益建立在供体的代价之上。如果一个植物供体牺牲自己来帮助竞争者，它的基因传给下一代的可能性就会降低。如果利他者的基因不能传给下一代，利他行为就会很快消失。[18]

要绕过这个僵局，有许多办法。一个办法是靠观念上的转换：供体所付的代价并不是真正的代价。许多植物都能轻易接收到光照。对这些植物来说，碳并不是有限的资源。如果一株植物剩余的碳能传入菌根网络，并成为"公共物品"，由许多植物共享，那么利他之举就无所谓代价，因为不论是供体还是受体都没有付出代价。另一种可能性是供体和受体都能受益，只不过受益的时间点不同。一株兰花或许会"先试用"，但如果它"后付款"，那么综合考虑，就没有生物付出了任何代价。一棵纸皮桦或许会在春季从花旗松身上获取碳时受益，但花旗松也肯定会在盛夏、在它受到遮掩时从纸皮桦身上获取碳而受益。[19]

还有其他方面的考量。用演化学的话来表述，即使付出代价，一棵植物帮助亲缘关系较近的物种来遗传它们的基因也可以对其有益——这种现象被称为"亲缘选择"（kin selection）。一些项目以成对的有亲缘关系和无亲缘关系的花旗松幼苗为研究对象，比较它们之间传输的碳量，以此探索了这种可能性。正如我们预料的，碳走了"下坡路"，从更大的供体植物流向更小的受体植物。但在一些情况下，"亲缘"之间传输的碳量比"陌路"之间的大："亲缘"似乎比"陌路"共享了更多的真菌连接，提供了更多传输碳的通道。[20]

最快解答这个谜题的方法就是更换视角。我们能注意到，在所有这些有关共享菌根网络的叙事中，植物都是主角。真菌的角色只是连接植物，并作为它们之间的交流通道。它们几乎被当成植物用来互相泵输物质的下水道系统。

这是植物中心主义。

植物中心视角能扭曲是非。人类对动物关注最多，对植物相对视而不见。但和真菌相比，人类对植物关注更多，对真菌则更视而不见。"我认为许多人对这些网络讨论得太多了，"瑟洛斯告诉我，"有人说这些树获益于真菌网络提供的福利和关照，说树苗就像种在苗圃里被培育一样，还说对长在一块儿的树来说，这样维系生命既便利又不费力。我不太喜欢这些观点，因为这就把真菌描绘得和运输管道差不多。事实不是这样的。真菌是活着的生物，有它们自己的利益考量。它们是系统里一个主动、活跃的部分。或许是植物比真菌更容易研究，所以许多人对这类网络采取了非常植物中心主义的观点。"

我同意。我们会犯植物中心主义的错误，当然是因为植物更明显地和我们的生活相关。我们能碰到和尝到它们。菌根真菌则不同，它们难以捉摸。"木联网"这种用语并没有解决问题。这是个把我们拽入植物中心主义的比喻，因为它暗示植物等于网络中的网页或节点，真菌则相当于连接节点的超链接——如果用互联网的硬件成分作比，植物就是路由器，真菌则是线缆。

事实上，真菌远非被动的线缆。正如我们提过的，菌丝体网络能解决复杂的空间问题，还演化出了在网络中四处运输物质的精湛技艺。虽然在真菌网络中物质常常走"下坡路"，从源点传输到汇点，但是运输几乎从不单单依赖被动扩散：这样太慢了。在真菌菌丝里流动的细胞液之河使物质得以快速运输；而且，虽然这些流动在根本上都由源汇动态调控，真菌还是能通过生长、增厚、修剪网络的某些部分或者干脆和另一个网络完全融合来控制物质的流向。如果不能调控网络中的物质流动，包括编排精密的蘑菇生长过程在内的大部分真菌生命活动就无法维系。

真菌能通过其他方式调控它们网络中的物质运输。正如基尔的研究揭示的，真菌对交换物质的伙伴有一定控制——它们可以"奖励"更乐于合作的植物伙伴，在它们的组织内"囤积"矿物质，或在体内四处转运资源，优化交换其他物质的"汇率"。在基尔对资源不平等的研究中，磷顺着梯度向下流，从丰饶之处流向贫瘠之处，但磷的流动速率比被动扩散快得多——大概是因为这个运输过程利用了真菌微管"马达"。这些主动运输系统让真菌能够忽略源点和汇点之间的物质梯度，可以朝网络中的任意方向——甚至同时朝两个方向输送物质。[21]

木联网这个比喻还有其他问题。"只有一种木联网"是个有误导性的观念。不论是否将植物相连，真菌都会形成缠绕的网络。共享菌根网络只是一个特例，是有植物缠绕其中的真菌网络。生态系统里满是非菌根真菌的菌丝体，将各种生物相连。比如，琳内·博迪研究的木腐真菌就会在生态系统中跨越长距离穿行，将腐败的叶片、掉落的枝丫和根系正在降解的腐烂大树桩相连；破纪录地跨越数千里的蜜环菌网络也是如此。这些真菌形成了不同于前的木联网：它们是消耗而非维系植物的网络。

木联网中的每一条链接都是一个拥有独立生活的真菌。这是一个不起眼却意义重大的事实。随着我们把真菌当作主动的参与者，一切都会改变。将真菌纳入我们的叙事，能促进我们更多地从真菌的视角思考。而且，真菌的视角能帮助我们解答：共享菌根网络到底在为谁的利益服务？是谁在获益？

能维系多种与其关联的植物的菌根真菌占据了优势：多样的植物伙伴能让它不受其中一种植物死亡的影响。如果一个真菌依赖多种兰花，而其中一种在长大前无法为其供碳，那么真菌就能在这种幼小的兰花生长时给予支持，然后在未来受益——让兰花"先试用"，只要"后付款"就行。以真菌为中心的视角能帮我们回避有关利他行为的问题。这种视角也将真菌放在了舞台的中央：它们是缠结的中间人，能根据它们作为真菌的需求而调控植物之间的交互。

不论我们用真菌中心主义还是植物中心主义的视角思考，在很多情况下，共享一个菌根网络都会为参与其中的植物提供明确的利益：总体上看，比起被排除在共同网络以外的植物，和其他植物共享一个网络的植物生长得更快，存活得更好。这些发现让一些人把木联网视为照料、分享和互相帮助的空间，植物能在其中挣脱由资源竞争构成的死板等级制度。这些看法很像人们在 20 世纪 90 年代对因特网的天真企盼；在迎接新事物诞生的狂热氛围中，互联网被当成了逃离 20 世纪死板权力结构的出口和数字乌托邦的入口。[22]

和人类社会类似，生态系统几乎从不这么扁平。包括里德在内的一些研究者认为，对土壤乌托邦式的幻想是将人类价值观投射到一个非人类系统上的无耻做法；基尔等另一些研究者指出，前者忽略了一个事实：从许多角度看，合作永远都是竞争和互助的结合。这种真菌乌托邦看法的主要问题在于，和互联网一样，共享菌根网络并不总是有益的。木联网是植物、真菌和细菌交互的复合放大器。

大部分发现植物加入共享菌根网络后能有所获益的研究，都是在温带气候下开展的；在这样的气候条件下，树会和一种专门的菌根真菌——外生菌根菌（ectomycorrhizal fungi）搭伙。其他类型的菌根真菌则会变现得不一样。在一些情况下，无论身处一个专属的真菌网络还是和其他植物共享一个真菌网络，对植物来说都没什么不同，不过真菌在后者的情况下却因能与大量植物伙伴搭上关系而获益。甚至有时，接入一个共享真菌网络还会对植物产生完全负面的影响。真菌从土壤中获得矿物质，从而控制了矿物质的供给，可以更偏向于同更大型的植物伙伴进行物质交换,因为这些更大的植物既有更丰富的碳源,也是土壤矿物质的强劲汇点。这种不对等能放大同一个网络里更大型植物相对于更小植物的竞争优势。在这些情况下,更小的植物只有在它们与网络断开连接,或者同一个网络里的更大型植物(它们一直在提取极大量的养分)中断连接时,才能开始获益。[23]

共享菌根网络还能导致更模棱两可的后果。一些植物会产生阻碍周边植物生长或直接致其死亡的化学物质。在一般条件下,这些化学物质通过土壤传播的速度缓慢,而且通常达不到有毒的浓度。菌根网络能帮它们突破这些限制,有时会为散播有毒物质的植物提供一条"真菌快速通道"或"超级高速公路"。在一个实验中,由胡桃的落叶释放的某种有毒化合物能通过菌根网络传播,然后在西红柿植株的根部周围堆积,阻碍它们生长。[24]

也就是说,木联网远不止负责资源的运输——不论是富含能量的碳化合物、养料还是水分。除了有毒物质,调控植物生长和发育的激素也能通过共享菌根网络传播。在许多真菌里,含有 DNA 的细胞核与包括病毒和 RNA 在内的其他遗传物质能在菌丝体里自由移动。这意味着,遗传物质或许能通过真菌通道在植物间传输——只是现有研究几乎还未触及这些可能性。[25]

木联网的一个惊人特质,就是它们包纳非植物生物的方式。真菌网络为细菌提供高速公路,使它们能够在布满障碍物的土壤里穿行。在一些情况下,掠食性细菌能利用菌丝体网络来追捕猎物。一些细菌在真菌菌丝里生活,加速真菌生长、刺激真菌代谢、合成关键的维生素,甚至还能影响真菌和植物伙伴之间的关系。粗柄羊肚菌(*Morchella crassipes*)是一种菌根真菌,会"养殖"生活在它们网络内的细菌:这些真菌"种下"各种细菌,然后"培养""收获",再"消化"它们。网络各处各司其职:真菌的一些部分负责生产食物,另一些负责消化。[26]

还有更夸张的例子。植物会释放各种各样的化学物质。例如,蚕豆植株受到蚜虫攻击后，会释放雾状的挥发性化合物。这些化合物从它们的伤口飘出，吸引寄生蜂来捕食蚜虫。这些化学物质又名信息素（因为它们会传达关于植物状态的信息），是植物之间交流信息的一种方式，不论是在同株的不同部位之间，还是和其他生物之间。

信息素能通过共享真菌网络在植物间进行地下传播吗？这个问题迷住了当时就职于英国苏格兰阿伯丁大学（University of Aberdeen）的露西·吉尔伯特（Lucy Gilbert）和戴维·约翰逊（David Johnson）。为了找到答案，他们设计了一个精巧的实验。他们设置对照，一组蚕豆植株接入共享菌根网络，另一组用细尼龙绳网隔绝菌根网络。尼龙绳网能让水分和化学物质通过，但会切断连接不同植物的真菌之间的直接接触。一旦蚕豆成株，他们就让蚜虫攻击该网络中某一株植物的叶子。他们还给植物套袋，以防信息素通过空气传播。[27]

吉尔伯特和约翰逊发现了支持他们假说的确切证据。那些通过共享真菌网络而与被蚜虫感染的植物相连的植物，合成了更多挥发性防御化合物，即使它们自己还未受到蚜虫的攻击。这些植物释放的挥发性化合物所形成的雾气浓郁到足以吸引寄生蜂。这说明，植物间通过真菌通道传播的信息能造成切实的影响。吉尔伯特告诉我，这是个"全新的"发现，揭示了共享菌根网络此前不为人知的角色。一个供体植物不仅能影响受体，其影响还能以挥发性化学物质的形式渗漏到受体之外。一个共享菌根网络不仅影响了两株植物之间的关系，还影响了这两株植物、它们的蚜虫敌人和寄生蜂盟友之间的关系。[28]

自2013年以来，人们清楚地认识到，吉尔伯特和约翰逊的发现并非特例。在观察受到棉铃虫幼虫攻击的西红柿之中或者受到蛾类幼虫攻击的花旗松和西黄松幼苗之间，都可以观察到类似的现象。这些研究揭示了激动人心的新可能。和我交谈过的许多研究者都同意，植物通过真菌网络进行交流是菌根行为最为引人入胜的一个方面。不过，好实验抛出的问题通常比回答的多。"植物究竟在对什么做出回应？真菌实际上在做什么？"约翰逊不断思索着。[29]

上：意大利白块菌（*Tuber magnatum*）。图片来源：经拍摄者同意使用

左：寻猎松露的拉戈托罗马阁挪露犬——基卡。图片来源：经拍摄者同意使用

TRUFFLE-HUNTING.—TRAINED HOGS ROOTING FOR THE VALUABLE ESCULENT.

1890 年左右的一幅插画，画上的说明文字翻译过来是"松露捕猎——用受过训练的猪来搜寻这种价值连城的食物"。这些猪戴着口套，以防它们吃掉挖出来的松露。图片来源：萨曼莎·维尼尔［Samantha Vuignier］/科尔维斯［Corbis］，Getty Images

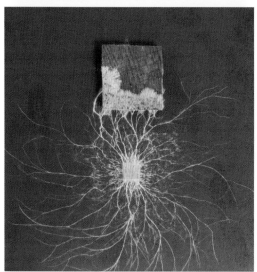

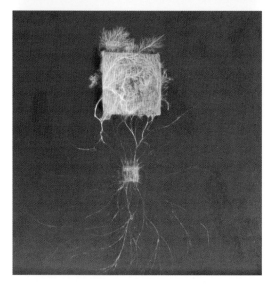

木腐菌 *Phanerochaete velutina* 的觅食行为。这 3 张照片展示了单个真菌在 48 天内的生长过程。刚开始，菌丝体处于探索状态，向各个方向延伸。找到食物后，它就开始强化自己与食物之间的联结，并舍去没有得到结果的连接。

图片来源：经深泽游（Yu Fukasawa）同意使用

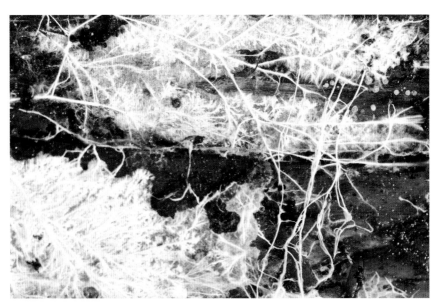

一个木腐菌的菌丝体在探索和消化一块木头。图片来源：经艾莉森·普利奥（Allison Pouliot）同意使用

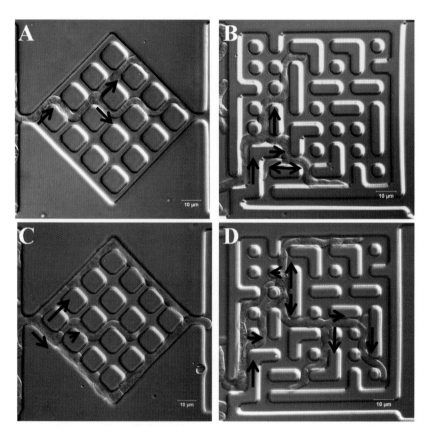

一种面包霉菌——粗糙脉孢菌（*Neurospora crassa*）在走微观迷宫。黑色箭头表示真菌在分岔点和迷宫入口的生长方向。图片来源：Held, et al. (2010)

能发出生物荧光的真菌 *Omphalotus nidiformis*，又名鬼蘑菇。
图片来源：经艾莉森·普利奥同意使用

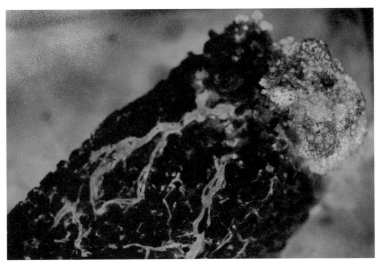

生长在木片上的鳞皮扇菇菌丝体能发出生物荧光。于美国独立战争时期建造和使用的第一艘潜艇"海龟"号，曾用发光真菌来照亮其深度量规。19世纪，英格兰的煤矿工人曾报告，仅靠生长在木制坑柱上的真菌所发出的光就能看到自己的手。图片来源：经帕特里克·希基（Patrick Hickey）同意使用

恩斯特·海克尔画的地衣。图片来源:《自然中的艺术形式》(1904)

毕翠克丝·波特创作的插画：某类石蕊属（*Cladonia*）地衣。图片来源：经阿米特基金会（Armitt Trust）同意使用

一只感染了"僵尸真菌"*Ophiocordyceps lloydii* 的弓背蚁。从弓背蚁的身体中长出了两个子座。这个样品采集自巴西亚马孙雨林。图片来源：经若昂·阿劳若（João Araújo）同意使用

一只感染了*Ophiocordyceps camponoti-nidulantis* 的弓背蚁。我们从弓背蚁外面这层白色的绒毛辨识出这种真菌，真菌的子座从蚂蚁头部后方长出。这个样品采集自巴西亚马孙雨林。图片来源：经若昂·阿劳若同意使用

一只感染了 *Ophiocordyceps camponoti-atricipis* 的弓背蚁。真菌的子实体从蚂蚁的头部长出。这个样品采集自巴西亚马孙雨林。图片来源：经若昂·阿劳若同意使用

一只感染了偏侧蛇虫草的弓背蚁。白色的棘刺属于另一种菌寄生真菌，专门感染寄生在昆虫体内的蛇虫草真菌。这个样品采集自日本。图片来源：经若昂·阿劳若同意使用

缠绕着蚂蚁的一根肌肉纤维生长的蛇虫草属真菌。左下角的比例尺为 2 微米。图片来源：经科琳·曼戈尔德（Colleen Mangold）同意使用

位于危地马拉的一堆蘑菇石像，拍摄于 20 世纪 70 年代早期。大约有 200 个这样的石像保存了下来。这些石像表明，在仪式中食用含裸盖菇素蘑菇的行为至少可以追溯到公元前 2000 年。图片来源：格兰特·卡利沃达（Grant Kalivoda）拍摄，经夏洛特·沙尔夫（Charlotte Schaarf）同意使用

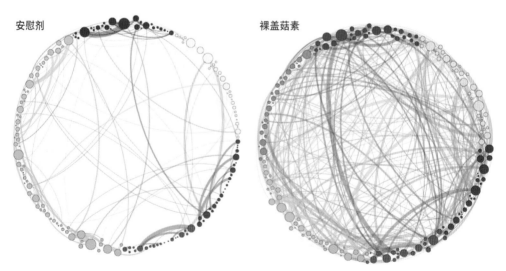

安慰剂

裸盖菇素

图左是在正常、意识清醒状态下，大脑活动网络之间的连接；图右是注射裸盖菇素后的连接。不同的网络以图片边缘不同颜色的圆圈呈现。注射裸盖菇素后，许多新的神经通道出现了。裸盖菇素改变人们心智的能力似乎与大脑中这些信息的流动有关。图片来源：Petri et al. (2014)

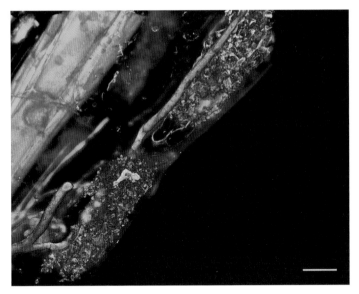

生活在植物根系中的菌根真菌。图中红色的是真菌，蓝色的是植物。植物细胞里精细的分支结构是"丛枝"（arbuscule，原意为"小树"），是植物和真菌进行物质交换的场所。图中的比例尺为 20 微米。图片来源：经作者同意使用

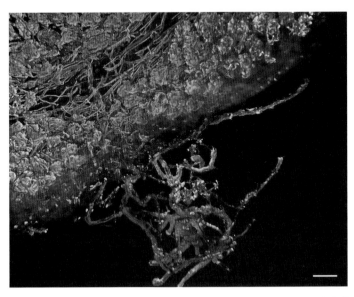

长进植物根系的菌根真菌。红色为真菌，蓝色为植物根系的边缘。根系内住满了真菌。图中的比例尺为 50 微米。图片来源：经作者同意使用

生长在巴拿马某片雨林内的真菌异养生物 Voyria tenella。真菌异养生物是木联网上的"黑客",它们失去了进行光合作用的能力,转而从穿梭于土壤中的菌根真菌网络中汲取养分。图片来源:经克里斯蒂安·齐格勒(Christian Ziegler)同意使用

生长在纽约州阿迪朗达克公园(Adirondack Park)里的真菌异养生物水晶兰(英文俗名"ghost pipe",意为"鬼魂烟斗")。图片来源:经丹尼斯·卡尔马(Dennis Kalma)同意使用

生长在美国加利福尼亚州埃尔多拉多国家森林（El Dorado National Forest）的真菌异养生物血晶兰（约翰·缪尔称其为"燃烧着的耀眼火柱"）。图片来源：经蒂莫西·布默（Timothy Boomer）同意使用

生长在加利福尼亚州盐角州立公园（Salt Point State Park）的真菌异养生物 Allotropa virgata（又名"拐杖糖"）。图片来源：经蒂莫西·布默同意使用

一环套一环的关系。真菌异养生物 *Voyria tenella* 里住满了菌根真菌。图中的 A 圈内，根系边缘的浅色圆环即为真菌；B 圈内，植物组织被省略了，红色为真菌。图中的比例尺为 1 毫米。图片来源：Sheldrake et al. (2017)

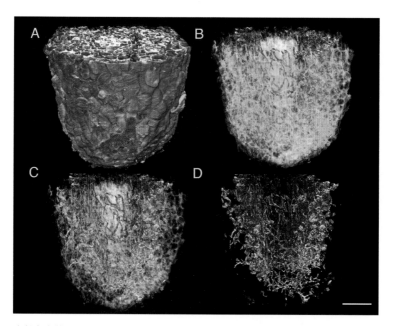

生长在真菌异养生物 *Voyria tenella* 内的菌根真菌。红色为真菌，灰色为植物根系。从 A 到 D 是对根系同一部分的植物组织进行了渐变透明化处理。图中的比例尺 = 100：1。图片来源：Sheldrake et al. (2017)

真菌异养生物 *Voyria tenella* 的根系不太适应从土壤中获取水分和矿物质,所以逐渐演化成了真菌"农场"。注意看从根系上伸出的菌根真菌菌丝。土壤碎屑仍残留在黏糊糊的菌丝体网络上。这是少有的目睹真菌如何将植物和环境相连的机会。图片来源:经作者同意使用

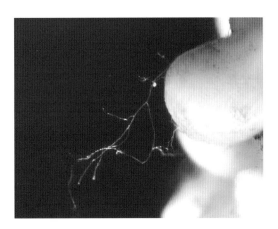

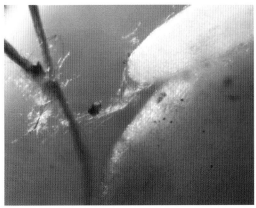

生长在真菌异养生物 *Voyria tenella* 根系上的菌根真菌菌丝体。图片来源:经作者同意使用

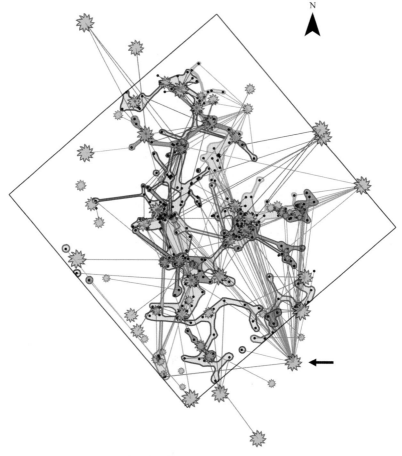

N

上：凯文·拜勒制作的共享真菌网络地图。绿色的形状代表花旗松，直线表示树根和菌根真菌之间的连接。黑点标志着拜勒采样的地点。拥有相同遗传来源的真菌网络由同一个颜色的边界标注。菌根真菌 *Rhizopogon vesiculosus* 形成的网络为蓝色，*Rhizopogon vinicolor* 形成的为粉色。黑色的边界表示 30 米 × 30 米的样方，图片下半部分的箭头指向了拥有最多连接的树——与其他47 棵树相连。图片来源：Beiler et al. (2009)

左：彼得·麦考伊在侧耳属真菌上做的实验。这个平菇长在纯粹由烟头组成的基质上。可以看到一个香烟滤嘴贴在瓶子的内壁上。图片来源：经彼得·麦考伊同意使用一个假说是，信息以信息素的形式通过共享真菌网络在植物间传播。鉴于植物在地面上就会利用信息素交流，这个假说看上去最可能成立。另一种有意思的假说认为，信息是通过真菌菌丝中的电脉冲传播的。正如斯特凡·奥尔松和神经科学领域的同事们发现的，一些真菌（包括菌根真菌）的菌丝体能传导受到刺激后产生的电活动尖峰。植物体内的不同部分也能通过电信号来交流。目前暂未有研究探寻电信号是否能由植物传播给真菌，再由真菌传播给植物——虽然相对我们已知的这并没有延展多少。然而，吉尔伯特坚定地表示："我们不知道。连这些信号的实际存在都是新近才发现的。我们正处在一个新研究领域的开端。"对她来说，确认这种信号的本质是首要工作。"如果不知道植物在对什么做出反应，我们就不知道这些信号是如何被调控的，也不知道发送信号的实际机制是什么。"[30]

还有太多东西等着我们去发现。如果信息能在连接温室花盆里豆科植株幼苗的真菌网络中传播，那么自然生态系统里的信息传播会是怎样一番景象呢？比起植物散播到空气中的大量化学信号与信息，真菌通道又能发挥多大的传输作用呢？通过真菌网络，信息能在地下传播多远呢？约翰逊和吉尔伯特正在开展相关实验；他们以"菊花链"①的方式将一些植物串联起来，以此探究信息是否可以在这个中继系统中由一株植物传给另一株植物，再传给下一株植物。这种传输方式的生态学影响或许非常深远，但约翰逊很是谨慎，他告诉我："将实验室里的发现一下子放大到整个森林、到所有树的互相交流和通信上，是有一点儿过了。人们很容易将花盆里发生的事泛化到整个生态系统上。"

植物之间通过真菌网络传播的究竟是什么？对所有木联网的研究者来说，这都是一个棘手的问题。那些知识上的缺漏会让我们的思维陷入僵局。例如，在不知道信息如何在植物间传输的情况下，我们不可能

---

① Daisy chain，一种沿总线传输信号的方式，将不同的设备单元串联在总线上，使信号从一台设备传到下一台设备。

知道是供体植物在主动地"发送"警告信号，还是受体植物仅仅在"偷听"它们邻居所受的压力。如果是"偷听"行为，那我们或许就不能在信息发送者身上辨识出任何主动行为。正如基尔解释的，"如果一棵树被一只昆虫攻击，那它当然会用自己的语言叫喊：它会产生某些化学物质，准备对抗攻击"。这些化学物质很容易就会通过网络从一株植物渗漏到另一株植物里。没有谁主动发送了任何东西。受体植物只不过是注意到了这些化学物质而已。约翰逊也用了同样的比喻。如果我们听到有人在叫，他们叫的目的不一定是提醒我们小心什么东西。当然，叫喊或许会让我们改变自己的行为，但它并不暗含叫喊者的任何意图："你只是在偷听他们对特定情况做出的回应。"

这看起来可能过于追究细枝末节，但我们对这种交互的理解方式决定了很多事情。不论是主动传输还是"偷听"，一个刺激都从一株植物传向了另一株，受体植物得以做好防守，准备应对攻击。但是，如果植物确实发送了信息，我们就会视其为信号。如果是它们的邻居在"偷听"，我们就会将其视为线索。怎样理解共享菌根网络的行为才最好呢？这需要慎重考虑。一些研究者十分在乎我们对木联网的常用描述。约翰逊告诉我："我们找到的仅仅是能对邻居做出反应的植物。这并不意味着有什么利他网络在发挥作用。"认为植物之间在互相交谈并会彼此提醒某个攻击已迫在眉睫，是一种拟人化的错觉。"这样的想法很吸引人。"他承认道，但从根本上说只是"一堆胡说八道"。[31]

将其比喻成叫喊可能帮不上什么忙。对其我们可以有两种解读。人类叫喊是因为感到不适、震惊、激动或痛苦，有时候也是为了让其他人注意到自己的困境。就算我们能直接询问这些感到痛苦的人类，要分清楚因和果也并不总是易事。对植物来说，这就更难了。植物是在互相警告蚜虫的攻击，还是只是偷听到了它们邻居的化学喊叫？或许，这个令人焦虑的问题不是我们该问的。正如基尔所说："我们要审视的是已有的叙事。我很乐意抛开语言去尝试理解现象。"和之前一样，追问这种行为的演化源头也许更有帮助：究竟是谁在获益？

接收信息的豆科植物自然会从警告中获益：当蚜虫来到时，这些植物早已激活了自己的防御系统。但警告邻居为什么会让发送信息的豆科植物受益呢？我们又撞见了利他问题。这次，走出迷宫的最快路径还是转换视角：在与真菌相连的不同植物之间传递警告信号，为什么会对真菌有益呢？

如果一个真菌与几株植物相连，其中一株受到蚜虫的攻击，那么真菌会和植物一起受苦。如果一整堆植物都进入高警戒状态，它们就能分泌比单株植物更大团的化学物质来召集黄蜂。任何能扩张这个化学"灯塔"的真菌，都可以从这个能力中获益——当然，植物也会受益，但无须付出代价。类似地，胁迫信号会从生病的植物传给健康的植物，是因为让健康的植物存活下去，真菌能够从中获益，所以它们才会传递信号。吉尔伯特解释道："想象一下，假如森林里有看似在为其他树提供资源的树，我觉得对其更可能成立的解释是——真菌注意到树 A 现在有点病恹恹的，而树 B 没有；因此，真菌挪用了一些资源给树 A。从真菌中心主义的角度看，一切就都说得通了。"

大部分关于共享菌根网络的研究都将范围限定于成对的植物。里德制作了图像来展示放射性标记物从一株植物的根部传入另一株的根部。西马尔追踪了由供体植物传给受体植物的放射性标志物。只有将研究范围限定在少数几株植物上，这些实验才能进行。但木联网可以向外蔓延数十上百米，甚至更远。那样会发生什么？看看外面。大树、灌木、小草、藤蔓、花朵。谁和谁相连？通过什么方式相连？木联网连成的地图会是什么样子？

如果不知道共享真菌网络的架构，我们很难理解正在发生的事情。我们知道网络中的资源和信息素倾向于走"下坡路"，从丰饶之处流向稀缺之处，但源点和汇点不可能是事情的全貌。你的心脏是个泵，通过制造出高压和低压区，让血液往"下坡"流。源汇动态能解释血液如何循环，但不能解释血液为什么会以这样的方式流向你的各个器官。这离不开血管的构造：它们的直径、分支程度，还有它们在你体内绕来绕去的路径。菌根网络也一样。没有供其流通的网络，物质就不能在网络中从源点传输到汇点。

西马尔从前的一位学生凯文·拜勒（Kevin Beiler）主导了 21 世纪初仅有的两项关于绘制共享菌根网络空间结构的研究。拜勒选择了一个较为简单的生态系统：不列颠哥伦比亚的一片由不同年纪的花旗松构成的森林。他采取了一项用于人类亲子鉴定的技术。在一小块 30 米 × 30 米的土地上，他确认了每一个真菌和每一棵树的遗传指纹①，从而能够阐明它们之间的连接。细致到这种程度不同寻常。许多研究都调查过“哪种植物会和哪种真菌互动”，但鲜少更进一步地去研究个体和个体之间的实际连接。[32]

拜勒绘出的地图十分震撼。真菌网络延展出几十米，但树与树之间的连接并不均匀。年轻的树基本没有连接，老树则有很多。最多的一棵树和另外 47 棵相连，而且要不是因为实验样方太小，相连数量还能扩增 250 棵之多。如果我们在地图上用手指比画，在树木间跳跃着穿过这个网络（当然，这是一种植物中心主义的行为），那么我们将不会均匀地到达网络的各处，而是只会选择在拥有较多连接的老树之间跳跃。通过这些“枢纽”，我们 3 步之内就能到达任何一棵树。

1999 年，当鲍劳巴希等人发布第一张万维网地图时，他们发现了一个相似的模式。网页和其他网页相连，但并不是所有页面都拥有同等数量的链接。绝大多数网页只有几个连接。少数网页拥有大量连接。拥有最多和最少链接的网页之间差别巨大：在万维网的链接中，大约有 80% 的链接指向 15% 的页面。在许多其他类型的网络中也是如此——不论是全球航线，还是脑中的神经元网络。在每一种网络中，拥有较多连接的枢纽都让我们可以在短短几步之内就穿越网络。疾病、新闻和时尚风气之所以能在人群中快速传播，部分就是因为这种网络的“无标

---

① Genetic fingerprint，指的是每个个体基因组所特有的遗传标记所构成的图谱，可用于区分不同的生物个体。

度"（scale-free）特性。正因为共享菌根网络同样具有无标度特性，年轻植物才能在遮蔽严重的林下存活，使得信息素能在森林里的一片树木中扩散。"一株年轻的幼苗很快就会被系在一个复杂、交织且稳态的网络中。"拜勒解释道，"你会猜想这应该能提高幼苗的生存概率，并增强整片森林的恢复力。"但这种增强是有限度的。正是无标度特性让木联网容易遭到针对性攻击。突然移除谷歌、亚马逊和脸书，或者关闭全世界最繁忙的 3 个机场，都会引发浩劫。如果选择性地移除大的枢纽树（许多商业伐木作业就会为了提取最有价值的木材而这么做），严重的生态崩溃就会紧随而来。[33]

　　这其中并没有什么基本法则。无标度特性经常在任何能够生长的网络中涌现。"这个世界上出现的大部分网络都是某些生长过程的结果。"鲍劳巴希解释道。对一个新的节点来说，连接到具有较多连接的节点比连接到具有较少连接的节点上更容易。因此，具有较多连接的老节点将拥有更多连接。如拜勒所说："我们可以将这些菌根网络看成一个有传染性的过程。有一些长老级别的树，网络会从它们身上蔓延开来。已经连接到更多树的树通常会更快地积累出更多的连接。"

　　这是否意味着世界上其他地域的木联网也有着类似的结构呢？有这个可能，但我们目前还没有为足够多的网络绘出地图，因此还不能下定论。从一个花盆泛论至整个生态系统会造成很多问题；从一块 30 米 × 30 米的样方开始泛论，造成的问题不会比前者少。植物之为植物、真菌之为真菌都有很多种形式。一些植物能和数千种真菌建立关系；一些植物只能和不到 10 种真菌关联，并和同物种的其他个体一起形成小圈子网络。一些真菌的菌丝体能轻易接入其他菌丝体网络，形成大型复合网络；还有一些真菌更喜欢孤立自己。在巴拿马，我发现 *Voyria* 只依赖单单一种真菌，但它的"专情"远没有带来限制：*Voyria* 的伙伴是森林里数量最多的菌根真菌，和所有常见的树种都建立了关系，使得 *Voyria* 能和尽可能多的其他植物建立连接。生长在同一片森林里的其他真菌异养生物则演化出了不同的策略，与一系列真菌建立起关系。[34]

即使在拜勒选择研究的这一小片森林里（部分因为其物种组成相对简单），这块拼图谜题还是缺失了很多片。他的地图展现了树木和真菌的组织方式，但我们并不知道它们究竟在做什么。拜勒反思道："我只研究了一种树和两种真菌——和整个生态群落相比可差远了。这只是一瞥，只打开了一扇通往浩瀚、开放系统的小窗。我的粗略描述极大地低估了森林里的实际连接。"

Voyria 丢失了形成复杂根系的能力。它们不需要这些系统，共享真菌网络就是它们的根。*Voyria* 植株上曾经长根的地方，如今是一团肉质指状物。将它们切开，我们就能看到菌丝在 *Voyria* 属植物的细胞里缠绕、簇放。有时，这些"根"甚至都没有埋进土里，而是在土壤表面像一个个小拳头似的坐着。摘下它们不用费多少力气。一瞬间就能断开它们的真菌连接。如此轻易就能切断一株植物的生命线，这让人略觉诡异。*Voyria* 对这个网络的紧密关联攸关生死，然而，这个连接在物理上又如此脆弱。我常常思考，创生一整株植株所需的材料如何通过如此娇贵的通道传输？

和绝大部分菌根网络方面的研究一样，研究 *Voyria* 就要收集它们，这也意味着要切断它们和网络之间的连接。我花过好几天做这件事。我也花过好几天思考其中的讽刺：我切断的这些连接，正是我在研究的东西。当然，生物学家经常摧毁他们想要弄明白的生物。我习惯了这个想法，至少尽可能地习惯了。但通过切断一个网络中的连接来研究这个网络——这感觉尤其荒唐。物理学家伊利亚·普里高津（Ilya Prigogine）和伊莎贝尔·斯唐热（Isabelle Stengers）曾言，将复杂系统分解成其组分的做法，常常不能提供令人满意的解释；我们几乎从不知道如何将这些碎片重新拼成整体。木联网呈现了一个特殊的挑战。我们仍不明白菌丝体网络是如何协调自己的行为并与自身保持联系的，更别说理解它们在天然的土壤中是如何管理自己和多个植物之间的交互的。但我们至少知道，菌丝体网络是一个持续发展的过程，不是一个物件。我们知道菌丝体网络能互相结合，能自我修剪，能控制体内物质流动的方向，还能释放一团团化学物质并对这些化学物质做出反应。我们知道菌根真菌会形成和重塑它们与植物之间的连接——缠结、解开缠结、重新缠结。简单来说：我们知道木联网是动态的系统，忙碌且不停歇地周转着。[35]

人们将这样运作的实体笼统地概括为"复杂适应系统"（complex adaptive systems）：说它们"复杂"，是因为很难通过对单一组分的研究来预测它们的行为；说"适应"，是因为它们会自组织成新的形态，或根据处境而表现出新的行为。和所有生物一样，你也是一个复杂适应系统。木联网也是。大脑、白蚁群、蜂群、城市和金融市场都是。在复杂适应系统中，小的改动能引发大的效应，而这些效应只能在整个系统的层面观察到。在这些系统中，几乎找不出简单的因果关系。外部刺激本身或许没什么引人注目之处，但它们能引起惊人的反应。金融崩溃就很好地揭示了这种动态的非线性过程。喷嚏和高潮也都是佳例。[36]

所以，如何思考菌根网络才最好呢？我们研究的是一个超级生物（superorganism）吗？是一个大都会吗？是一个活着的因特网吗？是树的幼儿园吗？是土壤里的社会主义吗？还是晚期资本主义里不受调控的市场，还有真菌在森林证券交易所交易大厅里的推推搡搡？又或者说，这是真菌封建主义，有菌根领主心怀自己的终极利益，统治着它们的植物劳工？这些理解都有问题。木联网引出的论题，远比这些有限的角色阵容触及得更深远。但是，我们确实需要一些想象工具。要明白共享菌根网络如何在复杂的生态系统里运作，就意味着要明白它们究竟在做什么，而不是它们能够做什么。这或许意味着，我们要类比其他研究得更为透彻的复杂适应系统，以研究他们的方法来增进我们对共享菌根网络的理解。

西马尔在森林里的共享菌根网络和动物大脑里的神经网络之间找到了共同点。她提出，神经科学领域能提供相应的研究工具，帮助我们更好地理解在由真菌网络连接的生态环境中，复杂行为是如何出现的。动态的自组织网络如何引发复杂适应行为的出现——神经科学比真菌学更早开始探究这个问题。西马尔并不是在说菌根网络就是大脑。从无数个角度看，这都是两个极其不同的系统。比如，大脑由单一生物而非许多不同物种的细胞构成。大脑还受到解剖结构的限制，不能像真菌网络一样在土壤中绵延。但无论如何，把菌根类比成大脑很诱人。研究木联网和研究大脑的学者们所面对的挑战不无相似之处，只是神经科学的起步早了几十年，还有数万亿美元经费傍身。鲍劳巴希开玩笑说："神经科学家通过给大脑切片来绘制神经网络的地图，你们生态学家要给森林切片才能看到所有的根和真菌究竟在哪儿，谁和谁之间存在连接。"[37]

西马尔观察到，大脑和菌根网络之间确实存在着一些有启发意义的交集——虽然这些交集可能有点儿流于表象。大脑中的活动网络具有无标度特性，一小撮拥有许多连接的单元让信息经过少数几步就能从 A 点传输到 B 点。和真菌网络一样，面对新情境时，大脑也会自我重组（或称为"适应性地重新布线"）。和用得较少的菌丝体区域一样，用得较少的神经元通道会被修剪。真菌和树根之间会形成并加强连接，神经元之间也会形成并加强新连接（即突触）。被称为"神经递质"的化学物质在突触中传递，使信息在神经中穿行；相似地，化学物质也能在菌根"突触"中传递，从真菌到植物或从植物到真菌，有时还能在它们之间传输信息——谷氨酸和甘氨酸这两种氨基酸（植物中主要的信息分子，也是动物大脑和脊椎里最常见的神经递质）会通过这些接合点穿梭于植物和真菌之间。[38]

但说到底，对木联网的行为可以有多种解读。用我们的大脑类比，和用因特网或政治网络等其他比喻一样，都不能提供足够的参考价值。不论这些网络如何自我调节，也不论植物间如何通过真菌通道传输线索（是线索还是信号？），木联网一个重叠着一个，边界柔软，向着四面八方细密蔓生。网络里含有在真菌菌丝体内四处迁移的细菌，还有蚜虫和受蚕豆植株合成的挥发性化合物吸引而赶来享受大餐的寄生蜂。再放大一些，人类也包含其中。不论我们自己是否意识到，人类开始和植物互动之际，也就一直在和菌根网络互动。[39]

　　我们是否能将自己从这些比喻里解放出来，跳出头颅这个框架来思考，学会脱离我们熟知的人类标签来谈论木联网呢？我们是否能把共享菌根网络当作抛出的问题，而不是预先知道的答案呢？"我试着观察这个系统，把地衣就当地衣来看。"有关木联网的讨论，常常让我想起不停发现新地衣共生伙伴的托比·斯普里比尔所说过的这句话。木联网不是地衣——虽然把它们想作我们能漫步其中的巨型地衣，能为已有的比喻增添一点亟需的多样性。但我想知道，我们是否能从斯普里比尔的耐心中学到些什么。我们是否能够退后一步，观察这个系统，让组成我们家园和这整个世界的多样植物、真菌、细菌群体就做它们自己——和其他任何生物都那么不一样的自己？这会如何改变我们的思维呢？

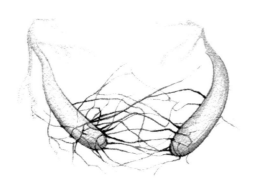

7

激进真菌学

> 想要好好地利用这个世界，不浪费世界和我们在世界里的时间，我们就要重新认识自己在世界中的存在。
>
> ——厄休拉·勒古恩 [1]

我赤身躺在正在发酵的木屑堆成的小丘里。它将我掩埋，只露出我脖子以上的部分。温度很高，蒸汽带着雪松的木香和旧书的霉味。我往后倾，闭上眼睛，在潮湿重物的堆埋下不断发汗。

那时我正在加利福尼亚州，去了当地的一个发酵澡堂 [2]——这在日本以外很少见。这些木头刨屑都经过了湿润处理，堆成小山。经过两周的腐烂后，它们会被铲进一个大型的木质浴槽，在我抵达那里之前还要经历一周的熟成。现在，浴槽正在蒸煮。降解所产生的猛烈能量不断为其加热。

热量足到让我昏昏欲睡。我想到了降解木头的那些真菌。若不被浸炖在一堆腐木里，我们很容易就会觉得，无论什么条件所有事物都会自然腐烂。我们在降解后留出的空间里活着和呼吸。我用一根吸管贪婪地吸上几口凉水，试着通过眨巴眼睛把汗水挤出去。如果暂停所有降解过程，这个行星上就会堆起千米高的尸体。在我们眼中，这会是一场危

---

① 厄休拉·勒古恩（Ursula Le Guin, 1929—2018），美国科幻和奇幻作家，著有"地海传奇"系列，还曾合译老子的《道德经》。

② 更常见的名称是"酵素浴"。"酵素"一词从日语翻译而来，不是规范的科学名词，主要成分是酶、发酵菌群和微生物代谢产物等。

机，但在真菌看来，这里面蕴含着万千机会。

我睡意渐浓。这必然不会是真菌第一次熬过全球剧变而幸存下来。真菌是挺过生态破坏的生还老手。在灾难性的环境变化中挣扎求生甚至繁茂生长的能力，是它们的标志性特质之一。它们很有创造力，能随机应变，还擅长合作。在人类活动威胁着地球上大量生命的今天，我们是否有办法和真菌联手，帮助我们适应新的环境呢？

这或许听起来像是一个脖子以下都被埋在降解木屑中的人在胡思乱想，但越来越多的激进真菌学家确实在这么思考。许多共生关系形成于危机时期。地衣中的藻类如果不和真菌建立关系，就无法在裸露的岩石上生存下去。我们如果不和真菌建立关系，是否也可能无法适应这个千疮百孔的星球呢？

在距今大约 3.6 亿到 2.9 亿年前的石炭纪，最早的木本植物在它们菌根真菌伙伴的支持下，在热带的沼泽森林里遍布生长。这些森林生长、死亡，将大量二氧化碳抽离大气。在几千万年间，这些植物物质里的很大一部分没有降解。一层层死去且未腐烂的森林堆积起来，储存的碳量多到令大气中的温室气体浓度猛降，整个星球因此进入了一段时期的全球变冷。植物引发了这场气候危机，而它们自己也受损最重：大片热带森林在名为"石炭纪雨林崩溃"的事件中完全消亡。木头怎么就成了导致气候变化的污染物呢？[1]

从植物的角度看，木头曾是也仍是一个卓越的结构创新。随着植物生命繁盛蓬勃，对光线的争夺愈发激烈，植物也为了获得更多的光而越长越高。它们长得越高，就越需要结构上的支持。木质化是植物对这个问题的答案。如今，全球大约 3 万亿棵树（每年有超过 150 亿棵遭到砍伐）的木材占地球生物总质量的约 60%，相当于 3 000 亿吨碳。[2]

木材是一种混合材料。纤维素（cellulose）是所有植物细胞（不论是否木质化）都具有的物质；它是木材的成分之一，也是地球上最丰富的聚合物。木质素（lignin）是另一个成分，也是第二丰富的聚合物。

木质素让木头成为木头。它比纤维素更牢固、更复杂。纤维素是葡萄糖分子规则连成的链状分子，木质素是苯炳烷结构单元组成的复杂矩阵。[3]

迄今为止，只有少数生物演化出了降解木质素的能力。目前为止，最擅长降解木质素的生物是白腐菌（white rot fungi）。它的名字就来源于降解过程中将木头漂成白色的能力。大多数酶（生物为了进行化学反应所使用的生物催化剂）会适配成特定的分子形状，以锁定反应底物。对木质素来说，这种策略行不通，因为它的化学结构过于不规则。白腐菌利用不依赖形状的非特异性酶而绕开了这个问题。这些过氧化物酶（peroxidase）会释放一连串高度活跃的分子——自由基（free radical）。它们能通过酶促氧化（enzymatic combustion）过程来松解开木质素内紧密接合的结构。[4]

真菌是天才的降解者，但在它们的诸多生化成就里，白腐菌降解木材中木质素的能力算得上是数一数二的杰出。借助它们释放自由基的能力，白腐菌生成的过氧化物酶能启动自由基链式反应，进行所谓的"基化学"（radical chemistry）。［自由］"基"[①]字可谓准确。这些酶永久地改变了碳在地球上的循环路径。如今，真菌降解（大部分是对木本植物的降解）排出的碳量在所有排碳过程中名列前茅，每年能向大气排放大约850亿吨碳。相比之下，人类在2018年燃烧化石燃料排放的碳大约为100亿吨。[5]

历经数千万年的森林如何没有在石炭纪腐烂？人们对此抱有不同观点。有人觉得是气候原因：热带森林是少有流水的水涝之地。树木死亡之后，就会浸入白腐菌无法进入的无氧沼泽。其他人则认为，木质素在石炭纪早期首次演化出来时，白腐菌还不能将其降解，后者经历了数百万年的演化才得以升级这一降解机制。[6]

所以，大片未被降解的森林经历了什么？这是一堆囤积了数千米深的物质。其量之大，我们无法想象。

---

① "基"对应的英语是 radical，这个词也有"激进的""革新的"的意思。

答案是，它们会变成煤。一直以来，人类的工业化进程都由这些不跟真菌接触的、未腐烂的植物物质所形成的煤层不断提供动力。（如果条件允许，很多种真菌都能很快地降解煤，某些"煤油真菌"还能在飞机的油箱里繁茂生长。）煤提供了真菌历史的负片：它记录了真菌的缺席，呈现了真菌没有消化的东西。自那之后，几乎不再有如此大量的有机物质能逃过真菌的注意。[7]

我已埋躺在白腐菌里 20 分钟，在它们的基化学里慢慢烹蒸。我的皮肤似乎随着高温消融了。我已经感觉不到自己身体的边界在何处；这是一个复杂的"拥抱"，既令人欣喜，也让人无法忍受。难怪煤能释放如此多的热量：它们就由未经燃烧的木头构成。当我们燃烧煤时，我们在物理意义上燃烧了真菌没能用酶"燃烧"的材料。我们用燃烧机制降解了真菌不能通过化学机制降解的物质。

木头逃过真菌的注意可能很罕见，但真菌逃过我们的注意却很常见。2009 年，真菌学家戴维·霍克斯沃思（David Hawksworth）将真菌学称为"被忽视的大科学"。数十年来，动物学和植物学在大学里都拥有专门的学科系所，但真菌研究一直都被放在植物学里，很少有人将其视为一个独立的领域——就算到了今天，也是如此。[8]

忽视是相对的。数千年来，真菌在中国都是主要的食物和药物来源。如今，全球 75% 的商品蘑菇（大约 4 000 万吨）产自中国。真菌在中欧和东欧地区也一直发挥着重要的文化功能。蘑菇中毒致死的案例数量或许能说明一个国家对真菌的热情：在美国，这个数字是每年 1 到 2 例，而在俄罗斯和乌克兰，2000 年的时候就有 200 例。[9]

但是，对世界上的大部分地区来说，霍克斯沃思的结论仍然正确。发表于 2018 年的第一份《世界真菌状况报告》（*State of the World's Fungi*）显示，在世界自然保护联盟（International Union for Conservation of Nature）所列出的濒危物种红色名录中，只有 56 种真菌的保护等级经过了评估；相比之下，获得评估的植物有 2.5 亿种，动物则有 6.8 亿种。

霍克斯沃思提出了好几种方案来改善我们对真菌的忽视，其中有一种方案非常引人瞩目：增加"用于支持'业余'真菌学家的资源"。他给"业余"打的引号意味深长。虽然许多科学领域都有乐于投入且天赋异禀的业余研究者所组成的交际网络，但这一点在真菌学领域尤其突出。通常，研究真菌的人找不到除此之外的交流路径。[10]

　　一场草根科学运动听起来或许不太可能成真，但其实已有深厚的传统积淀。对活体生物的"职业"学术研究在 19 世纪才开始加速发展。科学史上许多主要的进展都是业余兴趣驱动的，且发生在大学系所以外的地方。如今，经过漫长的专门化和职业化后，参与科学的新途径迅速出现。"公众科学项目"（citizen science projects）、"黑客空间"（hackerspace）和"创客空间"（makerspace）等自 20 世纪 90 年代以来越来越盛行，为乐于投身其中的非专家人群提供了开展研究项目的机会。我们应该如何称呼这些研究者呢？他们算是"公众"（public）吗？"公众科学家"？"外行专家"？还是就叫他们"业余爱好者"？[11]

　　彼得·麦考伊（Peter McCoy）是一名嘻哈艺术家、自学成才的真菌学家和"激进真菌学"（Radical Mycology）组织的创始人。激进真菌学组织致力于为我们面临的众多技术和生态问题开发真菌解决方案。他的《激进真菌学》（*Radical Mycology*）一书是真菌宣言、入门手册和培育者指南的结合。正如他在书中解释的，他的目标是制造一场"属于民众的真菌运动"，专精于"真菌的培育和真菌学的应用"。

　　激进真菌学组织隶属于一场更大的运动——DIY 真菌学，后者诞生于 20 世纪 70 年代由特伦斯·麦克纳和保罗·斯塔梅茨开启的迷幻蘑菇培育潮。随着与黑客空间、众筹科学项目和网络论坛融合，这场运动迎来了它的现代形式。虽然运动的中心仍在北美洲的西海岸，但是草根真菌组织正在快速扩散到其他国家和大陆。"激进"一词来自拉丁文 *radix*，意为"根"。如果按字面意思理解，激进真菌学关注的是那最基本的菌丝（或者说它们的"草根"）。[12]

　　正是为了这些草根真菌爱好者，麦考伊才建立了一所线上真菌学学校：真菌逻各斯（Mycologos）。人们通常很难接触到有关真菌的知识，而且这些知识一般还晦涩难懂。他的目的是通过易懂的形式传播这些信息，从而重塑人类和真菌之间的关系："我设想'无国界的激进真菌学家'团队环游世界，分享他们的技能，发掘与真菌合作的新途径。一个激进真菌学家能训练 10 个人，10 个激进真菌学家能训练 100 个人，再拓展到 1 000 个人——菌丝体也是这样扩散开来的。"[13]

2018 年秋天，我来到了俄勒冈州农村的一个农场，参加半年一次的激进真菌学集会。我在那里遇到了 500 多个真菌怪咖、蘑菇培育者、艺术家、刚起步的爱好者与社会和生态活动家，大家熙熙攘攘地聚在一个农家院子里。麦考伊戴着一顶棒球帽和一副厚厚的眼镜，穿着运动鞋，用一个幻灯片开了场："解放真菌学。"

不论规模，要想种植蘑菇，培育者必须培养出敏锐的嗅觉，找到满足真菌贪婪胃口的材料。大多数出菇的真菌都依赖人类制造的混乱。在废弃物上种植经济作物是一种炼金术。真菌能将价值为负的累赘转变成有价值的产品，这对废弃物产生者、蘑菇培育者和真菌来说都是好事。对蘑菇培育者来说，许多产业的低效是上天赐福。农业产生的废弃物尤其多：生产棕榈油和椰子油的种植园会丢弃所生产生物总量的95%。糖料作物种植园会丢弃 83%。都市生活也好不到哪儿去。按重量算，在墨西哥城，用过的尿布占固体垃圾总量的 5% 到 15%。杂食的侧耳属真菌是一种能长出可食用平菇的白腐菌；研究者们发现，这些真菌的菌丝体能消化用过的尿布，在其之上茂盛生长。在两个多月的时间里，分配给侧耳属真菌的尿布（塑料外封已事先去除）失去了85% 的质量；在没有真菌的控制组里，这个数字只有 5%。除此之外，从中冒出的蘑菇还很健康，不带任何人类疾病。类似的项目也正在印度进行。在农业废弃物上培育侧耳属真菌，用酶"燃烧"这些材料，就能减少需要热燃烧的生物质量，空气质量也能因此提升。[14]

生长在农业废弃物上的平菇

　　人类生产的垃圾为真菌提供了生存繁衍的机遇，这个事实并不令人惊讶。真菌活过了地球上的 5 次主要灭绝事件，要知道，每一次灭绝可都消灭了这个星球上 75% 到 95% 的物种。一些真菌甚至在这些灾难时期生长繁茂。在以恐龙灭绝和全球森林崩溃闻名的白垩纪-古近纪灭绝（Cretaceous-Tertiary extinction）后，因大量死亡林木的出现，获得了丰富降解材料的真菌数量激增。耐辐射真菌（它们能吸收放射性粒子释放的能量）在切尔诺贝利的废墟中茂盛生长，但在真菌和人类核工程的漫长故事中，它们不过是后来者。有报道称，广岛被原子弹摧毁之后，从荒芜中出现的第一个生物是一棵松茸。[15]

　　真菌的胃口很广，但也有一些材料是它们在非必要的情况下不会降解的。在一次研讨会上，麦考伊解释了他怎么训练侧耳属真菌菌丝体去消化一种全球的常见废弃物——烟头（每年至少有 7.5 亿吨烟头被丢弃）。只要时间足够，未经使用的烟头是可以降解的；但用过的烟头饱含能阻止降解过程的有毒残余物。通过逐渐剔除其他选择，麦考伊让侧耳属真菌"戒掉"了其他食物，开始消化用过的烟头。随着时间的推进，真菌"学会"了将它们作为唯一的食物来源。一段对着装满皱烟头的果酱罐头拍摄的延时视频，展示了菌丝体在罐头里不断向上渗透的过程。一丛粗壮的平菇很快成束地从罐头上面冒了出来。[16]

实际上，说是"学会"，其实也可以说是"记住"。一个真菌不会制造它不需要的酶。酶，甚至整个代谢路径，在真菌的基因组里都能处于长期休眠状态。如果想要消化用过的烟头，侧耳属的菌丝体或许就需要重新启用一个尘封的代谢策略。又或者，它们可以强迫一个平时用在别处的酶担起新的责任。像木质素过氧化物酶一样，许多真菌酶都具有非特异性。这意味着同一个酶可以实现多种功能，让真菌得以代谢具有相似结构的不同化合物。恰好，许多有毒污染物（包括烟头里的那些）都和木质素降解过程中的副产物相似。这么说，让侧耳属菌丝体对付用过的烟头，是为它们提供了一个不陌生的挑战。[17]

激进真菌学的很大一部分都由白腐菌的自由基化学支撑。但是，要预测一个特定的真菌菌株会代谢什么物质并不简单。麦考伊跟我们提到了他在这方面的尝试。他在滴有除草剂草甘膦（glyphosate）的培养皿里培养过侧耳属菌丝体。一些侧耳属真菌菌株避开了这些液滴，一些直穿过它们生长，还有一些长到液滴的边缘便停止了生长。麦考伊回忆道："它们花了一个星期才搞清楚要怎么降解这些除草剂。"他把真菌比喻成了拿着一堆酶钥匙的狱卒；这些酶钥匙能打开特定的化学键。一些真菌菌株可能刚好有正确的钥匙。另一些可能把钥匙埋在了它们基因组的某处，并回避了这些新物质。还有一些可能要花上一周时间翻遍这堆钥匙，一把把地尝试，直到好运降临。

和 DIY 真菌学运动里的许多人一样，麦考伊最早是从斯塔梅茨那里被真菌狂热击中。斯塔梅茨在 20 世纪 70 年代发表了影响极大的含裸盖菇素蘑菇研究后，就变成了真菌传道士和大亨的怪异结合。他的 TED 演讲"蘑菇能拯救世界的 6 个方式"，观看量达数百万。他经营着一家市值数百万美元的真菌企业——"完美真菌"（Fungi Perfecti）；从抗病毒咽喉喷雾到真菌狗粮（名为"Mutt-rooms"），他们将所有产品都卖得热火朝天。他有关蘑菇鉴定和培育的书籍〔包括教科书级别的《世界含裸盖菇素蘑菇的鉴定指南》（*Psilocybin Mushrooms of the World*）〕仍在为无数草根和非草根真菌学家提供重要参考。

青少年时期的斯塔梅茨患有极其严重的口吃。有一天，他豪壮地吞下大剂量的迷幻蘑菇，然后爬到一棵高树的顶上，被雷霆暴雨困在了上面。等他爬下来时，口吃已经好了。斯塔梅茨皈依了。他本科在长青州立大学（Evergreen State College）攻读真菌学，自此将自己的生命都奉献给了真菌研究。斯塔梅茨和激进真菌学组织没有隶属关系。但和麦考伊一样，他致力于向尽可能多的听众传播真菌的信息。他的网站上登着一封来自一名叙利亚培育者的信，后者受斯塔梅茨的启发，开发出了在农业废弃物上培植平菇的方法。这名培育者教会了至少 1 000 人如何在自家的地下室里种植蘑菇，在阿萨德政权为期 6 年的围剿和轰炸之下，为人们提供了关键的食物原料。

事实上，在大学生物系之外推广和普及真菌话题，不夸张地说，斯塔梅茨在这方面的贡献比任何人都大。但是，他和学术界的关系很复杂。他有耸人听闻的主张，还提出了带有投机性质的理论；他的许多行为并不符合学院科学家的行为准则。然而毋庸置疑，他的独行其是非常奏效。这种对立有时几近荒谬。斯塔梅茨曾转述过他认识的一位大学教授对他的抱怨："保罗，你弄出了个大问题。我们想要研究酵母，而这些学生想要拯救世界。这可怎么办？" [18]

真菌拯救世界的方法之一，就是帮忙重建受到污染的生态系统。在所谓的真菌修复（mycoremediation）领域，真菌成了环境清理行动中的合作方。

几千年来，我们一直都在招募真菌帮我们降解物质。我们肠胃里各种各样的微生物群落提醒着我们，在我们的演化历史中，当没办法靠自己消化一些东西时，我们就把真菌带到体内。在我们力所不及的地方，我们便利用木桶、罐头、堆肥堆和工业发酵罐外包了消化过程。人类生活依赖多种形式的真菌外部消化，从酒精和酱油到疫苗和青霉素，再到碳酸饮料里用到的柠檬酸。这种合伙方式（不同的生物聚在一起，唱出了一首单靠自己一方所唱不出的代谢之"歌")印证了古老的演化箴言。真菌修复只是一种特殊应用。

而且，这个领域展现了巨大的潜力。真菌面对包括有毒烟头和除草剂草甘膦在内的一系列污染物有着巨大的胃口。斯塔梅茨在《奔跑的菌丝体》(*Mycelium Running*)一书中写到了和华盛顿州一家研究所的合作，后者和美国国防部共同开发了一种强力神经毒素的降解方法。这个名为"甲基膦酸二甲酯"(dimethyl methylphosphonate)的化学物质是 VX 毒气① 的致命成分之一。斯塔梅茨给他的同事送去了 28 种不同的真菌；这些真菌被暴露在浓度逐渐提高的甲基膦酸二甲酯中。6 个月后，其中 2 种真菌已经"学会"将甲基膦酸二甲酯作为它们的主要营养来源。一种是云芝(*Trametes versicolor*，常见的英文俗名是"火鸡尾巴")，另一种是暗蓝裸盖菇(*Psilocybe azurescens*，是能产生最强劲裸盖菇素的物种，由斯塔梅茨在几年前发现并根据菌柄上黯淡的蓝色命名——他后来还借用这种蘑菇的学名给他的儿子起名 Azureus)。两种真菌都是白腐菌。[19]

真菌学的文献里能找出数百个这样的例子。真菌能转化土壤和水道里许多会危害人类和其他动物生命的常见污染物。它们能降解杀虫剂(例如氯酚)、合成染料、TNT 炸药和黑索金(即环三亚甲基三硝胺)、原油、一些塑料，还有污水处理厂无法去除的一系列人类药物和兽药——从抗生素到人造激素。[20]

原则上，真菌是一种非常适合重建环境的生物。在 10 亿年的演化精修中，菌丝体一直奔着一个主要目的而去：吞噬。它们是食欲的具身形态。在石炭纪植物井喷前的数亿年里，真菌开发了降解其他生物废弃物的能力，继而以此为生。它们甚至还能提供菌丝体高速通道，让细菌进入本来无法到达的腐烂部位，从而加速降解过程。但是，降解只是故事的一部分。重金属会累积在真菌的组织里，而真菌能安全地将它们剔

---

① VX 神经毒剂由萨达姆·侯赛因(Saddam Hussein)主导在 20 世纪 80 年代伊朗-伊拉克战争中生产和使用。——原注

除并处理掉。菌丝体密集的网络还能用于过滤受到污染的水。"真菌过滤"能除去致病性生物（比如致病性大肠杆菌），还能像海绵一样吸进重金属——芬兰的一家公司就在利用这个手段，从电子废弃物中回收黄金。[21]

真菌的潜力固然很大，但真菌修复也不是一个直截了当的解决方案。一个特定的真菌菌株在培养皿里表现出某种行为，并不意味着它们在受污染的生态系统里、在那样的喧嚣环境下也会表现出同样的行为。真菌同时有别的需求，比如需要氧气和额外的食物来源；我们必须同步考虑这些因素。而且，降解是分步骤的，要由一连串真菌和细菌完成，其中每一种生物都要接手之前其他生物完成的部分。如果觉得在实验室受过训练的真菌菌株就能在新环境中高效工作，并只靠自己就能修复一整片区域的环境，那就太过天真了。真菌修复者面对的挑战和酿造厂差不多：如果没有合适的条件，酵母就很难将葡萄汁木桶里的糖"修复"成酒精——在真菌修复者这里，受污染的生态系统就是酒桶，而我们就身处其中。[22]

麦考伊提倡的是一种基于草根经验主义的激进手段。此前，我一直对此持保留意见。我猛然间想到，真菌修复领域在制度方面需要一个巨大的推力。那些很酷的个体户培育方案没有问题，但我们显然仍需要大尺度的研究。没有旗舰项目、巨额资金和制度上的关注，这个领域如何进步呢？我很难想象一群草根业余爱好者有足够的技术能力或可信度来推动一个领域的前进——不论他们多坚定地投身其中。

我很快就意识到，麦考伊提倡这种手段的原因，不是对体制内的研究表示不屑，而是在应对体制内研究的稀缺。这背后有许多因素。生态系统非常复杂，而又没有哪一种真菌方案能在所有地点和所有条件下都成功。要想开发可以规模化的、即时可用的真菌修复方案，会需要巨大的投资；而这样的投资在环境修复领域并不常见：总体而言，环境修复由不情愿投入的公司背负着完成法定义务的压力而执行。几乎没有人对实验性或非主流的方案感兴趣。再说了，传统环境修复行业一直活跃着；

他们成吨挖起受到污染的土壤，再运到别处焚烧。虽然这种做法费用高昂，还会破坏生态，但在目前，替代这个行业的需求还说不上紧急。

激进真菌学家除了自己动手尝试，几乎没有别的选择。部分受斯塔梅茨"传教"的启发，自21世纪初，人们设立了一系列项目来测试不同的真菌方案。"共同重建"（CoRenewal）是其中较大的一个组织；他们一直在研究真菌对石油开采过程中产生的有毒副产物的去毒能力（这些有毒副产物是雪佛龙公司在厄瓜多尔亚马孙丛林里长达26年的开采活动所留下的）。一些科学家正在和厄瓜多尔国家农业研究院合作开展对当地"嗜石油"真菌菌株的基础研究，也在为当地社区提供真菌相关技术的培训。这是典型的激进真菌学——本地的真菌学家学习与本地的真菌菌株一起解决本地问题的方法。还有其他例子。加利福尼亚州的一个草根组织布置了数千米长的管子，管子里填满了稻草，稻草里布满了侧耳属真菌的菌丝体；他们想利用这些管子修复2017年加州山火烧毁的房屋中流出的有毒污染物。2018年，人们把充满侧耳属真菌菌丝体的浮动拦污栅栏安装在了丹麦的一个港口里，辅助清理泄漏的燃油。这些项目中的大部分才刚刚启动，还有一些已在进行。目前还没有任何项目发展成熟。[23]

真菌修复领域会由此腾飞吗？现在下定论还为时尚早。但很显然，现在当我们在自己制造的有毒泥塘边不知所措时，特定真菌降解林木的能力所引申出的激进真菌学方案能带来一些希望。我们偏爱用燃烧的方法来利用林木中储存的能量。这也是一种激进的手段。而正是这种能量，这种石炭纪木材暴增后留下的化石遗迹，让我们陷入了麻烦。白腐菌的基化学正是对这次木材暴增的演化响应——它们能帮助我们挺过难关吗？

在麦考伊看来，激进真菌学的愿景不仅仅是解决某些地区的特定问题。由草根研究者组成的分布式网络也能推动我们对真菌认知的整体进步。实现这一目标的其中一条途径，就是发现和分离有效的真菌菌株。

从受污染的环境中分离的真菌或许已经学会了消化某种污染物的方法；且作为本地生物，它们可能可以修复问题并繁茂生长。这是 2017 年巴基斯坦一组研究人员采用的方法。他们从伊斯兰堡市里的一个垃圾填埋场收集了土壤，在筛选过程中发现了一个能降解聚氨酯塑料的新真菌菌株。[24]

众包寻找真菌菌株的项目可能听起来不太实际，但这种做法已经带来了一些重大发现。抗生素青霉素能实现工业化生产，就多亏人们在青霉属真菌中发现了一类高产菌株。1941 年，玛丽·亨特（Mary Hunt）所在的实验室号召公众提交霉菌后，这位实验室助理在伊利诺伊州某个市场里的腐烂哈密瓜上发现了这种"漂亮的金黄色霉菌"。在此之前，青霉素的生产费用高昂且产量不足。[25]

找到真菌菌株是一回事，更困难的是分离它们并测试它们的生理活动。亨特或许找到了这种霉菌，但还必须将其带回实验室加以检验。这是我对麦考伊策略的主要疑虑。激进真菌学家怎么可能在没有完备器材的设施条件下分离和培养新的菌株呢？吹出洁净空气的无菌工作台、超纯化学试剂、设备室里嗡嗡作响的昂贵仪器——要想取得任何真正的进展，这些都必不可少吧？

我想要进一步了解，因此参加了麦考伊周末在纽约布鲁克林举办的一堂蘑菇培育课。来上课的人各色各样，有艺术家、教育工作者、社区规划师、程序员，也有大学讲师、企业家和厨师。麦考伊站在桌子后面，桌上高高摞着一叠盘子，还有装着谷物的塑料袋、堆放着注射器和解剖刀的盒子——这些都是现代蘑菇培育者的主要用具。一大壶水在炉子上煨着，里面全是凝胶状的木耳，等茶歇的时候可以舀到大杯子里喝。这里是激进真菌学的生长尖端，又或许说是它的其中一个生长尖端。

通过这个周末课程，我清楚地认识到，业余真菌培育领域正处在高速扩张阶段。在这张由真菌爱好者组成的、来往频繁的活跃实验网络里，成员们已经在加速真菌知识的生产。虽然 DNA 测序等技术对大多数人来说仍不可及，但近期的进展让业余爱好者可以开展放到 10 年前还不可能操作的实验。这其中大部分巧妙的低技术方案由培育迷幻蘑菇的普通人开发，很多改进或改造自特伦斯·麦克纳与保罗·斯塔梅茨在他们的培育者指南中开发和公布的方案。虽然麦考伊对真菌学变革的愿景还包括社区实验空间，但就算没有这些空间，仍然能做成很多事。

2009 年，最具突破性的发明出现了。迷幻蘑菇培育论坛 mycotopia.net 的创始人（大家只知道这位的用户名是 hippie3）设计了一种无须担心污染的真菌培育方式。这改变了一切。污染是所有真菌培育者面临的最大威胁。刚消完毒的材料上完全没有任何生命；一旦暴露在外界空气中，这个拥攘世界里的生命就会冲进去。借助 hippie3 提出的"注射通道"法，业余蘑菇培育者就不用采购最昂贵的器材或遵循高精度的操作流程。培育者需要的全部器材，就是一个注射器和一个经过改造的果酱罐。这些知识传播得飞快。在麦考伊的眼里，这是真菌学历史上一个极为重要的发展——"没有实验室也能得到实验室结果"；这永久地改变了蘑菇培育领域。他粲然一笑，手握注射器，滋出了一点含有孢子的液体："为 hippie3 而喷。"

我想象着一群真菌黑客在问题的边缘鼓捣的场面，不禁笑了起来；这有点像麦考伊的侧耳属真菌菌丝体在草甘膦的边缘徘徊，用不同的酶试验，直到找出允许它们通过的酶。麦考伊训练激进真菌学家在家培育真菌，从而让他们能训练不同的真菌菌株在人类制造的其他有毒废弃物里繁茂生长。即使获得的激励相对较小，这个领域仍在飞快进步。我想象着一群群爱好者聚集起来，让他们自家种植的真菌菌株在炼狱般的有毒垃圾混合物里比赛，竞争价值 100 万美元的年度大奖。[26]

我们没看到的还有很多。不论激进与否，真菌学仍处于萌芽阶段。人类培育和驯化植物的历史已经超过 12 000 年。而真菌呢？最早的蘑菇培育记录可以追溯到大约 2 000 年前的中国。吴三公[①] 在 800 多年前找

---

① 本名吴煜（1130—1208），出生地位于现在的浙江省丽水市庆元县百山祖镇龙岩村，因在家中排行第三，所以得名吴三公。发明了"砍花法"和"惊蕈术"等人工栽培技术，推广制菇术，后被菇民们尊为菇神。

到了人工培育香菇（也是一种白腐菌）的方法；现在人们用一年一度的庆典和遍布中国的庙宇来纪念他的成就。到了 19 世纪末期，数百位菇民每年在遍布巴黎地下的石灰地下墓室里培育出了超过 1 000 吨的"巴黎"蘑菇①。然而，基于实验器材的技术直到大约 100 年后才出现。麦考伊传授的许多技术，包括 hippie3 的注射通道技术，自出现到现在还不足 10 年。[27]

麦考伊的课在一阵激动中结束，创意点子满天飞。"玩法很多，"他欢笑道，还暗暗混杂着兴奋和备受鼓舞之情，"有太多我们不知道的东西。"

自真菌出现以来，它们就一直在带来"根源性的改变"。人类是生命故事里的后来者。在数十亿年间，许多生物和真菌形成了激进的合作关系。包括植物和菌根真菌之间的关系在内，许多关系是生命史上的轰动时刻，其关系导致的结果改变了世界。如今，许多非人类生物在以精巧的方式培育真菌，其结果独特而新颖。我们能否将这些关系视为远古的激进真菌学先驱呢？[28]

非洲的大白蚁（Macrotermes）是其中一个令人印象深刻的例子。和大部分白蚁一样，大白蚁生命中的大部分时间在寻觅木材，虽然它们并不能吃木头。它们会培育一类蚁巢伞属（Termitomyces，俗名鸡枞）白腐菌，让这些真菌为它们消化木头。白蚁会将木头嚼碎成泥，再在真菌花园［又名"菌圃"；英文名为 fungus comb，因形似 honeycomb（蜂巢）而得名］里反刍。真菌用基化学来降解木头。白蚁则吞下剩余的混合物。为了庇护真菌，大白蚁会建起高塔般的蚁丘，最高可达 9 米，其中一些至少有 2 000 多年的历史。和切叶蚁的社会一样，大白蚁社会的复杂程度在所有昆虫中名列前茅。[29]

大白蚁的巨型蚁丘是它们的外部肠胃——这些"蚁造"代谢系统让

---

① 即双孢蘑菇（Agaricus bisporus）。

白蚁得以降解它们自身降解不了的复杂材料。和它们培育的真菌一样，大白蚁搅浑了"个体"的概念。一个白蚁个体脱离了所处的社会就无法生存。一个白蚁社会脱离了它们培养的真菌和其他喂养它们的微生物也无法继续存在。这段关系成果颇丰：在非洲热带地区降解的木材当中，有相当一部分经过了大白蚁蚁丘的处理。[30]

　　人类通过物理燃烧来获取封锁在木质素里的能量，大白蚁则通过帮助一种白腐菌来对木质素进行化学"燃烧"。白蚁利用白腐菌，就像激进真菌学家利用侧耳属真菌来降解原油、烟头；一个同样激进的真菌学家也可能将自己的代谢过程外包给木桶或罐子里酿过酒、味噌和奶酪的真菌。不过，是哪种生物率先达成了这个目标？答案显而易见。2 000万年前（人属刚演化出现时），大白蚁就开始培育真菌了。也难怪，白蚁培育蚁巢伞属真菌的技术远超人类。蚁巢伞属的子实体味道极好（直径能达1米，大小在子实体里数一数二）。人类虽然长期以来下了很大功夫，但还是没能找到培育它们的办法。这种真菌需要精巧平衡的环境条件，而白蚁通过它们的共生细菌和蚁丘的结构，为真菌营造了这样的条件。

　　生活在白蚁周围的人类也获得了白蚁的专业知识。白腐菌的基化学和其提供的惊人力量，很早就成了人类生活的一部分。据报道，每年美国由白蚁导致的损失可达15亿到200亿美元。正如莉萨·玛格奈利（Lisa Margonelli）在《地下之虫》（*Underbug*）一书中写道的，常有报道说北美洲的白蚁吃掉了"私人财产"，显得它们好像有无政府主义或反资本主义的主观意愿似的。2011年，白蚁进入了印度的一家银行，吃掉了价值上千万的卢比①纸钞。激进真菌伙伴关系的主题下也存在反转应用：斯塔梅茨所说的"真菌可能拯救世界的6种方式"的其中一种就是要改造一些致病真菌的生理机制，让它们能绕过白蚁的防御系统，直捣蚁穴〔这种绿僵菌属（*Metarhizium*）真菌在消灭传播疟疾的蚊群上

---

① 约合为159万人民币。

也表现出了一定潜力〕。[31]

　　人类学家詹姆斯·费尔黑德（James Fairhead）描述过，西非许多地区的农民十分欢迎大白蚁，因为它们能"唤醒"土壤。一些人会食用白蚁丘里的泥土，或者将其抹在伤口上；研究发现这些土壤有一定功效，可以补充矿物质，能做解毒剂，还可以用作抗生素——大白蚁会在它们的蚁丘里培育一种产生抗生素的细菌：链霉菌（Streptomyces）。大白蚁和它们的真菌之间的关系还曾被人类用来制造武器，以实现激进的政治目的。在20世纪早期的西非沿海地区，当地人悄悄在法国殖民军队的军事哨站里释放了白蚁。白蚁的真菌伙伴胃口大得很。它们击溃了建筑，还嚼碎了办公文件。法国驻军很快就放弃了这个哨站。[32]

　　在西非的许多文化里，白蚁的灵性等级要高于人类。在一些文化里，大白蚁被描绘成人类和神灵之间的信使。在其他一些文化中，神最初是在一个白蚁帮手的协助下才得以创造宇宙。在这些神话里，大白蚁的角色不只是降解者。它们是最大规模的建造者。[33]

大白蚁

　　在全世界范围内，人们逐渐开始熟知真菌可以用于建造和分解材料。一种用双孢蘑菇外层制作的材料有望在锂电池里替代石墨；一些真菌的菌丝体是很有效的皮肤替代品，外科医生会用它们来促进伤口愈合；在美国，一家名为Ecovative Design（后简称Ecovative）的生物材料设计公司正在用菌丝体种植建筑材料。[34]

我拜访了 Ecovative 位于纽约州北部某个工业园区内的研究和生产设施。一踏进大堂，我就被菌丝体产品包围了。这些产品包括告示牌、砖头、隔音瓦，还有为酒瓶制作的模压包装。全部产品都呈浅灰色，材质粗糙不平，看起来像卡纸。在一个菌丝体灯罩和一个菌丝体凳子旁边有一个盒子，里面装满了碰起来嘎吱响的菌丝体泡沫白色方块。我感觉就像踏入了一个精心准备好的恶作剧——一场讽刺性的电视节目，嘲笑着那些夸张地宣称真菌能拯救世界的人。

年轻的埃本·拜尔（Eben Bayer）是 Ecovative 的首席执行官。他看到我在戳一片菌丝体。"戴尔公司用那种包装材料运送他们的服务器。我们每年会给他们发大约 50 万份。"说着他又指向一个凳子，"安全、健康、可持续生长的家具。"凳子的面上覆着菌丝体皮革，下面垫着菌丝体泡沫。如果下单购买这款凳子，整个快递也会用菌丝体包装。真菌修复是要"降解我们行为的结果"，而"真菌制造"则事关从头选择日常使用的材料种类。降解和制造，仿佛一阴一阳。

就像我在俄勒冈州和布鲁克林碰到的激进真菌学家，Ecovative 改变了农业废弃物的循环路径，利用它们来喂养真菌。从那些锯屑和玉米秆里，生出了颇有价值的商品。这是我们熟悉的"真菌三赢"局面：废弃物产生者、培育者和真菌都能从中获利。但是对 Ecovative 来说，还存在其他获利方。拜尔的长期目标之一是阻断污染工业对环境的影响。Ecovative 种植的包装材料就意在替代塑料，生产建筑材料是计划替代砖块、混凝土和碎料板，生产类皮革纺织品是想替代动物皮革。不到一周时间，几十平方米的菌丝体皮革就可以从原本会被处理掉的材料里长出来。等菌丝体的生命走到尽头，它们又能被做成肥料。Ecovative 生产的材料很轻，防水也防火，比混凝土更抗弯，比木头框架更抗压，绝缘性比发泡聚苯乙烯更好，还能在几天之内长成各种不同的形状［目前，澳大利亚的研究人员在想办法通过结合栓菌属（*Trametes*）真菌的菌丝体和碎玻璃来制作一种防白蚁的砖头——这样就无须引入斯塔梅茨针对白蚁的致病真菌了］。[35]

菌丝体材料的潜力并未被人忽视。设计师斯特拉·麦卡特尼（Stella McCartney）正在使用 Ecovative 培育的真菌皮革。Ecovative 和宜家合作密切，后者正在想办法用菌丝体产品来替代聚苯乙烯包装。美国航空航天局已经对"真菌建筑学"（mycotecture）和真菌在月球上长成建筑的潜力表达了兴趣。Ecovative 刚刚获得美国国防高级研究计划局①价值 1 000 万美元的研究和开发合同。计划局想要让菌丝体长成受到损害时可以自我修复、完成任务后可以自我降解的营房。拜尔最初的构想并不包括"为士兵种出房子"，但这些都是可转化的技术。拜尔指出："我们可以用这些方法在灾区培育救济避难所。使用菌丝体，你能以很低的价格为很多人培育很多房子。"[36]

所有这些技术的基础其实简单。菌丝体会将自己编织成致密的织物。然后，人们将活着的菌丝体风干成死去的材料。最终的成品取决于人们引导菌丝体生长的方式。砖头和包装材料由菌丝体穿过压在模子里的潮湿锯屑而形成。柔性材料纯由菌丝体构成，鞣制一下就能得到皮革，风干一下就能得到泡沫。这些泡沫还可以进一步用来制作运动鞋的鞋垫、码头浮坞等。麦考伊和斯塔梅茨诱导真菌进行新的代谢行为，拜尔则诱导它们长成新的形态。不论是面对一小摊神经毒素还是灯罩形状的模子，菌丝体总是能应景成形。[37]

拜尔和我挤过几扇门，进入了一个大到能在里面直接造飞机的飞机库。木片和其他原材料顺着导料槽流到搅拌筒里，然后按照计算机屏幕上一大堆数控比例混合。长约 610 厘米的阿基米德式螺旋泵以每小时 0.5 吨的速率将锯屑流转到加热室和冷却室里。塑料模子堆成的高塔在发菌室和 10 米高的干燥室之间轮转。这些房间里的微气候都是数控的——光照、湿度、温度、氧气和二氧化碳水平都在精心编程好的循环中变动。这就是工业化的人类版大白蚁蚁丘。

和 Ecovative 的培育设施类似，大白蚁的蚁丘也为精细调控微气候

---

① Defense Advanced Research Projects Agency，简称DARPA，是美国国防部下属的行政机构，负责研发军用科技。

创造了条件，围绕真菌的需求而建。在一个布满狭缝和坑道的系统里，通过打开和关闭一个个洞穴通道，白蚁能控制温度、湿度与氧气和二氧化碳的水平。在撒哈拉沙漠中，白蚁能创造出真菌繁茂生长所需的湿冷环境。

就如大白蚁蚁丘里的真菌，Ecovative 培育的真菌也属于白腐菌。大部分产品培育自灵芝属（*Ganoderma*）的菌丝体。还有一些会用侧耳属和栓菌属真菌，后者的子实体就是俗称的云芝。麦考伊训练的那些消化草甘膦和烟头的真菌就属于侧耳属。斯塔梅茨的合作者训练的用来消化 VX 神经毒剂有毒前体的真菌就属于栓菌属。不同的真菌菌株对降解神经毒素还是草甘膦有着不同的倾向；同样，不同菌株的生长速度也不同，对应菌丝体制造的材料也不一样。[38]

Ecovative 拥有相关处理工艺的专利，每年会培育出超过 400 吨的家具和包装材料，但他们的商业模式并不依赖于菌丝体原材料生产商的身份。授权使用 Ecovative"自己培养"（GIY）工具的个人和组织遍及 31 个国家，他们生产的东西从家具到冲浪板应有尽有。照明设备很热门［最近推出了菇明灯（MushLume）］。荷兰的一个设计师正在制作菌丝体拖鞋。美国国家海洋和大气管理局用菌丝体产品代替了海啸浮标上的塑料泡沫。[39]

在菌丝体的种种造物尝试中，野心较大的一个项目是"真菌建筑"（Fungal Architectures，缩写为 FUNGAR）。FUNGAR 由科学家和设计师主导，尝试用菌丝体复合材料与具有一定功能（检测光照、温度和污染水平并做出反应）的真菌"计算回路"结合，来建造一栋完全由真菌构成的建筑。其中一位首席研究员是来自非常规计算实验室的安德鲁·阿德玛茨基，就是他提出了能利用菌丝体网络在菌丝上传输的电脉冲来处理信息。菌丝体网络只会在活着的时候产生电脉冲，所以阿德玛茨基设想让菌丝体在还活着的时候吸收导电粒子来绕过这一限制。这样一来，一旦将菌丝体网络杀死并制成材料，带有导电粒子的菌丝体就能自成导线、晶体管和电容器，连成电路——"形成一张填满整栋建筑里每一立方毫米的计算网络"。[40]

在 Ecovative 的生产设施里四处走动，很难不产生"一小撮白腐菌在这样的安排下过得很好"的感觉。当然，使用这些材料之前得先让它们死亡，但我们只有在它们大快朵颐之后才动手；而且在动手之前，我们还会将它们引入数百磅[①]刚刚经过巴氏消毒的锯屑当中。就像在全世界散播孢子（无论是字面意义上还是引申意义上）的麦考伊和激进真菌学家一样，Ecovative 可以被看作是几种真菌的环球散播系统。这些真菌既是一种"技术"，也是人类在一种新型关系里的伙伴。

这些培养出来的关系最后会走向何方？现在下定论还为时过早。3 000 万年以来，大白蚁为了获取植物物质中的能量，一直在专门为此构建的生产设施里培育巨量的白腐菌。大白蚁和蚁巢伞属真菌已经互相陪伴着生活了太久，以至于双方都不能再独自生存。真菌制造会不会将人类拖入一种互相依赖的共生关系之中？答案尚未可知。但目前已然清晰的是，一场全球危机又一次为真菌创造了大量机会。真菌对人类废弃物的"喜好"令人们重新畅想降解和再利用的方式。这样的发展势头逐渐风靡。我由此开始思考：万事皆可用到真菌，这又意味着什么？

如果说世界上有一个人最深知"万事皆可用到真菌"，那非保罗·斯塔梅茨莫属。我常常好奇，他是不是被一种真菌感染了，所以才狂热地投入到真菌学当中——这种感染让他产生了无法压抑的冲动，使他极力想要说服人类：真菌非常渴望以新鲜且奇异的形式与我们合作。我曾去他家拜访。那是一个位于加拿大西海岸的房子，稳当地悬挂在一个花岗岩悬崖上，面朝大海，屋顶由看上去像菌褶的横梁支撑着。斯塔梅茨自 12 岁起就是《星际迷航》的粉丝，因此给他的新房子赐名"苦白蹄"号星舰（Starship Agarikon）——Agarikon 是一种学名为 *Fomitopsis officinalis*（药用拟层孔菌）的真菌的俗名，是一种生长在北美西北部太

---

① 　1 磅 ≈ 0.45 千克。

平洋地区森林里的药用木腐菌。

我小时候就认识斯塔梅茨了，他做了很多事情来激发我对真菌的兴趣。每次见到他，我都能听到一堆激动人心的真菌新鲜事。他闲侃真菌学的语速会在几分钟内变得越来越快，并在不同的想法之间快速跳跃，快到嘴皮子都快跟不上了——好一股奔涌不息的真菌狂热。在他的世界里，凡事都能用真菌解决。丢给他一个没法解决的问题，他就会从真菌的角度丢回一个新办法，无论是用其降解、毒疗还是修复。他大部分时间戴着一顶由火绒［一种类似毛毡的材料，由另一种白腐菌——木蹄层孔菌（*Fomes fomentarius*）的子实体产生］制成的帽子。这顶帽子串联起了真菌的意义：数千年来，火绒常被人类用于引火——那具保存在冰川冰里长达 5 000 年的"冰人"身上就带着火绒。把真菌用作热力燃烧工具，这是目前已知最为古老的一例人类激进真菌学。

在我到达前不久，斯塔梅茨刚收到电视剧《星际迷航：发现号》（*Star Trek: Discovery*）创作剧组的联系，他们想更深入地了解他的工作。他同意为他们简单讲讲我们用真菌拯救世界的方式。果不其然，次年首播的这部电视剧里加入了一些真菌主题。他们引入了一个新角色——天体真菌学家保罗·斯塔梅茨上尉（Lieutenant Paul Stamets）；这个人物利用真菌开发了强大的科技，能在对抗一系列终极威胁的战斗中拯救人类。《星际迷航》剧组已经相当不拘一格，虽然他们几乎不需要有创意到这种程度。［虚构的］斯塔梅茨和他的团队一起，通过接入星际菌丝体网络（"通往所有地区的无数道路"），找到了在"菌丝体平面"超过光速航行的方法。斯塔梅茨经历了第一次与菌丝体的合二为一后大受震撼，整个人焕然一新。"我这一辈子都在试图理解菌丝体的实质。现在我做到了。我看到了这个网络。一整个我做梦都没想过会存在的、充满各种可能性的宇宙。"

［真实的］斯塔梅茨想通过和《星际迷航》剧组的合作来改善真菌学被忽视的现状。艺术模仿生活，生活模仿艺术。虚构的天体真菌学英雄或许能激发一代年轻人对真菌的热情，由此塑造真菌知识界的真

实未来。对〔真实的〕斯塔梅茨来说，观众短期内对真菌暴涨的兴趣有助于真菌科技的发展，而这些科技或许能"帮助我们拯救这个危在旦夕的星球"。

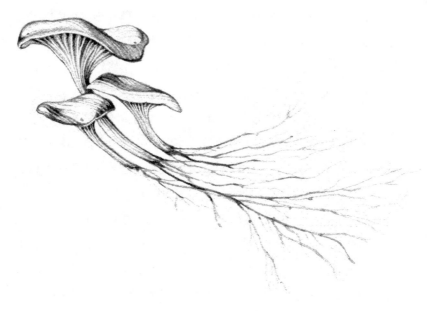

糙皮侧耳，即平菇

　　我到达"苦白蹄"号星舰时，看到斯塔梅茨坐在甲板上，摆弄着一个玻璃瓶和一个蓝色的塑料盘。这是他发明的蜜蜂投喂器的原型机。这个瓶子会将掺杂着真菌提取物的糖水滴到盘子里，蜜蜂会顺着一条导槽爬向盘子。这是他最新的项目，也是蘑菇能帮我们拯救世界的第7种方法。即使从斯塔梅茨的标准来看，这也是个大项目。最近，他和华盛顿州立大学蜜蜂实验室的昆虫学家们合作的研究已经被《自然》旗下的《科学报告》(*Scientific Reports*)期刊接受。他和他的团队展示了，一些白腐菌提纯物能大幅降低蜜蜂的死亡率。[41]

　　全球的农业产出中大约有1/3依赖动物的传粉，尤其是蜜蜂的传粉。蜜蜂数量的剧烈下降是人类面临的紧迫威胁之一。一系列因素加剧了蜂群崩溃症候。杀虫剂的大规模使用是一个因素。失去栖息地是另一个。然而，最隐秘且影响最大的是瓦螨。它们被"恰如其分"地命名为 *Varroa destructor*（字面意为"毁灭者瓦螨"，中文名为狄斯瓦螨）。瓦螨是一种寄生虫，它们以从蜜蜂的身体里吸取液体为生，携带着许多致命病毒。[42]

木腐菌提供了丰富的抗病毒化合物，其中有许多被开发成了药物，相关研究在中国尤其火热。"9·11"事件后，斯塔梅茨曾与美国国立卫生研究院和国防部合作，参与了生物盾计划（Project BioShield，该计划旨在搜寻有用的化合物去抗击生物恐怖分子释放的病毒风暴）。在经过测试的数千种化合物中，斯塔梅茨从木腐菌里提取的一些化合物对多种致命病毒（包括天花、疱疹和流感）均具有最高度的活性。在这基础上，他又花了好几年时间生产这些提取物，以供人类使用——"完美真菌"能成为一家市值数百万美元的企业，很大程度上要归功于这些产品。但是，用它们来为蜜蜂提供治疗是更近期才出现的想法。[43]

这些真菌提取物帮助蜜蜂抵抗病毒感染的效果毋庸置疑。在给蜜蜂的糖水里加入1%的木蹄层孔菌提取物和灵芝（也就是 Ecovative 用来培育材料的真菌）提取物，就能将畸翅病毒（deformed wing virus）的水平降低到原来的1/80。木蹄层孔菌提取物能将西奈湖病毒（Lake Sinai virus）的水平降低到原来的1/90左右，灵芝提取物则能将其降低到原来的1/45 000。华盛顿州立大学的昆虫学教授史蒂夫·谢泼德（Steve Sheppard）是斯塔梅茨在这项研究中的合作者之一，他表示，从未见过任何其他物质能将蜜蜂的生命延长到这种程度。[44]

斯塔梅茨跟我讲了他是怎么想到这个主意的。他当时正在做白日梦。突然，几段分开的思绪汇聚到了一起，"像一道闪电"击中了他。如果真菌提取物具有抗病毒的特性，那它们或许有助于降低蜜蜂的病毒载量——并且他确实记得，20世纪80年代末，他曾看到自己蜂巢里的蜜蜂飞到花园里一堆腐烂的木屑中，把木屑搬开，就为了吃到底下的菌丝体。"我的天。"斯塔梅茨一跃而起，"我想我知道怎么拯救这些蜜蜂了。"即使对一个数十年来都在为各种棘手问题设计真菌解决方案的人来说，这仍然是个重大时刻。

《星际迷航》"引入"斯塔梅茨的原因显而易见。他的叙事方式简直就是美国大片里的路子。他的很多事迹会让人联想到真菌英雄，随时准备拯救这颗行星于几乎必然发生的末日。影响面积前所未见的病毒风暴威胁着全球粮食安全。关键的传粉者在携带病毒的寄生虫的严峻威胁下苟延残喘，全球饥荒一触即发。整个世界的未来危在旦夕。但是，等一下。那是……？太好了！再一次，真菌在它们的人类同伴斯塔梅茨的帮助下前来解围。

木腐菌产生的抗病毒化合物真的会拯救蜜蜂吗？斯塔梅茨的发现让我们看见了希望，但从长远来看，我们还不确定真菌提取物是否能较大程度地缓解蜂群的崩溃失调。病毒只是蜜蜂面临的其中一个问题。真菌抗病毒化合物在其他国家和其他环境下是否会发挥相同的效果？这个问题的答案也不明朗。更重要的是，要拯救蜜蜂种群，人们必须大范围地采用斯塔梅茨的方案。他希望招募数百万名公众科学家来达成这一壮举。

我到华盛顿州的奥林匹克半岛拜访了斯塔梅茨的生产设施。总部是一堆很像飞机库的大棚，周围都是树木，离最近的大路有好几千米。就是在这里，斯塔梅茨培育了那项研究中用到的真菌，并从中提取出了相关物质。也正是在这里，利用这些物质制成的产品被大批量生产，进入市场，并被广泛使用。在发表蜜蜂研究之后的几个月里，他收到了上万份蜜蜂蘑菇喂食器（BeeMushroomed Feeder）订单。斯塔梅茨供不应求，因此他计划将3D打印设计开源，希望其他人能开始生产喂食器。

我见到了斯塔梅茨的一位运营总监，他同意带我四处看看。这里的着装要求很严：不能穿鞋，要穿实验服，要戴发网——也提供胡子网。我们穿戴完毕，穿过了两扇特殊的门——它们专门被设计成具有减少外部充满污染物的空气流入的功能。

我们进入了出菇室。房间里温暖且潮湿，空气黏着且发腻。一排排架子上整齐摆放着透明的塑料生长袋，一个个缝得严严实实，里面装着菌丝体与它们展示出的各种突出物，从木质化的灵芝和它们闪亮的栗色菌盖皮壳，到像精巧的奶油色珊瑚一样从袋子里翻滚而出的猴头菇。在灵芝的出菇室里，空气被孢子弄得极为黏稠，浓度高到我都能尝到它们软软、潮湿的苦味。短短几分钟内，我的手就被黏成了卡布奇诺似的棕色。

再一次，人类费力地将数吨食物放到真菌网络中。再一次，一场全球危机反而为真菌创造了一堆机会。和侧耳属真菌菌丝体停步在一摊有毒废弃物边缘时所面临的挑战一样，激进真菌学提供的解决方案更多靠的是记忆，而不是发明。在侧耳属真菌基因组的某处，大概有一个能完成任务的酶。或许它一度完成过这个任务，又或许它没尝试过，但仍能担起新的责任。类似地，在生命史的某个时期，或许存在着一种真菌能力或关系，它们可以让早就存在的途径派上新的用场，用来解决我们所面临的某个严峻问题。我想到了那个蜜蜂的故事。斯塔梅茨就是记起了自己几十年前见过的事情才灵光一现的，他想起：蜜蜂似乎在利用真菌治疗自己。斯塔梅茨当时并没有想到去用真菌治疗蜜蜂。而蜜蜂想到了。我们推测，在和病毒共存的历史里，蜜蜂是在一个潮湿的角落里和病毒进行生化斗争时发现这一点的。斯塔梅茨在梦中世界的灵性肥料深堆，将一个旧的激进真菌学解决方案代谢成了新方法。

我走进培养室，里面全是 3 米高的架子。这是堆放着数千个菌袋的菌圃，每个袋子里都装着毛茸茸的柔软菌丝体块。其中一些是白色的，一些是淡黄色的，其他还有一些带有浅浅的橘色。如果过滤空气的风扇停转，我觉得可能会听到数百万千米长的菌丝体穿过栽培基质时发出的噼啪声。收获时，这些装着菌丝体的菌袋会被浸到装满乙醇的桶里，以提取出供给蜜蜂的解药。和许多激进真菌学的解决方案一样，其最终效果未成定数；这只是向着同归于生的可能性轻柔地迈出了第一步，是一种才开始萌芽的共生关系。

8

理解真菌

重要的是哪些故事在讲述故事、哪些概念在思考概念……哪些
系统在系统化系统。

——唐娜·哈拉维 [①]

和人类共享最亲密历史的真菌是酵母。酵母住在我们的皮肤上、肺里和胃肠道内。我们的身体演化出了调控这些种群的机制，并且在之后的演化史中一直这么调控着它们。数千年来，人类的各种文化中也演化出了在人体之外、通过桶和罐头来调控酵母种群的精妙手段。[1] 如今，酵母是细胞生物学和遗传学里最为常用的模式生物：它们展现了真核生命最简单的存在形式，且人类基因和酵母基因有较高的同源性。1996年，酿酒酵母（*Saccharomyces cerevisiae*，用于酿酒和烘焙的酵母）成为第一个完成全基因组测序的真核生物。自 2010 年以来，超过 1/4 的诺贝尔生理学或医学奖被授给利用酵母开展的研究。然而，人类直到 19 世纪才发现酵母是一类微观生物。[2]

人类具体从什么时候开始和酵母合作的？这还有待商榷。与其相关的第一份确切的证据来自中国，可以追溯到大约 9 000 年前；但是，人们在出土于肯尼亚的石器上就已经发现了微小的淀粉颗粒，而其可以追溯到 10 万年前。淀粉颗粒的形状显示，这些工具曾被用来处理叉枝棕（*Hyphaene petersiana*），一种如今仍被用于酿酒的植物。考虑到任何含糖液体只要放

---

① 唐娜·哈拉维（Donna Jeanne Haraway，出生于 1944 年），美国哲学家，主要研究后现代主义和女性主义。

超过一天就会自行发酵，我们可以推测：人类或许在更远久的年代就开始酿酒了。[3]

酵母管理着从糖到酒精的转化；人类学家克洛德·列维-斯特劳斯（Claude Lévi-Strauss）提出，它们也掌管着人类历史上最为剧烈的一次文化转型：从狩猎-采集转向农耕。他将蜂蜜发酵酿成的蜂蜜酒视为第一种酒精饮料，并用一段空心树干来比喻从"自然"发酵到文化"酿造"的转化。如果蜂蜜是"自行"发酵的，那得到的蜂蜜酒就是自然的一部分；如果是人类把蜂蜜放到人为刨空的一段树干里发酵的，那它就是文化的一部分。（这是个有趣的区别；引申开去，大白蚁和切叶蚁从自然到文化的转变比人类早了数千万年。）[4]

不论列维-斯特劳斯对蜂蜜酒的看法是对是错，与现代酿造酵母相似的酵母差不多在人类驯化山羊和绵羊的时候就出现了。人类在大概 1.2 万年前转向农耕生产，也称"新石器革命"；我们至少可以将这种变化部分理解为对酵母的文化回应。要么是为了面包，要么是为了酒，人类开始放弃游牧生活，转而定居下来（"先有啤酒，后有面包"的假说自 20 世纪 80 年代以来就渐渐吸引了越来越多的学者）。不论是在面包还是啤酒里，酵母都是人类早期农业产出的主要受益者。在制作面包或啤酒的过程中，人类都要在喂饱自己之前先喂饱酵母。从庄稼地到城市，财富积累、粮仓和新的疾病，农业生产所衍生出的文化发展构成了我们和酵母共享历史的一部分。可以说，酵母在很大程度上驯化了我们。[5]

酿酒酵母

大学时，我个人和酵母的关系发生了转变。我的室友交了个男朋友，他时不时会来串门。每次他来没多久，厨房的窗台上总会出现装满液体、覆着保鲜膜的大塑料搅拌碗。他告诉我，那些是酒。他跟着一个在法属圭亚那坐过牢的朋友学会了怎么酿酒。我很是为之着迷，并很快添置了属于自己的一套搅拌碗。我发现，酿酒是一件异常简单的事情。酵母承担了大部分工作。它们喜欢温暖的环境，不能太热，在避光条件下最容易繁殖。把酵母加到温暖的含糖溶液里，发酵就开始了。除去氧气，酵母就会将糖转化为酒精，同时释放二氧化碳。当酵母缺少糖分或死于酒精中毒时，发酵就会停止。

我把苹果汁倒入一个搅拌碗里，撒上几茶匙风干的烘焙用酵母，然后把碗放在我卧室的加热器旁边。我看着液体中冒出一串串气泡，保鲜膜向上隆起。时不时就会有一小撮气体逃逸出来，酒味越来越浓。这会儿酿出来的东西就能喝了，只是有一点点甜；从喝下去的酒劲判断，度数和烈性啤酒差不多。

我对发酵的兴趣一发不可收。几年后，我就已经拥有了几个大的酿造容器，其中包括一个 50 升的酱汁锅，并且开始借鉴历史资料中记载的配方来酿造饮料：我跟着 1669 年出版的《凯内尔姆·迪格比爵士的壁橱》(*The Closet of Sir Kenelm Digby*) 酿了香料蜂蜜酒；还从附近的湿地采集一种香杨梅 (*Myrica gale*) 来制作中世纪的"格鲁特"艾尔啤酒。接着，我又酿出了山楂酒、荨麻啤酒和药用艾尔——最后一种的配方步骤由 17 世纪的威廉·巴特勒 (William Butler) 博士——詹姆斯一世 (James I) 的医师记录；他曾表示，这种啤酒能治疗"伦敦瘟疫"、麻疹和"各种各样的其他疾病"。我的房间里排满了装着冒泡液体的桶，我的衣柜里全是瓶子。[6]

我把收集自不同地方的酵母放到培养皿里，再分别用这些酵母培养物酿造同一种水果汁液。最终得到的液体有些浓郁、可口，有些则浑浊、芬芳，还有一些尝起来有袜子或松脂的味道。恶心难闻和芳香扑鼻之间界限微妙，但这无关紧要。酿造让我能够进入这些真菌的隐秘世界。能尝出收集自苹果皮上和古老图书馆书架上隔夜放置的糖水碟子里的酵母在风味上的不同，我就已经非常开心。

长久以来，酵母转化物质的能力都被视为一种神圣的能量、灵力或神意。也是，它们怎么可能不被这么看待呢？酒精和醉态是远古的魔法。一种看不见的力量变戏法似的把水果变成了果酒，用谷物变出了啤酒，将花蜜制成了蜂蜜酒。这些液体能改变我们的心智，以许多形式嵌进了人类的文化：从仪式盛宴、治国之道，到成为一种变相的劳动报酬。在同样的时间长河中，我们因为饮用了它们而意乱情迷，激昂奔放，狂喜忘形。酵母既是人类社会秩序的创造者，也是毁灭者。

5 000 年前，苏美尔人用楔形文字刻下了酿造啤酒的配方，崇拜着一位名叫"宁卡西"（Ninkasi）的发酵女神。古埃及《亡灵书》（*The Egyptian Book of the Dead*）中的经文是向着"赠予面包和啤酒的神"说的。在南美洲的奇奥蒂人（Ch'orti'）看来，发酵的开始意味着"好精神的诞生"。古希腊人有酒神狄俄尼索斯（Dionysus），他司掌酿酒、狂欢、醉态和水果的驯化，是酒精铸造和侵蚀人类的文化范畴之力的化身。[7]

如今，酵母已经由人类改造而应用于生物科技。借助酵母，我们能生产胰岛素和疫苗等生物制品。和 Ecovative 合作生产出菌丝体皮革的 Bolt Threads 公司正通过基因编辑让酵母能够生产蛛丝。研究人员正在试图改造酵母的代谢，让它们能用木本植物材料来生产糖，将其作为进一步开发生物燃料的原料。有团队开展了 Sc2.0 项目，由生物工程师从零开始合成整个酵母基因组。未来，这一人造生物可能可以根据需求生产任意数量的化合物。在所有这些例子里，酵母和它们的转化能力模糊了自然与文化之间的界限，也模糊了自组织生物与人造机器之间的界限。[8]

我通过自己的实验得知，酿造的艺术里夹杂着和酵母培养物的微妙协商。发酵相当于驯化了降解——重新安置了腐败过程。如果酿造成功，腐败会孕育出美酒佳酿。但就像真菌参与的很多过程，最终结果常常无法预估。通过注意清洁和调控温度、成分等（这些都是能影响具体发酵路径的因素），我能往较好的方向引导发酵过程，但不可能绝对控制走向。因此，成果总是出人意料。

在这些历史悠久的酿制饮料里，很多喝起来很有意思。蜂蜜酒带来了欢笑。格鲁特艾尔让大家变得健谈。巴特勒博士的艾尔催生了一种奇特的金黄色重浊液体。还有一些则带来了酒醉灾难。不管这些发酵产物会产生什么样的效果，我都被这个"酿字为浆"的过程深深迷住了。古老的酿酒配方是过去几百年里酵母将自己蚀刻进人类生活和心智的记录。在这些历史材料的全部篇幅里，酵母都是一个无声的同伴，一个无形的人类文化参与者。说到底，这些配方是理解物质降解过程的故事。这也提醒着我，故事影响了我们对世界的理解。我们听到的谷物故事，决定了我们会得到面包还是啤酒。牛奶的故事决定了我们会得到酸奶还是奶酪。苹果的故事决定了我们会得到苹果酱还是苹果酒。

酵母非常微小，所以我们需要花费许多笔墨来解释它们的生命活动。而对于那些能长出蘑菇的真菌，我们的理解常常更简单朴素。人们很早就知道既有鲜美的蘑菇，也有让我们中毒、帮我们治病、喂饱我们或使我们产生幻觉的蘑菇。几百年来，东亚地区的诗人们为蘑菇和它们的风味写下过狂热的诗句。17世纪的日本俳人山口素堂充满热情地写道："啊，松茸：/寻获它们的过程多么令人雀跃。"相比之下，欧洲的作家们整体上就显得比较谨慎多疑。艾伯塔斯·马格努斯（Albertus Magnus）在他写于13世纪的草药专著《论植物》（De Vegetabilibus）中警告道："黏湿的"蘑菇可能"阻滞［食用它们的］生物头脑里的思维过程，引发疯癫"。约翰·杰勒德（John Gerard）在写于1597年的作品中告诫他的读者远离蘑菇："几乎没有蘑菇是可食用的。绝大多数蘑菇会使食用者窒息和哽住。因此，我给那些喜爱这类怪奇食物的人提个建议：舔舐荆棘之间的蜂蜜时要小心，不要让后者的甜蜜遮蔽了前者的尖锐和锋利。"但人类从未远离蘑菇。[9]

　　1957 年，戈登·沃森（就是同年在《生命》杂志上用一篇文章让迷幻蘑菇首次进入公众视野的那位）和妻子瓦伦蒂娜一起，开发了一套二元系统，据此能将所有文化分成"喜爱真菌的"和"恐惧真菌的"两类。沃森猜测，如今对待蘑菇的文化态度是古代迷幻蘑菇异教的"当代回声"。喜爱真菌的文化由那些崇拜蘑菇之人的后代组成。恐惧真菌的文化则由那些认为真菌具有邪恶能力之人的后代组成。喜爱真菌的态度或许让山口素堂写下了赞颂松茸的俳句，或促使了特伦斯·麦克纳去大力宣扬食用大量含裸盖菇素蘑菇的益处。恐惧真菌的态度或许助长了一阵道德恐慌，致使它们成为违禁物品，又或激发了艾伯塔斯·马格努斯和约翰·杰勒德所厉声警示的这些"怪奇食物"的危险。两种态度都承认了蘑菇影响世人生命的力量。两种态度用不同的方式理解了这种力量。[10]

　　我们总是将生物塞到未必正确的类别里。这是我们理解它们的方式之一。19 世纪，人们将细菌和真菌分类成植物。[11] 如今，我们认识到两者分属各自的生命界，虽然它们直到 20 世纪 60 年代才获得自己的独立。在有记载的历史中，人类有很长一段时间无法就真菌的本质是什么达成共识。[12]

　　亚里士多德的学生泰奥弗拉斯托斯（Theophrastus）描述过松露——但他只能说清它们不是什么。他将松露描述为无根、无茎、无芽、无叶、无花、无果实、无树皮、无果核、无纤维，也无叶脉。在一些古典作家看来，蘑菇是闪电击中后自发生成的。还有一些人认为，它们是地球向外生长的产物，或"赘生物"（excrescence）。18 世纪的瑞典植物学家、现代分类系统的设计者卡尔·林奈（Carl Linnaeus）在 1751 年写道："真菌目仍然一片混乱，这是一桩技术丑闻，没有哪个植物学家知道什么是物种，也不知道什么是变种。"[13]

　　直至今日，真菌仍在我们为它们打造的分类系统里四处游走。林奈分类系统专为动植物设计，遇上真菌、地衣或细菌就乱了套。同一种真菌物种能长出截然不同的各种结构。许多真菌物种缺乏独特的识别特征。基因测序领域的进步让我们能够将共享演化历史的真菌分入同一类群，不再依赖物理特征。然而，根据基因数据来决定一个物种和另一个物种之间的分界，这种方法所制造的问题和所解决的问题一样多。单个真菌"个体"的菌丝体内可以存在多个基因组。从同一小撮尘土里提取出的 DNA 可能包含数万个独特的特征基因，但我们没有办法将它们分类到任何已知的真菌类群之中。2013 年，真菌学家尼古拉斯·莫尼（Nicholas Money）甚至在一篇名为"反对真菌命名"（"Against the naming of fungi"）的论文里提出，我们应当彻底放弃"真菌物种"的概念。[14]

分类系统只是人们理解世界的一种方式。彻头彻尾的价值判断是另一种方式。查尔斯·达尔文的外孙女格温·雷夫拉特（Gwen Raverat）描述过她的阿姨艾蒂（Etty，也就是达尔文的女儿）看到白鬼笔（*Phallus impudicus*）时所表露出的厌恶之情。白鬼笔因为形似阳具而臭名远扬。它们还会分泌一种气味刺鼻的黏液，吸引苍蝇帮忙散播孢子。1952 年，雷夫拉特回忆道：[15]

> 本地的林子里长着一种被大家称为"白鬼笔"的毒菌（虽然它的拉丁名更恶心）。这个［英文］名字①起得有一定道理，因为我们单通过气味就能找到这种蘑菇，而这个名字是拜艾蒂阿姨所赐。她会挎着一个篮子、手握一根尖棍，穿着一身特殊的狩猎斗篷、戴上一副手套，在树林里一路闻过去，四处停留；闻到目标猎物的气味时，她会抽动鼻翼。然后一记猛扑，降落在她的受害者之上，把后者腐坏的尸体挑入篮中。结束一天的猎菌活动后，她会把捕获的伞菌带回来，到客厅锁上门，把它们扔到壁炉深处，悄悄烧掉——这全然出于年轻女子的道德义务。

---

① 白鬼笔的英文俗名为"stinkhorn"，可直译为"恶臭的角"。

是圣战，还是恋物？是恐菌，还是真菌的深柜？辨别这两者有时候并不那么简单。对艾蒂阿姨这么厌恶白鬼笔的人来说，她比很多人花了更多时间去搜寻这种真菌。在猎菌过程中，她毋庸置疑地散播了白鬼笔的孢子，而且做得比任何苍蝇都好。恼人的气味对苍蝇来说或许无法抗拒，对艾蒂阿姨来说也无法抗拒——虽然她受到的吸引以厌恶呈现。受恐惧驱动，她将白鬼笔包装在维多利亚时代的道德观之下，成了热情参与真菌事业的一员。

我们用来理解真菌的方式，能让我们对自己和对真菌了解得一样多。大部分野外手册都认为黄斑蘑菇（*Agaricus xanthodermus*）有毒。一位拥有大量真菌学藏书的热心蘑菇猎手曾跟我讲过他的一本老图鉴，里面把同一种蘑菇描述为"煎过后很美味"，虽然作者加了句备注，说"体质较弱的人食用后可能陷入轻度昏睡"。我们理解黄斑蘑菇的方式，取决于我们的生理构造。虽然对大部分人来说有毒，但是一些人食用这种蘑菇后不会出现任何不适。对一种蘑菇的描述，取决于描述者的生理机能。[16]

观察结果受观察者影响的情况，在关于共生关系的讨论中尤其显著。自19世纪晚期"共生"一词出现后，人类就一直从自身的角度理解共生关系。我们用于理解地衣和菌根真菌的比喻揭示了这一问题。主人和奴隶，骗子和被骗者，人类和驯化的生物，男人和女人，国家之间的外交关系……对比喻的选择在随着时间改变，但我们至今仍在尝试用人类的概念来形容超出人类范畴的关系。

正如历史学家简·萨普（Jan Sapp）解释给我听的，共生概念就像一块棱镜，我们自己的社会价值观透过棱镜后会发生色散。萨普说话很快，还能犀利地察觉带有讽刺的细节。他专攻共生现象的历史。他和研究生物之间如何交互的生物学家们共事了数十年，同他们一起在实验室、学术会议、小型研讨会与丛林中进行探索。他是林恩·马古利斯和乔舒亚·莱德伯格的好朋友。他见证了现代微生物学逐渐"进入主流"。

共生的政治内涵衍生了很多问题。自然的运行到底是基于竞争还是合作？这个问题的答案影响深远。对很多人来说，这个答案会改变我们对自身的理解。所以，对这些话题的讨论至今充满着概念和观念上的争鸣也就不足为奇了。[17]

自 19 世纪演化理论发展成形之后，美国和西欧的主流论调就是基于冲突和竞争的，这种论点也映照了工业资本主义制度下人们对人类社会进步的理解。用萨普的话说，生物合作互利的例子"仍处在文明生物学社会的边缘"。互利关系，例如地衣中与植物和菌根真菌所形成的那些，是社会规则下有趣的例外——如果确实存在所谓规则的话。[18]

这种观念和其反对意见不像东西分界线那样间隔清晰。但是，比起西欧演化学界，演化里存在互助与合作的观点在俄国更受欢迎。对"自然的牙和爪都是血红色的"这种"弱肉强食"的观念，最强烈和最尖锐的反驳来自俄国无政府主义者彼得·克鲁泡特金（Peter Kropotkin）。他在自己出版于 1902 年的畅销书《互助论：进化的一个要素》（*Mutual Aid: A Factor of Evolution*）里强调，"社会性"和生存竞争一样，都是自然的一部分。基于自己对自然的理解，他提出了一个清晰的想法：[19] "不要竞争！""实行互助吧！这是给个体和全体以最大安全的最可靠办法，是对体力、智力与道德之留存与进步的最有力保证。"①

在 20 世纪的大部分时间里，共生互动的相关讨论都充满了政治意味。萨普指出，冷战迫使生物学家更严肃地看待"在整个世界共存"的问题。1963 年，第一届国际共生会议在伦敦举行。那会儿距离古巴导弹危机才过去了 6 个月，世界差点儿陷入核战。这不是巧合。会刊编辑们评论道："全球事件中的紧迫问题或许影响了委员会，使他们把共生定为今年研讨会的主题。"[20]

科学界都知道，运用比喻能激发新的思考方式。生物化学家李约瑟（Joseph Needham）认为，一个有用的比喻可以提供一张"坐标网"，被

---

① 译文来源：克鲁泡特金. 互助论 [M]. 李平沤，译. 北京：商务印书馆，1963: 77. 略有改动。

用于整理没有成形的大量信息；这就好比一个雕塑家可能用一个金属线框来为湿润的黏土提供支持。演化生物学家理查德·陆文顿（Richard Lewontin）指出，不用比喻是不可能"进行科学研究"的，毕竟"现代科学的整体［几乎］就是在尝试解释人类不能直接体验到的现象"。相应地，隐喻和类比里带有人类的故事和价值观；这意味着，任何有关科学想法的讨论都难逃文化偏见（包括这个说法本身）。[21]

如今，共享菌根网络的相关研究常常受政治包袱拖累。有人将这些系统描述为一种社会主义，森林的财富在其中得到再分配。一些研究者受哺乳动物家庭结构和亲代抚育的启发，认为幼龄小树由它们和年老、高大的"母树"之间的真菌连接供给营养物质。一些人将网络描述为"生物学市场"，其中的植物和真菌被描绘成在一个生态学证券交易所里做交易的理性经济个体，它们"批准"交易、投出"战略贸易投资"，还会获取"市场收益"。[22]

木联网同样是拟人化的术语。这不仅是由于人类是唯一能建造机器的生物，而且还因为在现今的高科技社会里，因特网和万维网高度政治化。利用机器来比喻和理解其他生物，与借用人类社会生活里的概念做比喻一样问题重重。在现实生活中，生物会成长，机器则是被造出来的。生物一直都能翻新自己，机器则由人类维护。生物能自组织，机器则由人类组织。机器比喻是一套套故事和工具，曾经帮助我们得到过无数改变每个人生活的重要发现。但这不是科学事实本身，而且如果将这些故事看得比其他全部类型的故事更重，我们就会陷入麻烦。如果我们将生物理解成机器，我们就更可能将它们当作机器对待。[23]

只有后见之明能让我们看出哪些比喻比较有用。如果我们现在还像19世纪晚期的人一样，将所有真菌一起塞进"病原体"或"寄生虫"之列，就会显得很荒唐。然而，阿尔贝特·弗兰克受地衣启发然后造出"共生"一词之前，人们没有其他方式来描述不同种类生物之间的关系。近年来，围绕着共生关系的故事变得愈发微妙。托比·斯普里比尔（那个发现地衣由不止2种生物构成的研究者）主张，我们必须将地衣理解为系统。跟人们长期以来的认识不同，地衣似乎不是固定合伙关系的产物，而是很多种不同的生物通过一系列可能的合作形式构成了地衣。在斯普里比尔看来，支撑地衣的关系已经变成了一个问题，而不是一个我们事先知道的答案。

类似地，人们也不再将植物和菌根真菌之间的关系看作互利或寄生关系。就算在单单一个菌根真菌和一株植物之间，关系里的给予和索取也不是固定的。研究者们不再采取死板的二分法，而是延伸出了一个从互利到寄生关系的连续谱。共享菌根网络既能促进合作，也能助长竞争。养分能通过真菌连接在土壤里移动，但毒素也能。可能成立的故事变得更加丰富。我们必须改变视角，要么享受不确定性，要么忍受不确定性。

即便如此，一些人仍喜欢把这场辩论政治化。萨普特别提到了一个生物学家，笑说他"叫我生物学左派，叫自己生物学右派"。他们当时正在讨论生物学个体的概念。在萨普看来，微生物科学的发展让我们很难定义个体生物的边界。而在自称"生物学右派"的反对者眼里，界限清晰的个体必须存在。现代资本主义建立在"为自身利益行动的理性个体"的理念上。没有个体，一切都会崩溃。在这个生物学家看来，萨普的论点背后是他加以掩饰的对集体的喜好和隐藏的社会主义倾向。萨普大笑起来："有些人就是喜欢制造人为的分裂。"[24]

在《编织甜草》(*Braiding Sweetgrass*)一书中，生物学家罗宾·沃尔·基默尔提到，美洲原住民波多沃米人所用的语言里有一个单词 *puhpowee*，意为"使蘑菇一夜之间破土而出的力量"。基默尔回忆道，她后来知道了"*puhpowee* 不只适用于蘑菇，也适用于其他在夜里诡秘升起的矛状物"。用描述人类雄性性唤起的语言来描述蘑菇的出现，这是不是一种拟人化的做法呢？又或者用描述蘑菇生长的语言来描述人类雄性的性唤起，这是不是一种拟真菌化的做法呢？比喻的箭头指向哪方？当我们说一株植物"学习""决定""沟通""记得"时，我们是在将这株植物拟人化，还是在将一套人类概念拟植物化呢？用于形容植物时，人类的概念或许会获得新的意义；同样，用植物的概念形容人类时，它们或许也会获得新的意义：blossom（既指花朵又可意为兴旺）、bloom（既指开花又可意为容光焕发）、robust（既指茁壮又可意为坚定）、root（既指植物的根又可意为源头）、sappy（既指汁液丰富又可意为精力充沛）、radical（既指自由基又可意为激进）……[25]

　　娜塔莎·迈尔斯（那位提出用"卷入"来描述生物有相互联结倾向的人类学家）指出，查尔斯·达尔文似乎很乐意将自己"拟植物化"。1862 年，他在描写兰花时提道："这株飘唇兰（*Catasetum*）的'触角'可以类比成一个这样的人类：左臂举起并弯曲，使手处于胸前，右臂斜着垂在身体下侧，手指正好伸过自己的左半身。"[26] 达尔文是在将兰花拟人化，还是在被植株拟植物化呢？他在用人类的概念描述植物的特征，这固然是拟人化的标志。但他也在用花的形态重新想象人类的身体（包括他自己的），这意味着他愿意用花本身来探索花的解剖结构。

　　这是老生常谈了。在理解一件事物的过程中，我们很难不受这个事物本身的影响。有时候我们会有意寻求这种影响。比如，激进真菌学就是一个没有固定、清晰形态的组织。这不是无心为之。激进真菌学的创始人彼得·麦考伊指出，真菌能改变我们思考和想象的方式。树状图的意象随处可见，从我们对系谱和（不论是人际、生物学还是语系上的）关系的描绘，到计算机科学里的树状数据架构，再到神经系统里的"树突"（源自希腊语 *dendron*，意为"树"）。菌丝体怎么就不能和树状图联系在一起呢？激进真菌学利用去中心化的菌丝体逻辑组织自己。区域网络松散地与更大规模的运转联结。激进真菌学的网络会时不时地联合成一个"子实体"，比如我在俄勒冈州参加的激进真菌学集会。如果我们将真菌（而不是动植物）当成"典型"的生命形态，我们的社会和制度会有什么不同呢？[27]

　　有时候，我们会在没有意识到的情况下模仿世界。狗主人常常看起来像他们的狗，生物学家常常会表现得像他们研究的生物。自弗兰克在

19 世纪晚期创造了"共生"一词以来，研究生物间关系的学者就在研究对象的影响下形成了非同寻常的跨专业合作。正如萨普和我指出的，20世纪大部分时间里对共生关系的忽视，一部分是由于人们不情愿大胆地跨越院系界限。随着科学领域越分越细，学科间的鸿沟分裂了遗传学家和胚胎学家、植物学家和动物学家，以及微生物学家和生理学家。

共生交互跨越了物种之间的界限，因而共生交互的相关研究必须跨越学科之间的界限。这在今天也一样重要。"为了各方的利益而共享资源：学科间的谈话能加深我们对菌根共生的理解……"2018 年国际菌根会议的一份报道如此开头。对菌根真菌的研究意味着我们需要在真菌学家和植物学家之间形成一段学术共生关系。研究真菌菌丝上的细菌则需要真菌学家和细菌学家之间形成共生交互。[28]

我最像真菌的时候就是我研究它们的时候，我会在这些时候迅速进入学术互利模式，互通有无、交换数据。我在巴拿马时表现得像菌根菌丝体的生长尖端，几天下来从脚到手肘都覆满了红泥。我焦虑地将装在大冷藏箱里的样品载上渡船，通过海关、X 射线和嗅探犬的检查，然后运送到别的国家。我在德国用显微镜观察，在瑞典仔细分析真菌的脂质组分，再到英格兰提取和测序真菌的 DNA。我将剑桥一台机器产出的数千兆字节的数据传输到瑞典供后续处理，再将结果传送给美国和比利时的合作者。如果把我的行动轨迹记录下来，会发现这些踪迹形成了一个复杂的网络，信息和资源在其中双向运输。和植物一样，瑞典和德国的研究人员通过与我合作而获得了更多土壤样本数据。他们不能亲自前往热带，所以由我延伸他们可及的范围。和真菌一样，我反过来获得了更多的资金，也能接触到更多的技术——这些本来对我来说都遥不可及。巴拿马的合作者则获益于英格兰的同事所拥有的资金和技术知识。类似地，英格兰的同事获益于巴拿马的合作者所拥有的资金和专业知识。要研究一个灵活的网络，我必须构建一个灵活的网络。这是一个反复出现的主题：望向网络，网络也会望向你。

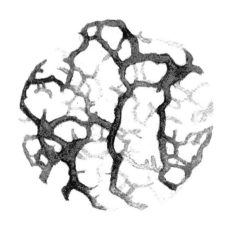

　　法国思想家吉勒·德勒兹（Gilles Deleuze）写道："醉态是植物在我们自身之中的成功入侵。"真菌在我们自身之中的成功入侵也毫不逊色。迷醉体验能帮我们在真菌的世界里重新发现一部分自己吗？我们是否能不那么依赖自身的人性或者在我们的人性中找到一些像真菌的其他东西，以此来理解它们呢？这些其他东西可能是我们和真菌联系更紧密的时代所留下的一两块残片，或是我们在和这些卓越生命缠结的历史长河中学到的东西。[29]

　　大约 1 000 万年前，我们的身体用于解除酒精毒性的酶（即"乙醇脱氢酶"，ADH4）经历了一次突变，比之前高效了 40 倍。这次突变发生在我们与大猩猩、黑猩猩和倭黑猩猩的最后一个共同祖先身上。如果没有改良版的 ADH4，即使少量的酒精都会让我们中毒。有了改良版的 ADH4，我们就能安全地饮酒，我们的身体也能用酒精补充能量。在我们的祖先成为人类之前，在我们演化出文化与精神层面对酒精和生产酒精的酵母培养物的理解之前，我们就在代谢层面演化出了能够理解它们的酶。[30]

　　为什么代谢酒精的能力在人类发展出发酵技术的数百万年前就出现了？研究者指出，ADH4 的改良突变发生于我们的灵长类祖先开始更少待在树上、转而适应地面生活之时。他们猜想，灵长类转到林地上生活后，代谢酒精的能力变得十分重要，因为这种能力开启了一个新的饮食选择：从树上掉落的、已过熟和发酵的水果。

ADH4 的突变为生物学家罗伯特·达德利（Robert Dudley）提出的"醉猴假说"提供了支持。达德利提出假说是为了解释人类喜好酒精的生物学起源。这一观点认为，人类会受酒精吸引，是因为我们的灵长类祖先就曾受酒精吸引。酵母发挥作用产生的酒精气味，能可靠地引导它们寻找地上过熟至腐烂的水果。酒精对我们的吸引，还有整个管理发酵、醉酒的神界，都是更古老的迷恋所留下的残片。[31]

灵长类不是唯一受酒精吸引的动物。笔尾树鼩（Ptilocercus lowii，小型哺乳动物，长着羽毛似的尾巴）会爬到鳞皮椰（Eugeissona tristis）的花芽里，大量饮用发酵的花蜜；如果将它们的饮用量按体重等比例放大到人类身上，足以让人类醉酒。酵母发酵产生的酒精蒸气能将树鼩吸引到花芽处。鳞皮椰依赖树鼩传粉，而它们的花芽已经演化成了专门用于发酵的容器——这个结构能够容纳酵母菌群，并能促进快速发酵，使花蜜起泡。树鼩自己则演化出了杰出的解酒能力，醉酒导致的任何负面效应似乎都影响不到它们。[32]

ADH4 的突变帮我们的灵长类祖先从酒精里提取能量。醉猴假说的一个翻新版本就是，人类如今仍在继续寻找从酒精里提取能量的手段——虽然我们将酒精作为生物燃料在内燃机里燃烧，而非当成代谢燃料为我们自己的身体供能。每年，美国会用玉米、巴西会用甘蔗生产数十亿加仑的生物燃料乙醇。在美国，用于种植玉米的土地面积大过整个英格兰，收成之后会加入酵母进行发酵。以土地覆盖率来计，巴西、马来西亚和印度尼西亚把草场转化成能源作物的速率和森林砍伐速率相近。生物燃料激增的生态后果很严峻。这需要高额的政府补贴；把草场转化成农场会排放更多的碳；巨量的肥料流入小溪、河流，导致墨西哥湾出现了"死亡区"。酵母和它们作用产生的酒精，再一次以不可摹状的力量参与到了人类的农业转型之中。[33]

受醉猴假说的启发，我决定发酵一些过熟的水果。这可以给故事画上圆满的句点，也会让发酵后的产物改变我对世界的感知，让我在它的影响下做决定，让我被它灌醉。醉态或许是真菌在我们体内的入侵，而这又是真菌故事在人类认知中的入侵。故事常常改变我们的感知，我们却常常注意不到。

冒出这个想法时，我正在参加剑桥植物园的导览活动，领队的是他们很有魅力的园长。在他的陪同下，即使是最不起眼的灌木，也生发出了一团团故事。有一株植物的故事尤为突出，那就是入口附近的大苹果树。园长告诉我们，这是从艾萨克·牛顿家（伍尔索普庄园）花园里一棵长了 400 年的苹果树上剪下枝条扦插得到的。那是伍尔索普庄园里的唯一一棵苹果树，树龄大到牛顿在构想万有引力定律公式时它就在那儿了。如果任何树上掉下过一个启发了牛顿的苹果，就是这一棵了。

园长提醒我们，我们面前的这棵树是由一根插条长成的，所以它算是那棵著名苹果树的一个克隆。至少从遗传学角度来看，这棵树和那棵立过功的树是同一棵（如果说真有苹果砸中过牛顿的话）。鉴于并没有坚实的事实证据证实那个有关苹果的故事，我们很快就被告知，万有引力定律的发现过程中，极不可能有任何苹果的戏份。无论如何，这无疑最可能是那棵没有掉落苹果来启发牛顿发现万有引力定律的苹果树。

这不是它唯一的克隆。园长告诉我们，还存在着另外两个克隆：一棵在三一学院门口，牛顿的炼金术实验室那儿；另一棵在数学系外。（后来我们知道，还存在着更多克隆，其中一棵种在美国麻省理工学院的校长花园里。）那个有关苹果的故事吸引力太大，以至于 3 个尤其以谨慎和寡断闻名的学术委员会都决定在学校的这片吉地里种上这些树。而且一直以来，官方说法都没有变过：有关牛顿苹果的故事真实性可疑，没有任何坚实的事实依据。

在植物学的剧场里，事情并没有变得更好。一棵植物在西方思想史上最卓越的理论突破中所扮演的角色，同时受到了肯定和否定。插枝从这样的模棱两可之中长成了实实在在的苹果树，树上又结出了实实在在的苹果，再掉落到地上，腐烂成了一堆带有浓烈气味的酒精果泥。

关于牛顿苹果的故事之所以真实性存疑，是因为牛顿本人没有为此留下任何文字记录。然而，关于这个故事，牛顿同时代的人记录下了几个版本。最详细的记录来自威廉·斯蒂克利（William Stukeley），他当时是英国皇家学会的年轻会员，也是一名古文物研究者，如今最为人熟知的工作与英国的史前环状巨石阵有关。斯蒂克利曾回忆道，1726年的某天，他和牛顿一起在伦敦用餐：[34]

用完晚餐后，天气很暖和，我们走进花园，在一棵苹果树的树荫下喝起了茶；只有他和我两个人……聊天时他告诉我，之前，当引力的概念在他脑中浮现时，他也在一样的位置。在他冥思苦想之际，一颗苹果落下。他问自己，为什么苹果永远会垂直下落至地面？为什么它不平着运动或往上运动，而总是往地球的中心运动？他肯定地推论道，是地球在吸引它。物质当中必然有一个吸引的力。

牛顿苹果故事的现代版本，是以牛顿说的故事为底本，再讲了一个新的故事。这就是为什么这些树的故事里有这么多细节。无论如何，我们都没有办法验证故事的真实性。面对这种窘境，学界表现得就像这个故事，既真又假。这个故事在传说和事实之间往来穿梭。这些苹果树强行担上了一个不可能的叙事。这是非人类生物将我们的分类边界拉伸到极限的一个例子。是否真的有一个苹果启发牛顿提出了万有引力定律？这已经不重要了。树木生长，故事成熟。

我礼貌地询问园长，是否能从这棵树上摘一些苹果。我当时并未想到这可能会是个问题。我们被告知，这个名为'肯特之花'（'Flower of Kent'）的罕见品种出了名的难吃。园长解释道，这跟它们独特的酸味和苦味组合有关——这个组合也被用来比喻牛顿晚年的性格。我惊讶于园长坚定的拒绝，便追问了原因。园长抱歉道："必须让游客们亲眼看到这些苹果从树上掉落，这样才能给传说增添真实感。"

谁在骗谁呢？怎么会有这么多受人崇敬的人士被一个故事灌醉、抚慰和限制，为之着迷、为之盲目呢？但话说回来，他们怎么可能不这样呢？讲述故事，是为了改变我们对世界的感知，因此，如果故事对我们没有这些影响，那反而更稀罕。但是，我们很难再想到有哪个场景，其中的荒谬会如此显眼。我已经从地上捡起了一个正在降解的苹果，带着酒精味，并决定用它来发酵。

但在当时，我苦于没有办法将这个苹果挤成果汁。我上网找了找，发现剑桥城郊某个社区正面临苹果问题。那里的居民在路旁栽种了苹果树，果实成熟后掉到了街上。当地的年轻人老是捡起来扔着玩，打碎了窗，砸凹了车。当地民众想出了一道绝妙的策略：居民委员会提供了一个社区苹果压榨机，目的是解决问题并减少丢弃的苹果。这似乎挺奏效。社区的暴力事件被挤成了果汁。果汁发酵成了苹果酒。苹果酒被喝进了社区精神。大体上很合理。真菌降解了一场人类危机。换句话说，人类将自己组织起来，用废弃物喂饱了嗷嗷待哺的真菌。反过来，真菌的代谢对人类的生活和文化产生了影响。啤酒、青霉素、裸盖菇素、LSD、生物燃料……这种事都发生过多少次了？

我联系了压榨机的保管人，问他们是否可以借用一下。压榨机的需求量很大，必须从上一个借用人直接转手给下一个借用人。我于是转向联系了正在使用压榨机的本地教区牧师。几天后，他开着一辆饱经风霜的沃尔沃出现在我的面前，车后载着那台美妙的机器。上面有着看上去略显邪恶的齿轮，负责将苹果磨成果泥；还有一个大的螺旋状转轴施加压力与一个出汁口。

我和一个朋友一起，带着大露营背包，趁着夜色收获了牛顿的苹果。我们留了一些在树上，让传说永流传，但很抱歉：大部分被我们带走了。后来，我发现我们是在"scrumping"——这个词源自英国西南部的方言，原意为"收集被风吹落的果实"，后指"未经允许偷摘水果"。不同之处在于，在英国西南部，苹果又指苹果酒，而苹果酒有交换价值：以前每天放工后，地主们会请工人们喝一轮苹果酒，作为一部分酬劳；

酵母再次以自己的代谢反哺了供给它们生存的农业系统。但在牛顿的树下，掉落的苹果意味着脏乱和给园艺工人所增加的累赘。压榨机高效地运转着。废弃物被挤成了果汁，果汁发酵成了苹果酒。双赢。

　　压榨苹果是个辛苦活。要两三个人扶稳压榨机，还需要一个人转动手柄。苹果在机器里研磨时，需要两个人一边洗苹果一边切。这发展成了一条生产线。压烂的苹果让整个房间都充满了那种强烈的霉味。我们的头发里有果泥，衣服湿透了。地毯黏糊糊、湿漉漉的，墙壁都染上了污色。一天忙下来，我们得到了 30 升果汁。

　　发酵苹果酒时，我们面临一个选择：要么加入袋装的人工酵母，要么什么都不加，让苹果皮上残留的天然酵母发挥作用。不同品种苹果的果皮上各带有独特的天然酵母，每一种都按自己的步调发酵，每一种都对果实味道里不同元素的保存和转化有着自己的偏好。和所有发酵一样，这是个微妙的过程。如果混入了劣质的酵母和细菌，果汁就会发出恶臭。如果用袋装的单一酵母菌种发酵，不那么可能败坏品质，但这样得到的苹果酒，其风味就不能代表这种苹果特有的天然酵母。因此毫无疑问，天然酵母要承担这个任务。牛顿的苹果早就覆满了牛顿的酵母。我没法知道最后发酵酒的是哪一种酵母，但人类的大部分历史也就是这么成形的。

　　大约发酵两周，果汁就会变成一种浑浊、辛辣的液体。我将其分装到了瓶子里。几天后，发酵产物沉积，酒液变得清澈；我为自己倒了一杯。令我惊讶的是，这酒很好喝。苹果的苦味和酸味已经转化。酒的味道富含花香，口感馥郁爽口，还带着一点点气泡，喝多一些就会感到开心和轻微的兴奋。和喝其他苹果酒的感觉不同，我没有感受到情绪的浑浊，也不觉得身子变得迟钝笨拙，虽然酵母几乎肯定让我口齿不清了。我的醉态背后有个故事；我被这个故事抚慰着、限制着、消融着；这个故事让我失去了感觉，让我精疲力竭。我把这种苹果酒命名为"引力"（Gravity），然后重重地躺下，在酵母伟大代谢的影响下眩晕。

后　记
这堆腐殖肥料

我们的双手像树根一样汲取着，

所以我将它们放在这世间的美丽事物上。

——阿西西的圣方济各[①]

孩提时代的我深爱秋天。树叶从一棵大栗树上落下，在花园里积成一堆堆的。我用耙子将它们堆成一个小丘，专心照料，周复一周地抱回一大捧新鲜落叶加进去。不久，落叶小丘就攒到能填满好几个浴缸了。我一次又一次地从栗树较低的树枝上往下跳到落叶堆里。跳进去后，我会扭动身体，直到完全浸没其中。我埋在落叶堆里，迷失在奇妙的味道中。

我父亲鼓励我将头埋到世界里去体验一切。他曾经把我驮在肩上，让我像蜜蜂一样把脸埋到花里。我们肯定帮无数花朵完成了传粉——从一株植物流转到另一株，我的脸颊上蹭满了黄色和橘色，脸为了适应花瓣搭成的篷罩而挤成了新的形状。我们两个都为那些颜色、气息和混乱而欣喜不已。

落叶小丘既是让我躲藏的地方，也是供我探索的世界。但随着一个月一个月地过去，小丘变小了。要淹没在里面变得更加困难。我调查了一番，往小丘的最深处摸索，捞出来的潮湿玩意儿越来越不像叶子，越来越像泥土。虫子逐渐出现。它们是在把土壤往上带到小丘里，还是在把叶子往下带到土壤里呢？我没能得出确切的结论。我感觉那一堆叶子在下沉，但如果确实如此，它在往哪儿沉？土壤有多深？是什么让这个

[①]　Saint Francis of Assisi，阿西西的圣方济各，是动物、天主教运动等的守护圣人，也是方济各会的创办者。

世界在这片固体海洋上保持漂浮的？

我问了我父亲。他给我一个答案，我又回问一句"为什么"。不论我问多少次，他都有答案。这些"为什么"游戏会持续到我累倒为止。我就是在一次这样的游戏里第一次了解到了降解过程。我尽力想象那些吃掉所有叶子的隐形生物，想象那么小的生物怎么会有那么大的胃口。我尽力想象，当我埋身在落叶堆里时，它们如何吞噬这些叶片。我为什么看不见这个过程？如果它们饥饿到需要如此猛烈地进食，那我只要把自己埋在落叶堆里，躺着默不作声，就应该能逮到它们吧。但它们总能巧妙地避开我。

父亲提议做一个实验。我们剪掉了一个透明塑料瓶子的顶部，在瓶子里一层层交替着填上土壤、沙子和枯叶，最后放入一把蚯蚓。接下来的几天里，我看着蚯蚓在一层层之间蠕动穿梭。它们混合、搅拌。瓶里的物质不再保持原样。沙子渗进土壤，叶片钻进沙子。层与层之间分明的边缘消解并融入彼此。父亲解释道，蚯蚓或许还能看到，但还存在着更多我们看不到的、跟蚯蚓行为相似的生物。小虫子。比小虫子还小的生物。比这更小的、看起来不像虫子但也和虫子一样能够混合、搅拌、将一种物质消融到另一种物质里的生物。作曲者①让一章章音乐诞生，降解者则让一个个生命归于尘土。没有它们，就什么也不能发生。

这种看待万物的观念对我很有帮助。感觉就好像有人给我展示了如何逆转思维，如何反过来思考问题。这样，我就拥有了双向的箭头：创造者制造，降解者分解。如果降解者不分解，创造者就没有任何东西能用来制造。这个观念改变了我理解世界的方式。也是从这个观念之中，从我对降解生物的迷恋之中，我对真菌产生了兴趣。

这些问题和迷恋，堆肥似的堆出了这本书。问题如此之多，答案如此之少——这令我心驰神往。模棱两可不再像从前那样让我难受；我也变得更容易抵抗用确定性来补偿不确定性的过程所带来的诱惑。在与研

---

① 此处原文为 composer，既可为"作曲者"，又可为"创造者"，与"降解者"的英文 decomposer 相对。除了本处，后文中的 composer 皆译为"创造者"。

究者和爱好者的谈话中，我发现自己成了一个不知情的中间人，回答着大家在非常不同的真菌领域做着什么的问题——有时是往土壤里混进几粒沙子，有时则是往沙子里掺进几块土壤。我脸上的花粉比刚开始时多了。老问题上堆叠起了新问题。我要跳入的落叶堆比以前的更大了，闻起来还和之前的差不多诡秘。但是这个落叶堆湿气更重，体积也更大，能让我埋得更深，可探索之处也更多。

真菌可以长出子实体，但首先，它们必须分解其他一些物质。本书已经成书，下一步就是把它交给真菌去分解了。我会拿一本实体书，打湿它，然后在上面种上侧耳属真菌的菌丝体。等真菌吃掉语词、内页、环衬，并在封面上长出平菇时，我就会把它们吃掉。我会再拿一本书，撕下所有内页捣成糊状，再用一种弱酸把纸张的纤维素转化成糖。我会往这个糖溶液里加入一种酵母。等它发酵成啤酒，我就会将其喝下，终止这个循环。

真菌能创造世界，也能分解世界。我们有很多办法把它们"抓个现行"：煮成蘑菇汤或者直接生吃；出门采摘或者购买蘑菇；酿酒、种植物，或单纯就把手埋到土壤里。反过来，不论你是否被真菌影响过心智，或是否惊奇于它们影响其他人心智的方式；不论你是否被真菌治愈过，或是见过它们治愈他人；不论你是否用真菌建造自己的房子，或是在自己的房子里培育蘑菇，真菌都会把你抓个现行。只要活着，你就已经被它们缠上。

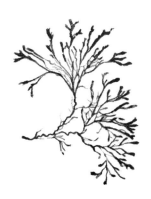

致　谢

　　如果没有许多专家、学者、研究人员和爱好者的指引、教导与耐心帮助，我不可能写成本书。我尤其想感谢拉尔夫·亚伯拉罕（Ralph Abraham）、安德鲁·阿德玛茨基（Andrew Adamatzky）、菲尔·艾尔斯（Phil Ayres）、奥尔贝特-拉斯洛·鲍劳巴希（Albert-László Barabási）、埃本·拜尔（Eben Bayer）、凯文·拜勒（Kevin Beiler）、路易斯·贝尔特伦（Luis Beltran）、迈克尔·博伊格（Michael Beug）、马丁·比达尔通德（Martin Bidartondo）、琳内·博迪（Lynne Boddy）、乌尔夫·宾特根（Ulf Büntgen）、邓肯·卡梅伦（Duncan Cameron）、基思·克莱（Keith Clay）、伊夫·库代（Yves Couder）、布林·当坦热（Bryn Dentinger）、朱莉·德斯里普（Julie Deslippe）、凯蒂·菲尔德（Katie Field）、伊曼纽尔·福特（Emmanuel Fort）、马克·弗里克（Mark Fricker）、玛丽亚·焦万纳·加利亚尼（Maria Giovanna Galliani）、露西·吉尔伯特（Lucy Gilbert）、鲁菲诺·冈萨雷斯（Rufino Gonzales）、特雷弗·高厄德（Trevor Goward）、克里斯蒂安·格罗瑙（Christian Gronau）、奥马尔·埃尔南德斯（Omar Hernandez）、艾伦·赫尔（Allen Herre）、戴维·希贝特（David Hibbett）、斯蒂芬·伊姆霍夫（Stephen Imhof）、戴维·约翰逊（David Johnson）、托比·基尔（Toby Kiers）、卡勒姆·金威尔（Callum Kingwell）、那图什卡·李（Natuschka Lee）、查尔斯·勒费夫尔（Charles Lefevre）、埃格伯特·利（Egbert Lee）、戴维·卢克（David Luke）、斯科特·曼根（Scott Mangan）、迈克尔·马德（Michael Marder）、彼得·麦考伊（Peter McCoy）、丹尼斯·麦克纳（Dennis McKenna）、波尔·阿克塞尔·奥尔松（Pål Axel Olsson）、斯

特凡·奥尔松（Stefan Olsson）、马格努斯·拉特（Magnus Rath）、艾伦·雷纳（Alan Rayner）、戴维·里德（David Read）、丹·雷弗里尼（Dan Levillini）、马库斯·罗珀（Marcus Roper）、简·萨普（Jan Sapp）、卡罗琳娜·萨尔米恩托（Carolina Sarmiento）、贾斯廷·谢弗（Justin Schaffer）、杰森·斯科特（Jason Scott）、马克-安德烈·瑟洛斯（Marc-André Selosse）、杰森·斯洛特（Jason Slot）、萨米·索利曼（Sameh Soliman）、托比·斯普里比尔（Toby Spribille）、保罗·斯塔梅茨（Paul Stamets）、迈克尔·斯塔瑟（Michael Stusser）、安娜·清（Anna Tsing）、拉斯卡尔·特贝维尔（Raskal Turbeville）、本·特纳（Ben Turner）、米尔顿·温赖特（Milton Wainwright）、霍坎·瓦兰德（Håkan Wallander）、乔·赖特（Joe Wright）和卡米洛·萨拉梅亚（Camilo Zalamea）。

我的经纪人杰茜卡·伍拉德（Jessica Woolard）与我的编辑威尔·哈蒙德（Will Hammond，鲍利海出版社）和希拉里·雷德蒙（Hilary Redmon，兰登书屋）为我提供了源源不断的鼓励、清晰的头脑和睿智的建议，我对此非常感谢。在鲍利海/古董出版社（Vintage），我有幸与格雷厄姆·科斯特（Graham Coster）、苏珊娜·迪安（Suzanne Dean）、索菲·佩因特（Sophie Painter）和乔·皮克林（Joe Pickering）一同工作；在兰登书屋，我与卡拉·伊夫（Karla Eoff）、卢卡斯·海因里希（Lucas Heinrich）、蒂姆·欧布莱恩（Tim O'Brian）、西蒙·沙利文（Simon Sullivan）、莫莉·特平（Molly Turpin）和米中埃达（Ada Yonenaka）组成的出色团队一起工作。科林·埃尔德（Collin Elder）尝试用毛头鬼伞制成的墨水作画，为本书创作出了一套精美的真菌插图。我要感谢泽维尔·巴克斯顿（Xavier Buxton）、西米·弗罗因德（Simi Freund）、朱莉娅·哈特（Julia Hart）、皮特·赖利（Pete Riley）和安娜·韦斯特迈尔（Anna Westermeier）帮我翻译了部分材料。帕姆·斯马特（Pam Smart）提供了非常有用的转写协助，《发人深思的孢子》（"Spores for Thought"）写作团队的克里斯·莫里斯（Chris Morris）收集了孢子印。

克里斯蒂安·齐格勒（Christian Ziegler）和我一起探索了巴拿马的森林，并拍下了真菌异养植物运作生命的魔法。

我非常感激那些在本书成书各阶段读过部分或全部内容的人：莱奥·阿米尔（Leo Amiel）、安格莉卡·考多（Angelika Cawdor）、纳迪娅·切尼（Nadia Chaney）、莫尼克·查尔斯沃思（Monique Charlesworth）、利比·戴维（Libby Davy）、汤姆·埃文斯（Tom Evans）、查尔斯·福斯特（Charles Foster）、西米·弗罗因德、斯蒂芬·哈丁（Stephan Harding）、伊恩·亨德森（Ian Henderson）、约翰尼·利夫舒茨（Johnny Lifschutz）、罗伯特·麦克法兰（Robert Macfarlane）、巴纳比·马丁（Barnaby Martin）、乌塔·帕斯科夫斯基（Uta Paszkowski）、杰瑞米·普林（Jeremy Prynne）、吉尔·珀斯（Jill Purce）、皮特·赖利、埃琳·罗宾松（Erin Robinsong）、尼古拉斯·罗森施托克（Nicholas Rosenstock）、威尔·萨普、艾玛·塞耶（Emma Sayer）、科斯莫·谢尔德雷克（Cosmo Sheldrake）、鲁珀特·谢尔德雷克（Rupert Sheldrake）、萨拉·舍隆德（Sara Sjölund）、泰迪·圣·奥宾（Teddy St. Aubyn）、埃里克·韦尔布鲁真（Erik Verbruggen）和弗罗拉·华莱士（Flora Wallace）。我离不开他们的洞见和敏锐。

我感谢大家一路以来带给我的幽默、关照和启发。我要感谢戴维·阿勃拉姆（David Abram）、麦莉丝·艾布森（Mileece Abson）、马修·巴利（Matthew Barley）、福恩·巴伦（Fawn Baron）、芬恩·比姆斯（Finn Beames）、格里·布雷迪（Gerry Brady）、迪恩·布罗德里克（Dean Broderick）、卡罗林·凯西（Caroline Casey）、乌达维·克鲁斯-马克斯（Udavi Cruz-Márquez）、迈克·德达南·达图拉（Mike de Danann Datura）、安德烈亚·德凯泽（Andréa de Keijzer）、林迪·达弗林（Lindy Dufferin）、萨拉·珀尔·埃根多尔夫（Sara Perl Egendorf）、扎克·恩布里（Zac Embree）、阿曼达·费尔丁（Amanda Feilding）、约翰尼·弗林（Johnny Flynn）、维克托·弗兰克尔（Viktor Frankel）、达纳·弗雷德里克（Dana Frederick）、查理·吉尔摩（Charlie Gilmour）、

斯蒂芬·哈丁、露西·欣顿（Lucy Hinton）、里克·因格拉希（Rick Ingrasci）、詹姆斯·凯伊（James Keay）、奥利弗·科尔罕默（Oliver Kelhammer）、埃里卡·科恩（Erica Kohn）、娜塔丽·劳伦斯（Natalie Lawrence）、山姆·李（Sam Lee）、安迪·莱彻（Andy Letcher）、简·朗曼（Jane Longman）、路易斯·爱德华多·卢纳（Luis Eduardo Luna）、瓦哈肯·马托西安（Vahakn Matossian）、尚·马特森（Sean Matteson）、汤姆·福特斯·迈耶（Tom Fortes Mayer）、埃文·麦高恩（Evan McGown）、扎因·穆罕默德（Zayn Mohammed）、马克·莫里（Mark Morey）、维多利亚·穆勒瓦（Viktoria Mullova）、米沙·穆勒弗-阿巴多（Misha Mullov-Abbado）、查理·墨菲（Charlie Murphy）、丹·尼科尔森（Dan Nicholson）、理查德·珀尔（Richard Perl）、约翰·普雷斯顿（John Preston）、安东尼·拉姆齐（Anthony Ramsay）、威尔玛·拉姆齐（Vilma Ramsay）、保罗·拉斐尔（Paul Raphael）、史蒂夫·鲁克（Steve Rooke）、格里芬·洛尔-厄普约翰（Gryphon Rower-Upjohn）、马特·西格尔（Matt Segall）、鲁平德·西杜（Rupinder Sidhu）、韦恩·西尔比（Wayne Silby）、保罗·罗伯托·席尔瓦·厄索萨（Paulo Roberto Silva e Souza）、乔尔·所罗门（Joel Solomon）、安妮·斯蒂尔曼（Anne Stillman）、佩姬·泰勒（Peggy Taylor）、罗伯特·唐普勒（Robert Temple）、杰瑞米·特雷斯（Jeremy Thres）、马克·沃捏斯（Mark Vonesch）、弗罗拉·华莱士、安德鲁·怀尔（Andrew Weil）、卡里·温德尔-麦克莱兰（Khari Wendell-McClelland）、凯特·惠特利（Kate Whitley）、希瑟·沃尔夫（Heather Wolf）和乔恩·扬（Jon Young）。

多年来，我受惠于许多卓越的老师、导师，尤其是帕特里莎·法拉（Patricia Fara）、威廉·福斯特（William Foster）、霍华德·格里菲思（Howard Griffths）、戴维·汉克（David Hanke）、尼克·贾丁（Nick Jardine）、麦克·马耶鲁斯（Mike Majerus）、奥利弗·拉克姆（Oliver Rackham）、弗格斯·里德（Fergus Read）、西蒙·谢弗（Simon Schaffer）、埃德·坦纳（Ed Tanner）和路易斯·沃塞（Louis Vause）。

我向以下这些机构的支持表示无尽的感激：剑桥大学克莱尔学院、剑桥大学植物科学系与科学史和科学哲学系。我在这些地方度过了令人心潮澎湃的几年；史密森学会热带研究所在我住在巴拿马期间为我提供了支持，而且他们仍在照料巴罗科罗拉多自然纪念碑；不列颠哥伦比亚的荷利霍克在冬天为我提供了一个优美的工作环境。

数不清的音乐在本书的写作过程中帮助我思考和感受。尤其是阿卡人的音乐，还有约翰·塞巴斯蒂安·巴赫（Johann Sebastian Bacly）、威廉·伯德（William Byrd）、迈尔斯·戴维斯（Miles Davis）、若昂·吉尔伯托（João Gilberto）、比莉·霍利戴（Billie Holiday）、查尔斯·明格斯（Charles Mingus）、塞隆尼斯·蒙克（Thelonious Monk）、蒙多格（Moondog）、巴德·鲍威尔（Bud Powell）、托马斯·塔利斯（Thomas Tallis）、胖子沃勒（Fats Waller）和泰迪·威尔森（Teddy Wilson）。对本书的成形起到最大引导作用的有两个地方，分别是汉普斯特德荒野（Hampstead Heath）和柯蒂斯岛（Cortes Island）。我对这些地方和住在这些地方、保护这些地方的人们的感激之情无以言表。我最要感谢埃琳·罗宾松、科斯莫·谢尔德雷克和我的父母吉尔·珀斯和鲁珀特·谢尔德雷克，他们带给了我启发、爱、风趣、智慧、慷慨和无尽的耐心。

图片致谢

作者和出版方感谢权利人允许转载以下材料的节选：'Heaven is Jealous' from *A Year With Hafiz: Daily Contemplations*, translation © Daniel Ladinsky 2011; 'Like Roots' from *Love Poems From God: Twelve Sacred Voices From the East and West*, translation © Daniel Ladinsky 2002; 'Fayan Wenyi' from 'The Book of Silences' from *Selected Poems* © Robert Bringhurst 2009; 'Green Grass', words and music by Kathleen Brennan & Thomas Waits © 2004 Jalma Music. Universal Music Publishing MGB Limited. All rights reserved. International copyright secured. Used by permission of Hal Leonard Europe Limited; 'A New Year Greeting' © The Estate of W. H. Auden.

感谢允许复制第 47 页的图片，由 Collin Elder 根据原始图片重新绘制。原始图片 © Symbolae。

注 释

绪言 当真菌是怎样一种感觉?

引言: Ḥāfiẓ(1315—1390),摘于 Ladinsky, *A Year with Hafiz*(2010)。

1　Ferguson et al. 2003。除此之外,还有许多其他关于巨大蜜环菌网络的报告。一项由 Anderson et al. (2018) 发表的研究调查了密歇根州的一个菌丝体网络。据估测,它已经形成了 2 500 年,重至少 40 万公斤,覆盖区域达 75 公顷。这些研究者发现,这个真菌的基因突变率极低;这意味着它能够保护自己的 DNA,让其免受损伤。这个真菌如何维持这样一个稳定的基因组呢? 我们不得而知。但是,这或许有助于解释其长寿。除蜜环菌外,海草因其克隆性也可以长成最大的生命体之一〔Arnaud-Haond et al. (2012)〕。

2　Moore et al. (2011) ch. 2.7; Honegger et al. (2018)。研究人员在北美洲、欧洲、非洲、亚洲和大洋洲都找到了原杉藻的化石残骸。自 19 世纪中期以来,生物学家就困惑于原杉藻究竟是什么。起初,人们以为它们是腐朽的树木。不久后,它们的分类地位被提升到了 "巨大的海洋藻类",虽然有众多证据显示它们生长在陆地上。2001 年,经过数十年的争辩,有人提出,原杉藻其实是一种真菌的子实体。这个论证极具说服力:原杉藻形成于交织在一起的繁茂细丝,这些细丝看上去尤其像真菌的菌丝。碳同位素分析揭示,它们依赖消化周围物质,而非光合作用生存。后来,Selosse (2002) 提出原杉藻更可能是类似地衣的巨大结构,由真菌和能进行光合作用的藻类构成。他认为,原杉藻太大了,不可能只靠降解植物来维持自身。如果原杉藻部分依赖光合作用,它们就能将光合作用生产的能量作为死去植物饮食的补充。这样,它们就既有能力,也有动力长成比周围任何东西都更高的结构。除此之外,原杉藻含有当时藻类具有的坚固聚合物,暗示着藻类细胞和真菌菌丝纠缠着居住在一起。地衣假说也能解释它们的灭绝。原杉藻统治地球 4 000 万年后,谜一样地灭绝了——彼时正值植物演化成树和灌木。这个事实也说明原杉藻可能是一种类似地衣的生物,因为更多植物的出现就意味着更多光照被遮蔽。

3　对真菌多样性和分布的大致讨论,见 Peay (2016);海洋中的真菌,见 Bass et al. (2007);植物内生真菌,见 Mejía et al. (2014)、Arnold et al. (2003) 和 Rodriguez et al. (2009)。对酿酒厂里靠着威士忌木桶在威士忌成熟过程中散发出的酒精蒸汽繁茂生长的特异性真菌的描述,见 Alpert (2011)。

4　消化石头的真菌,见 Burford et al. (2003) 和 Quirk et al. (2014);塑料和 TNT,见 Peay et al. (2016)、Harms et al. (2011)、Stamets (2011) 和 Khan et al. (2017);抗辐射真菌,

见 Tkavc et al. (2018)；利用辐射能的真菌，见 Dadachova & Casadevall (2008) 和
Casadevall et al. (2017)。

5　喷射孢子的过程，见 Money (1998)、Money (2016) 和 Dressaire et al. (2016)。孢子量
　　及其对天气的影响，见 Fröhlich-Nowoisky et al. (2009)。有关真菌在孢子散播问题上
　　演化出的多样解决方案，见 Roper et al. (2010) 和 Roper & Seminara (2017)。

6　关于流动，见 Roper & Seminara (2017)；关于电冲动，见 Harold et al. (1985)
　　以及 Olsson & Hansson (1995)。酵母在真菌界所有物种中占 1%；它们通过出芽生
　　殖或一分为二的方式扩增自己。一些酵母能在特定条件下形成菌丝结构，见 Sudbery
　　et al. (2004)。

7　对真菌顶开沥青和抬起铺路石的描述，见 Moore (2013b) ch. 3。

8　切叶蚁不仅会喂养它们的真菌并为其提供住宿，还会治疗这些真菌。切叶蚁的菌圃只
　　栽培单种真菌。和人类的单作一样，这些真菌很容易受到损伤。有一种寄生真菌尤其
　　有威胁性，能消灭一整个菌圃。切叶蚁（爱特蚁）的口器和前足上隐藏着腺窝，其中
　　寄生着一放线菌，由腺体分泌的物质供养。每一个蚁巢会培育特定的细菌菌株。相
　　比于别的细菌菌株，切叶蚁会偏好使用这一细菌，甚至能在亲缘关系相近的菌株间将
　　其辨识出来。这些被驯化的特定细菌能分泌抗生素，强劲地抑制寄生真菌，并促进栽
　　培真菌的生长。如果没有这些栽培真菌，切叶蚁种群就不可能发展到如此大的规模。
　　见 Currie et al. (1999)、Currie et al. (2006) 和 Zhang et al. (2007)。

9　关于罗马人的神明罗比古斯，见 Money (2007) ch. 6 和 Kavaler (1967) ch. 1。超级真
　　菌，见 Fisher et al. (2012, 2018)、Casadevall et al. (2019) 和 Engelthaler et al. (2019)；
　　感染两栖动物的真菌疾病，见 Yong (2019)；香蕉真菌病，见 Maxman (2019)。在动
　　物中，细菌引起的疾病比真菌引起的疾病更具威胁。相比之下，在植物中，真菌引起
　　的疾病比细菌引起的疾病危害更甚。无论生物体患病还是健康，这个规律都成立。动
　　物的微生物群一般主要由细菌组成，植物的微生物群一般主要由真菌组成。这并不意
　　味着动物完全不会患上真菌疾病。Casadevall (2012) 提出，在毁灭了恐龙的白垩纪-
　　古近纪灭绝事件后，哺乳动物的兴起和爬行动物的衰败是由哺乳动物抗击真菌疾病的
　　能力带来的。与爬行动物相比，哺乳动物有一系列劣势：它们是恒温动物，因此要耗
　　费更多能量；产奶和精心照料后代还会耗费更多能量。但哺乳动物更高的体温或许正
　　是它们替代爬行动物、成为主要陆生动物的秘诀。哺乳动物更高的体温能帮它们抵御
　　真菌病原体的侵染——现在的假说认为，在白垩纪-古近纪灭绝事件时期，森林的大
　　规模毁灭导致这些真菌病原体从"全球腐殖堆"中大量繁衍出现。时至今日，比起爬
　　行动物和两栖动物，哺乳动物仍对常见的真菌疾病具有更强的抗性。

10　关于尼安德特人的研究，见 Weyrich et al. (2017)；"冰人"，见 Peintner et al. (1998)。我
　　们不确定"冰人"是如何使用桦拟层孔菌的，但它们味道很苦，是无法被消化的软
　　木，所以肯定不是任何意义上的"营养"物质。"冰人"精心携带这些真菌（真菌被
　　做成了形似皮带上的钥匙扣的样子），这表明他对这些真菌的价值和应用有着不俗的
　　认知。

11　关于霉菌药物，见 Wainwright (1989a, 1989b)。人们发现，从埃及、苏丹和约旦等考

古工地中发现的公元 400 年的人类遗骸内存在高水平的抗生素四环素（tetracycline），这意味着这些人长期服用四环素，很可能是做药用。四环素由一种细菌而非真菌生产，但是可能来源于发霉的谷物，这些谷物大概率被用于制作药用啤酒，可见 Bassett et al. (1980) 和 Nelson et al. (2010)。从弗莱明的第一次发现，到青霉素在世界舞台登场，其间的过程并非一帆风顺，而是需要投入极大量的人力：做实验、产业化生产、投资和政治支持。一开始，弗莱明很难让任何人对他的发现感兴趣。用米尔顿·温赖特（Milton Wainwright，微生物学家、科学史学家）的话说，弗莱明性格古怪，是一个"捣乱分子"。"他是出了名的疯子，喜欢做蠢事，比如在一个培养皿里用不同的细菌培养物做出女王的画像。"自弗莱明首次发现的 12 年后，证明青霉素医疗价值的重要证据才终于出现。20 世纪 30 年代，牛津大学的一个研究组开发了一种提取并提纯青霉素的方法；1940 年，他们进行了试验，结果表明青霉素对感染有着惊人的抵抗力。然而，青霉素仍然难以量产。在缺少广泛可获取的产品的情况下，医药杂志发表了霉菌培育指南。家庭作坊里的粗制提取物，混上手术纱布（所谓的"菌丝体垫"）上切碎的菌丝体，被许多医生用于治疗感染；有记录显示，这些疗法非常有效，见 Wainwright (1989a, 1989b)。青霉素的工业化生产最先在美国实现。这一部分是因为美国已经发展出了较为成熟的在工业发酵罐里培养真菌的方法，另一部分是因为人们发现了高产的青霉菌，这些菌种又经历了几轮突变，进一步增加了产量。青霉素的工业化生产激发人们再去搜寻新的抗生素，并为此大规模地开展工作，筛选了数千种真菌和细菌。

12　关于药用化合物，见 Linnakoski et al. (2018)、Aly et al. (2011) 和 Gond et al. (2014)。裸盖菇素，见 Carhart-Harris et al. (2016a)、Griffths et al. (2016) 和 Ross et al. (2016)。疫苗和柠檬酸，见 State of the World's Fungi (2018)。有关食用菌和药用菌市场，见 www.knowledge-sourcing.com/report/global-edible-mushrooms-market（2019 年 10 月 29 日登入）。1993 年，一项发表于《科学》的研究显示，一种从太平洋红豆杉的树皮中分离出的植物内生真菌能产生紫杉醇（即 Taxol），见 Stierle et al. (1993)。后来，人们发现，和植物相比，真菌中能产生紫杉醇的种类更广泛——大约有 200 种植物内生真菌，横跨好几个真菌家族，可见 Kusari et al. (2014)。作为一种强效的抗真菌物质，紫杉醇的防御作用非常重要：能产生紫杉醇的真菌可以抵抗其他真菌。紫杉醇对真菌的作用和对癌症一样——阻断细胞分裂。产生紫杉醇的真菌自身对其效果免疫，其他红豆杉的植物内生真菌也一样，见 Soliman et al. (2015)。已经有一系列其他真菌抗癌药物进入了主流药物学。香菇多糖（lentinan）是一种从香菇中提取的多糖；人们发现它能激发免疫系统抗击癌症的能力，日本已经将其用于胃癌和乳腺癌的治疗方案，见 Rogers (2012)。PSK 是一种从云芝里提取的化合物，能延长多种癌症的患者的存活时间，在中国和日本会与常规癌症治疗方案联用。

13　关于真菌黑色素，见 Cordero (2017)。

14　对真菌物种数量的估计，见 Hawksworth (2001) 和 Hawksworth & Lücking (2017)。

15　神经科学家们认为，我们的预期会"自上而下"地影响感知，有时也称其为"贝叶斯推断"[因托马斯·贝叶斯得名；贝叶斯是一名数学家，是概率学数学（或称"可能性原理"）的奠基人]。见 Gilbert & Sigman (2007) 和 Mazzucato et al. (2019)。

16　Adamatzky (2016)、Latty & Beekman (2011)、Nakagaki et al. (2000)、Bonifaci et al. (2012)、Tero et al. (2010) 和 Oettmeier et al. (2017)。研究者在《绒泡菌机器研究进展》（*Advances in Physarum Machines*）里详细描述了黏菌许多惊人的特性，见 Adamatzky (2016)。一些人用黏菌来制作决策门和振荡器，还有一些人会用黏菌模拟人类的迁徙，并用黏菌建模来预测未来人类在月球上的迁徙规律。受到黏菌启发的数学模型包括 Shor 算法（Shor's factorization）的经典实现方式、对最短路径的计算，还有供应链网络的设计。Oettmeier et al. (2017) 提到，昭和天皇（1926—1989 年在位）着迷于黏菌，在 1935 年出版了一本相关的书。从那以后，黏菌这个研究课题在日本一直享有很高的声望。

17　林奈设计并在他 1735 年的《自然系统》（*Systema Naturae*）中发表的分类系统（也就是我们沿用至今的分类系统的早期版本），将这种等级观念延伸到了人类身上。在人类排行榜里，最顶上的是欧洲人："非常聪明、有创造力。衣着得体。按法律治理。"美洲人紧随其后："按习惯治理。"然后是亚洲人："按意见治理。"然后是非洲人："懒惰、散漫……狡猾、迟钝、粗心。身上覆满油脂。品性无常易变。"见 Kendi (2017)。等级分类系统对不同物种的排序带有物种歧视色彩。

18　身体不同部位的不同微生物群落，见 Costello et al. (2009) 和 Ross et al. (2018)。与星系里星星的对比，见 Yong (2016) ch. 1。W. H. 奥登（W. H. Auden）在他的《新年问候》（"New Year Greeting"）里，将自己身体构成的生态系统献给了体内的微生物居民。"为如你大小的生物我献上 / 随意挑选栖息地的权利，/ 所以安家吧 / 在最适合你之处，/ 在我毛孔的池子里 / 或在腋窝和胯下的热带森林里，/ 在我前臂的沙漠里，/ 或在我头皮的凉爽树林里。"

19　关于器官移植和人类细胞培养，见 Ball (2019)。对我们微生物组规模大小的估计，见 Bordenstein & Theis (2015)。病毒里的病毒，见 Stough et al. (2019)。对微生物组的大致介绍，见 Yong (2016) 和《自然》关于人类微生物组的特刊（2019 年 5 月）：https://www.nature.com/collections/fiabfcjbfj（2019 年 10 月 29 日登入）。

20　某种意义上，所有的生物学家如今都是生态学家——但受生态学训练的生态学家起步较早，他们的方法已经开始渗透到新的领域：许多生物学家正开始呼吁大家在非传统生态学的生物学领域使用生态学方法。见 Gilbert & Lynch (2019) 和 Venner et al. (2009)。颇有一些例子能说明由生活在真菌里的微生物引起的这种连锁反应。Márquez et al. (2007) 发表在《科学》上的一项研究描述了"一株植物里的一个真菌里的一个病毒"。该植物是一种生活在热带的禾草，在高温土壤里自然生长。但如果没有它叶子里的真菌同伴，这种禾草无法在高温下存活。如果去掉植物，让真菌单独生长，结果也好不到哪里去——真菌也不能在高温下存活。然而，研究人员发现并不是这个真菌带来了在高温下存活的能力。其实，带来耐热能力的是一种生活在这种真菌里的病毒。如果去除了这种病毒，不论是这种真菌还是这种植物，都无法在高温下生存。换句话说，这种真菌的微生物组决定了它在植物的微生物组里的作用。结果很清楚：生死攸关。提到生活在微生物里的微生物，最为惊人的例子之一是臭名昭著的小孢根霉（*Rhizopus microsporus*）。小孢根霉引发稻瘟病所使用的关键毒素其实由生活在其菌丝里的一种细菌产生。小孢根霉不仅需要这种细菌来引起疾病，还依赖这种细菌繁殖。这一出人意料的事实说明，真菌和其菌同伴的命运多么盘根交错。如果通过实验"治愈"小孢根霉，驱逐出居住在它体内的细菌，小孢根霉产生孢子的过程就会受阻。这种细菌在小孢根霉生活方式里最重要的特性中起着关键性的作用，不论是饮食还是生殖习惯。见 Araldi-Brondolo et al. (2017)、Mondo et al. (2017) 和 Deveau et al. (2018)。

21　关于自我认同感丧失的评论，见 Relman (2008)。对人类是一个个体还是一个群体的讨论由来已久。在 19 世纪的生理学界，多细胞生物的身体被视为由细胞的群落构成。群落中的每一个细胞都是一个个体，就好比一个国家里的每一个人类个体成员。微生物学的进展让这些问题变得复杂，因为你体内的众多细胞严格来讲互相并无关联，不像一个普通的肝细胞和一个普通的肾细胞有着一定的关联。见 Ball (2019) ch. 1。

第1章　诱　惑

引言：Prince, "Illusion, Coma, Pimp & Circumstance," *Musicology* (2004)。

1　在阿姆斯特丹售卖的致幻"松露"并非真菌的子实体（如它们名字所暗示的），而是被称为"菌核"（sclerotia）的存储器官。之所以被叫成"松露"，只是因为它们表面上看起来相像。

2　关于一万亿种气味，见 Bushdid et al. (2014)；关于借着味道寻踪，见 Jacobs et al. (2015)；关于嗅觉闪回和人类嗅觉能力的概论，见 McGann (2017)。有些人被归类为"超级嗅觉者"或者嗅觉过敏者。Trivedi et al. (2019) 这项研究报告，一位"超级嗅觉者"可以仅通过闻味道来嗅出帕金森患者。

3　对不同化学键味道的讨论，见 Burr (2012) ch. 2。

4　这些受体属于 G 蛋白偶联受体（G protein-coupled receptor，简称 GPCR）这个大家族。有关人类嗅觉敏感度的研究，见 Sarrafchi et al. (2013)；他们报告，人类能在 $1/10^{15}$ 的浓度下察觉一些气味。

5　关于 "*turmas de tierra*"，见 Ott (2002)。根据亚里士多德的说法，松露是"献给阿佛洛狄特的一种水果"。传言，它们曾被拿破仑和萨德侯爵用作壮阳剂，而乔治·桑（George Sand）描述它们为"爱情的黑魔法苹果"。据法国美食家让·安泰尔姆·布里亚-萨瓦兰（Jean Anthelme Brillat-Savarin）记载，"松露有助于情色欢悦"。19 世纪 20 年代，他开始调查这个常见的认知，对女士们（"我收到的所有回复都言带嘲讽或闪烁其词"）和男士们（"以他们的专业性来论，我格外信任他们"）进行了一系列咨询。他得出结论，"松露并不是真正的壮阳剂，但一些情况下，它能让女人更温柔，让男人更体贴"，见 Hall et al. (2007) p. 33。

6　关于洛朗·兰博，见 Chrisafis (2010)。记者瑞安·雅各布斯（Ryan Jacobs）记录了松露供应链上的不正当行径。一些人会在混入了马钱子碱的肉丸下毒；还有一些会在森林里的水洼里下毒，这样能让戴着口套的狗也中毒；还有一些会放置插入了玻璃碎片的肉；另一些会用老鼠药或防冻液。根据兽医的报告，每个松露季都会有数百只中毒的狗被送来接受治疗。官方已经在用嗅毒犬巡逻一些树林，见 Jacobs (2019) pp. 130–34。2003 年，《卫报》有报道称，法国松露专家米歇尔·图奈尔（Michel Tournayre）的松露猎犬被偷了。图奈尔怀疑，小偷没有卖掉那只狗，而是在用它从别人的地盘偷松露，见 Hall et al. (2007) p. 209。用偷来的狗去偷松露，还能有比这更妙的点子吗？

7　关于鼻子血淋淋的麋鹿，见 Tsing (2015), "Interlude. Smelling"；由蝇类传粉的兰花，见 Policha et al. (2016)；采集复杂的芳香化合物的兰花蜂，见 Vetter & Roberts (2007)；与真菌产生的化合物的相似之处，见 de Jong et al. (1994)。兰花蜂会分泌一种脂质，涂到散发目标气味的物品上。吸收香味后，脂质会被刮回来，存储在它们后腿的囊袋结构里。这个方法的原理和脂吸法（enfleurage）很像；数百年来，人类都在使用脂吸法萃取像茉莉花香这样过于脆弱而难以用高温萃取的香味，见 Eltz et al. (2007)。

8　Naef (2011)。

9　关于德博尔德，见 Corbin (1986), p. 35。

10　关于破纪录的松露，见 news.bbc.co.uk/1/hi/world/europe/7123414.stm（于 2019 年 10 月 29 日登入）。

11　关于松露微生物群落在气味产生过程中所扮演的角色，相关讨论见 Vahdatzadeh et al. (2015)。在我和达尼埃莱、帕里德外出时，我注意到从河边的淤泥里挖出来的松露，和在山谷上方陶土较多处发现的松露闻起来非常不同。这些不同对一只饥饿的鼩鼱来说可能没什么。但在阿尔巴发现的一颗白松露能卖出的价格，是在博洛尼亚发现的一颗白松露的四倍（一些松露贩子会将博洛尼亚松露说成阿尔巴松露，这也说明并非每个人都能辨别它们）。已有正式研究确认了松露挥发性物质含量的区域差异（Vita et al. [2015]）。

12　关于松露产生雄烯醇的原始报告，见 Claus et al. (1981)；9 年后的后续研究，见 Talou et al. (1990)。

13　这些年以来，随着检测方法的进步，单一一种松露能产生的易挥发物质数目稳定增加。这些检测方法依然没有人类的鼻子那么敏感，而且松露易挥发物质的数目在未来还很可能继续增加。白松露易挥发物质，见 Pennazza et al. (2013) 和 Vita et al. (2015)；其他松露，见 Splivallo et al. (2011)。有许多理由可以说明将松露的所有诱惑都归功于单个化合物是很危险的。在 Talou et al. (1990) 中，研究者使用的动物样本量很小，而且他们只在一个地点，一个较浅的深度上测试了仅一种松露。在不同深度和不同位置占主导地位的易挥发化合物构成很可能不同。而且在野外，许多动物会受松露吸引，不论是野猪、田鼠还是昆虫。这可能是由于易挥发化合物中的不同成分会对不同的动物产生吸引。雄烯醇也可能以稍微不同的方式影响不同的动物。它自己可能没什么效果（正如这项研究显示的），但与其他化合物混合后就能产生效果。在动物寻找松露的过程中，雄烯醇可能作用不大，但它在动物食用松露时会起效。关于有毒松露的更多信息，见 Hall et al. (2007)。除高腹菌属真菌外，也有报告称，某种猪块菌（*Choiromyces meandriformis*）的气味"很强烈、令人作呕"，而且在意大利被认为是有毒的（虽然在北欧很受欢迎）。一种胶纵块菌 *Balsamia vulgaris* 是另一个被认为略带毒性的物种，虽然狗似乎很享受它散发出来的"腐臭脂肪"的气味。

14 关于松露的出口和包装，见 Hall et al. (2007) pp. 219, 227。

15 在菌丝体不断生长的部位，菌丝通常会远离其他菌丝生长，不互相接触。在菌丝体生长得较成熟的部位，菌丝的偏好会改变。相比于正在探索的生长尖端，成熟的生长尖端会互相吸引，开始"归向"，见 Hickey et al. (2002)。菌丝是如何互相吸引、排斥的呢？我们目前对此仍了解得有限。对模式生物粗糙脉孢菌（*Neurospora crassa*）的研究初步提供更多的线索。每一个菌丝尖端轮流释放一种吸引其他尖端并使它们"兴奋"的信息素。通过这样的来回交流（参与某项相关研究的学者们形容道，"像扔球一样"），菌丝就能以同步的方式互相引导、归向。正是这种振荡（化学上的来回对打）使它们得以在不刺激自身的情况下互相吸引。当它们释放信息素时，它们就不能检测到这种信息素。当其他菌丝释放时，它们就会受到刺激，见 Read et al. (2009) 和 Goryachev et al. (2012)。

16 对裂褶菌交配型的讨论，见 McCoy (2016) p. 13；不能交配的菌丝之间的融合，见 Saupe (2000) 和 Moore et al. (2011) ch. 7.5。菌丝互相融合的能力是由它们的营养体亲和性（vegetative compatibility）决定的。菌丝一旦开始融合，交配型调控的系统就会决定哪些细胞核之间能进行有性重组。这两个系统的调控机制不同，但是有性重组只有在菌丝已经互相融合并共享了遗传材料的情况下才会发生。两个不同的菌丝体网络之间发生营养体融合的结果可能很复杂且无法预测，见 Rayner et al. (1995) 和 Roper et al. (2013)。

17 关于松露交配的细节，见 Selosse et al. (2017)、Rubini et al. (2007) 和 Taschen et al. (2016)；动物界双性（intersexuality）的例子，见 Roughgarden (2013)。如果松露培育者真的想精通松露培育，他们就要搞明白松露的交配。问题就在于他们没搞明白。我们从未见证过松露受精。考虑到它们生活得非常隐蔽，这或许也不算离奇。更奇怪的应该是没人找到过任何父系菌丝。尽管已经努力搜寻，研究者们还是只找到过生长在树根上和土壤里的母系菌丝，不管是"+"还是"-"交配型。父本松露似乎很短命，而且会在繁殖结束后消失："诞生，再交配一小下，然后什么都不剩。"见 Dance (2018)。

18 一些菌根真菌的菌丝能将自己撤回到孢子里，并在之后的特定时间重新萌发，见 Wipf et al. (2019)。

19 关于真菌对植物根部的影响，见 Ditengou et al. (2015)、Li et al. (2016)、Splivallo et al. (2009)、Schenkel et al. (2018) 和 Moisan et al. (2019)。

20 关于菌根共生中的交流（包括暂停免疫反应）演化，相关讨论见 Martin et al. (2017)；植物-真菌信号传导与其遗传学基础，相关讨论见 Bonfante (2018)；其他类型菌根中的植物-真菌交流，见 Lanfranco et al. (2018)。真菌释放的化学信号构成差别微妙，而且作用范围很广。用于与一株植物交流的挥发性物质，也可能被用于与周边的细菌群体交流，见 Li et al. (2016) 和 Deveau et al. (2018)。真菌利用挥发性化合物来威慑敌对真菌，植物用挥发性化合物来威慑有害的真菌，见 Li et al. (2016) 和 Quintana-Rodriguez et al. (2018)。在不同的浓度下，同样的挥发性物质能对植物产生不同的影响。一些松露产生的用来操纵它们宿主生理机制的植物激素能在高浓度下杀死植物，并且可能被用作竞争武器，以此来威慑它们植物伙伴的潜在竞争对手，见 Splivallo et al. (2007, 2011)。一些松露会被其他真菌寄生，后者或许是被前者释放的化学信息吸引而来。头状弯颈霉 *Tolypocladium capitatum* 是线虫草属（*Ophiocordyceps*）——一类寄生昆虫真菌的近亲。它能寄生特定的松露，例如大团囊菌（*Elaphomyces*），见 Rayner et al. (1995)；照片见 mushroaming.com/cordyceps-blog（2019 年 10 月 29 日登入）。

21　关于不列颠群岛上的黑松露（被认为因气候变化而出现）的第一份报告，见 Thomas & Büntgen (2017)。培育黑松露的"现代"手段直到 1969 年才开发完成。1974 年第一批人工接种的松露种成。种植需要先将幼苗的根与黑松露的菌丝体一同培养。当根被真菌完全侵染之后，人们就将其种下。几年后，如果条件合适，真菌就会开始长出松露。用于培育松露的土地面积日益增加（全世界已经有超过 4 万公顷），从美国到新西兰，人们都成功建立起佩里戈尔黑松露园并取得收成，见 Büntgen et al. (2015)。勒费夫尔解释道，虽然他一条条地记下了自己的培育方法，其他人想要重复他的结果还是很难。很多直觉上的知识很难传递给其他人，也很难记录下来。即使是最小的细节（从季节的变动到培育条件）都会造成很大的不同。知识上的隐蔽性确实带来了一些问题。松露培育者大部分时间处在不确定性的迷雾当中，在被谨慎遵循的"专业洞见"周围小心翼翼地行动。宾特根告诉我："这是蘑菇采摘领域根深蒂固的传统了。很多人去树林里摘蘑菇，但他们从来什么都不告诉你。如果你问一个人他们今天过得怎么样，他们会说'我收获很大'！但其实他们大概什么都没采到。这种态度流传了一代又一代，让研究进展得非常缓慢。"不受这种挫折阻挠，勒费夫尔仍然每年都会利用难以找到的白松露的菌丝体合种一些树木，希望能有什么东西在什么条件下让它们结出子实体。怀着同样的乐观，他继续实验，尝试将欧洲的松露和美洲的树种配对（结果表明，白松露和白杨树能形成健康的伙伴关系，但没法长出子实体）。其他培育者从松露中分离细菌，希望它们能促进松露菌丝体的生长（一些细菌似乎确实能帮上忙）。我问，是否有很多人为自己的松露园买过他的白松露树。"并不多。"他答道，"但我们是本着没人尝试就没人成功的意念在卖那些树的。"

22　对化学"窃听"的讨论，见 Hsueh et al. (2013)。

23　Nordbring-Hertz (2004) 和 Nordbring-Hertz et al. (2011)。

24　Nordbring-Hertz (2004).

25　当今生物学在对植物和它们感受、回应环境方式的研究中，围绕拟人化的辩论正进入最白热化的阶段，主要在对植物和它们感受、回应环境方式的研究。2007 年，36位知名植物学家联名签署了一封公开信，呼吁人们不要严肃对待新兴的"植物神经生物学"领域，见 Alpi et al. (2007)。提出这一领域名称的人们指出，植物与人类和其他动物一样，具备类似的电信号和化学信号传导系统。公开信的 36 名签署人则认为，这些是"很表面的类比和靠不住的向外推论"。一场激烈的辩论由此拉开帷幕，见 Trewavas (2007)。从人类学的角度来看，这些争议非常有趣。加拿大约克大学的人类学家娜塔莎·迈尔斯就对植物行为的理解采访了一些植物科学家，可见 Myers (2014)。她描述了拟人化带来的麻烦的派系斗争和研究者应对这个问题的不同方式。

26　Kimmerer (2013), "Learning the Grammar of Animacy".

27　"我们不太明白它和宿主树的关系。"勒费尔解释道，"即使在松露产量较高的地方，有真菌侵染的树根占比通常也极低。这意味着，真菌从宿主树上获得的能量多少，并不能被用来解释它们的产量。"

28　关于气味和它们"闻起来像什么"，见 Burr (2012) ch. 2。人类学家罗安清（Anna Tsing）写道，在日本的江户时代（1603—1868），松茸的味道成了热门的诗歌主题。秋天采摘松茸的郊游，成为和春天赏樱一样流行的活动，而"秋日香气"或"蘑菇香气"也成为营造诗歌意境的常见手法，见 Tsing (2015)。

第 2 章　活迷宫

引言：Cixous (1991)。

1　关于真菌在迷宫中寻路，见 Hanson et al. (2006)、Held et al. (2009, 2010, 2011, 2019)。与此相关的精彩视频，见 Held et al. (2011) 中的补充材料［www.sciencedirect.com/science/article/pii/S1878614611000249（2019 年 10 月 29 日登入）］和 Held et al. (2019) 中的补充材料［www.pnas.org/content/116/27/13543/tab-figures-data（2019 年 10 月 29 日登入）］。

2　关于海洋真菌，见 Hyde et al. (1998)、Sergeeva & Kopytina (2014) 和 Peay (2016)；关于尘埃中的真菌，见 Tanney et al. (2017)；对土壤中真菌菌丝长度的估计，见 Ritz & Young (2004)。

3　这是一个常见于相关研究的现象。见 Boddy et al. (2009) 和 Fukusawa et al. (2019)。

4　Fukusawa et al. (2019)。新的木块是否造成了网络中化学物质浓度或基因表达的改变？或者，菌丝体是否在原先的木块上快速重新调整了菌丝的分布，致使自己更有可能朝着一个方向重新生长？博迪和她的同事还不能给出确定的答案。用微观迷宫挑战真菌的研究者观察到，菌丝生长尖端里的结构有点像内置陀螺仪，能为菌丝提供方向记忆，使它们能够在遇到障碍物被迫转向后，重拾原先的生长方向，见 Held et al. (2019)。然而，不太可能是这个机制造成了博迪等人观察到的现象，因为在他们将菌丝放到新的培养皿里之前，所有的菌丝（包括它们的尖端）都被从一开始的木块上剥离了下来。

5　真菌菌丝和动植物体内的细胞不同，后者（通常）有清晰的边界。严格来说，菌丝完全不应该被称为细胞。许多真菌的菌丝上都有分隔菌丝的隔膜（septa），但它们可以开启或关闭。开启时，菌丝内的物质能在菌丝"细胞"之间流动，这样的菌丝体网络处在所谓的"超细胞"（supracellular）状态，见 Read (2018)。一个菌丝体网络能和许多其他网络融合，形成巨大的"菌丝公会"，其中的一个网络能其他网络共享自己的物质。这样的话，菌丝细胞的边界在哪里呢？菌丝体网络的边界又在哪里呢？这些问题常常没有答案。近期一项有关群体的研究，见 Bain & Bartolo (2019) 和 Ouellette (2019) 的评论。这项研究将群体本身当作实体，而非将其视为根据局部规则行动的个体的集合。把群体视为流体，研究者就能更有效地对其行为建模。相比基于局部交互规则的群体模型，这些自上而下的"流体力学"模型或许能更有效地用于模拟菌丝尖端的生长。

6　关于霉菌，见 Tero et al. (2010)、Watanabe et al. (2011) 和 Adamatzky (2016)；关于真菌，见 Asenova et al. (2016) 和 Held et al. (2019)。

7　对菌丝体平衡利弊的讨论，见 Bebber et al. (2007)。

8　对自然选择在菌丝体网络连接中的讨论，见 Bebber et al. (2007)。

9　对真菌生物荧光的作用和昆虫协助的孢子散播的讨论，见 Oliveira et al. (2015)；"狐火"和"海龟"号潜艇，见 www.cia.gov/library/publications/intelli-gence-history/intelligence/intelltech.html（2019 年 10 月 29 日登入）和 Diamant (2004) p. 27。莫迪凯·库克在出版于 1875 年的真菌图鉴中写道，能发出生物荧光的真菌常见于矿洞所用的木制坑柱上。矿工"很熟悉发出磷光的真菌，并且他们表示，这些光的亮度足以让他们'看见自己的手'。在黑暗环境下，某些多孔菌亮到 18 米开外都能被看到"。

10　可以在 doi.org/10.6084/m9.figshare.c.4560923.v1（2019 年 10 月 29 日登入）找到奥尔松的视频。

11　Oliveira et al. (2015) 发现，*Neonothopanus gardneri* 发荧光的菌丝体会受到一个温控生物钟的调控。参与该研究的学者们提出假设：真菌通过在夜间增强生物荧光来吸引更多帮助它们散播孢子的昆虫。生物钟节律并不能解释奥尔松观察到的现象，因为这个现象在数周内只出现了一次。

12　关于菌丝直径，见 Fricker et al. (2017)。生态学家罗伯特·惠特克（Robert Wittaker）认为，动物的演化是一个有关"改变和灭绝"的故事，真菌的演化则是一个有关"保守和延续"的故事。化石记录里包含的动物形体构型之多，表明动物找到了很多不同的方式去适应周围世界的特征。真菌则不同。菌丝体真菌的演化历史比许多生物都长，但古化石里的真菌和现代的真菌惊人地相似。以网络形式存在的生命似乎只有那么几种生存方式。见 Whittaker (1969)。

13　关于捕获落叶的菌丝网，见 Hedger (1990)。

14　对稻瘟病菌输出压强的估测，见 Howard et al. (1991)；对 8 吨重校车的数据和入侵性真菌的生长的大致讨论，见 Money (2004a)。要输出如此高的压强，这些具穿透性的菌丝必须将自己粘到植物上，以防将自己推离植物表面。它们能制造一种可以扛住 10 兆帕压强的黏着剂——作为对比，强力胶（superglue）一般能扛住 15 到 25 兆帕的压强，但在蜡质的植物叶片表面就一定了，见 Roper & Seminara (2017)。

15　这些细胞"囊袋"被称作"囊泡"（vesicle）。真菌菌丝尖端的生长由一个被称为"顶体"（Spitzenkörper 或 tip body）的细胞器调控。与大部分细胞不同，顶体没有一个清晰的边界。它并不是像细胞核那样的单体结构，虽然其移动的时候看起来是一个整体。人们将顶体视为"囊泡供应中心"。它在菌丝内部接收和分选囊泡，并将它们分发到菌丝尖端。顶体既领导自己，也领导菌丝。顶体分裂会引发菌丝分支。一旦停止生长，顶体就会消失。如果我们改变顶体在菌丝尖端的位置，我们就能改变菌丝前进的方向。顶体能消灭自己创造的东西，融解菌丝壁，从而允许菌丝网络中的不同部分发生融合。对顶体的介绍和"每秒 600 个囊泡"，见 Moore (2013a) ch. 2；对顶体的深入讨论，见 Steinberg (2007)；对一些真菌菌丝延长的实时观察记录，见 Roper & Seminara (2017)。

16 法国哲学家亨利·柏格森（Henri Bergson）用让人联想到真菌菌丝的词句来形容时间的流逝："绵延是过去的延续，它不断啃噬进未来，不断膨胀扩大。"见 Bergson (1911) p. 7（中译文参考自《创造的进化论》，亨利·柏格森著，陈圣生译，2012 年，略有修改）。对生物学家 J. B. S. 霍尔丹（J. B. S. Haldane）来说，生命并不由事物，而是由稳定的过程（stabilised processes）构成。霍尔丹甚至认为，在生物学思维中，"'事物'或物质单位的概念""没有意义"，见 Dupré & Nicholson (2018)。对过程生物学的介绍，见 Dupré & Nicholson (2018)；贝特森的引述，见 Bateson (1928) p. 209。

17 顶穿沥青的鬼笔属真菌，见 Niksic et al. (2004)；对库克的引用，见 Moore (2013b) ch. 3。除真菌外，其他生物也会表现出顶端的生长，但这种现象是特例，并非规律。动物神经元通过尖端的延伸来生长，一些植物细胞（如花粉管）也如此，但这二者都不能无限延伸自己，而真菌的菌丝在合适的条件下却可以，见 Riqulme (2012)。

18 弗兰克·杜根（Frank Dugan）将宗教改革时期欧洲的"草药妇人"（herb wives）或"哲妇"（wise women）称为现代真菌学领域的"助产士"，见 Dugan (2011)。许多证据线索表明，与真菌相关的学问主要掌握在当时的女人们手里。彼时的大部分男性学者正式发表的蘑菇知识都来源于这些女人；这里的男性学者包括卡罗勒斯·克卢修斯（Carolus Clusius，1526—1609）和弗朗西斯·凡·斯特贝克（Francis van Sterbeeck，1630—1693）。《卖蘑菇的人》[The Mushroom Seller，费利切·博赛利（Felice Boselli，1650—1732）]、《采蘑菇的妇女》[Women Gathering Mushrooms，卡米列·皮萨罗（Camille Pissarro，1830—1903）] 和《采蘑菇的人》[The Mushroom Gatherers，费利克斯·施莱辛格（Felix Schlesinger，1833—1910）] 等许多绘画都描绘了从事蘑菇相关劳作的妇女。19 到 20 世纪的很多欧洲旅行者都描述过贩卖和采集蘑菇的妇女。

19 对复调的讨论和广义上的定义，见 Bringhurst (2009) ch. 2，"Singing with the frogs: the theory and practice of literary polyphony"。

20 对菌索中物质流速的估计，见 Fricker et al. (2017)。通常人们认为，真菌会利用化学物质来调控自己的发育，但我们对这些调控生长的物质知之甚少，见 Moore et al. (2011) ch. 12.5 和 Moore (2005)。如此精细的结构形态是如何从菌丝构成的均匀集群中演变出的呢？一根动物手指是一个精细的结构，但它由不同的细胞精巧地组合在一起而构成，其中有血细胞、骨细胞、神经细胞等。蘑菇也是精巧的结构，但它们只由菌丝这一种细胞集簇而成。真菌长出蘑菇的方式一直都是个谜。1921 年，俄国发育生物学家亚历山大·古维奇（Alexander Gurwitsch）为蘑菇的发育困惑不已。一颗蘑菇的菌柄、环绕菌柄的菌环和菌盖都由菌丝细胞构成，它们乱成一团，像"蓬乱的、未经梳理的头发"。这便是困扰他的地方。只用菌丝来生成蘑菇，就像只用肌肉细胞来组成一张脸。对古维奇来说，菌丝一齐生长并形成复杂形态结构的过程，是发育生物学领域的重要谜团之一。一个动物组织的分化发生在发育的最初期。动物的形态由高度组织化的各个部分构成；每一步的规范发育都将指向下一步的规范发育。但蘑菇的形态是在组织化程度不那么高的结构中诞生的。这是一个从无规律可循的材料中诞生的有规则可循的形态，见 von Bertalanffy (1933) pp. 112–17。古维奇从蘑菇的生长中获得了部分启发，他提出，生物的发育或许是由场引导的。铁屑能受磁场的引导而重新排列。古维奇认为，与此相似，一个生物体内细胞和组织的排布受到了给予生物形态的场的引导。一些当代生物学家拥护着古维奇的发育场论。波士顿塔夫茨大学的研究者迈克尔·莱文（Michael Levin）将所有细胞描述成沐浴在一个"满是信息的场"中，不论这个场是由物理、化学还是电学因子构成的。这些信息场有助于解释复杂形态的形成机制，见 Levin (2011, 2012)。一项发表于 2004 年的研究通过数学建模模拟了真菌菌丝体的生长——一个"赛博真菌"，见 Meskkauskas et al. (2004)、Money (2004b) 和 Moore(2005)。在这个模型中，每一个菌丝尖端都能影响其他菌丝尖端的行为。根据这项研究，类似蘑菇的形态能在所有真菌尖端都按照同一套规则生长时形成。这些发现意味着，蘑菇的形态能在菌丝的"群体行为"中诞生，不需要动植物自上而下对发育的调控。但是，要想通过这种方式形成蘑菇，数万个菌丝尖端必须在同一时间遵守同一套规则，并在同一时间切换到另一套规则——这是古维奇谜题的现代版。创造了赛博真菌的研究者们认为，这种发育变化或许由一个细胞"时钟"协调，但人们尚未找到这样的机制，因此，真菌协调自身发育的方式仍是一个谜题。

21 关于微管"马达"，见 Fricker et al. (2017)；哈顿厅里的干朽菌，见 Moore (2013b) ch. 3；对物质流动在真菌发育中的作用的讨论，见 Alberti (2015) 和 Fricker et al. (2017)。真菌菌丝内的物质流速从每秒 3 到 70 微米不等，有时比单纯的被动扩散要快 100 倍，见 Abadeh & Lew (2013)。艾伦·雷纳（Alan Rayner）很喜欢河流的比喻，因为河流是"既塑造它们的环境，也被它们的环境塑造"的系统。一条河在河岸之间流动，并在这个过程中塑造河岸的形态。雷纳将真菌理解成边界圆钝的河流，在自己建造的河岸之间流动。和任何流动系统一样，压强在这里至关重要。菌丝从它们的环境中吸收水分。向内的水流会增加系统中的压强。但只有压强并不代表就会产生流动。要想让物质在菌丝体中流动，菌丝就要创造物质能流入的空间。这就是菌丝生长。菌丝里的物质会流向生长尖端。在一个菌丝体网络中，水会流向快速长大的蘑菇。如果倒转压力梯度，我们就能倒转物质的流向，见 Roper et al. (2013)。然而，菌丝似乎能更精细地调控物质的流动。一项发表于 2019 年的研究实时追踪了养分和化学信号在菌丝中的移动轨迹。在一些较大的菌丝中，细胞液的流向每过几小时就会反转，让化学信号和养分能够在网络中双向流动。在大概 3 小时内，物质的流动只朝一个方向发生。下一个 3 小时内，流动则朝着相反的方向发生。我们仍不知道菌丝控制内部物质流动的具体机制，但我们知道，它们通过有节律地改变细胞物质流动的方向，能将物质在网络中更高效地分配。参与该研究的学者们猜想，菌丝上隔膜孔的协同开放和关闭，是协调菌丝中物质双向流动的一个"主要因素"，见 Schmieder et al. (2019)，也可参考 Roper & Dressaire (2019) 的评论。"伸缩泡"（contractile vacuole）是真菌引导物质流动的另一种方式。它们是分布在菌丝内的小管，可以让收缩形成的液流通过；有报告称这些伸缩泡在菌丝体网络中的物质传输上发挥了一定作用，见 Shepherd et al. (1993)、Rees et al. (1994)、Allaway & Ashford (2001) 和 Ashford & Allaway (2002)。

22 Roper et al. (2013)、Hickey et al. (2016) 和 Roper & Dressaire (2019)。YouTube 上有

视频："Nuclear dynamics in a fun-gal chimera"［www.youtube.com/watch?v=_FSuUQP_BBc（2019年10月29日登入）］；"Nuclear traffic in a filamentous fungus"［www.youtube.com/ watch?v=AtXKcro5o30（2019年10月29日登入）］。

23　Cerdá-Olmedo (2001) 和 Ensminger (2001) ch. 9。

24　关于"最智能的"，见 Cerdá-Olmedo (2001)；关于回避反应，见 Johnson & Gamow (1971) 和 Cohen et al. (1975)。

25　菌丝体生活中的很多方面都受光的影响，不论是蘑菇的发育，还是与其他生物建立的关系——令人惧怕的稻瘟病菌只在夜里感染其植物宿主，见 Deng et al. (2015)。真菌感光，见 Purschwitz et al. (2006)、Rodriguez-Romero et al. (2010) 和 Corrochano & Galland (2016)；真菌对物体表面形貌的感受，见 Hoch et al. (1987) 和 Brand & Gow (2009)；真菌的重力感应，见 Moore (1996)、Moore et al. (1996)、Kern (1999)、Bahn et al. (2007) 和 Galland (2014)。

26　Darwin & Darwin (1880) p. 573。支持"根—脑"假说的论点，见 Trewavas (2016) 和 Calvo Garzón & Keijzer (2011)；反对大脑比喻的论点，见 Taiz et al. (2019)；对"植物智能"辩论的介绍，见 Pollan，"The Intelligent Plant" (2013)。

27　菌丝尖端的行为，见 Held et al. (2019)。

28　关于"蘑菇圈"，见 Gregory (1982)。

29　一些研究者报告了菌丝突然的收缩或抽搐。它们可能被用于传输信息。但是，这些现象发生得并不频繁，以信息传输应有的发生频率来看，还不能充分证明这些现象和信息传输有关。见 Mckerracher & Heath (1986a, 1986b)、Jackson & Heath (1992) 和 Reynaga-Peña & Bartnicki-García (2005)。一些人提出，菌丝体网络能通过改变网络中物质流动的方向来传输信息，甚至会在一些情况下有节律地来回改变物质的流向，见 Schmieder et al. (2019) 和 Roper & Dressaire (2019)。这是个大有可为的研究方向。将菌丝体网络当成一种"液体计算机"（喷气式飞机、核反应堆控制系统等都装有许多不同版本的"液体计算机"）或许能帮上忙，见 Adamatzky (2019)。然而，要想解释很多现象，菌丝体内物质流动的变化还是太慢了。菌丝体网络里代谢活动脉冲的有节律传输是一个用来解释菌丝体协调自身行为的可行机制，但对其他很多现象来说，脉冲的速度还是太慢了，见 Tlalka et al. (2003, 2007)、Fricker et al. (2007a, 2007b, 2008)。以网络形式生活的生物中，最具代表性的是能解开谜题的黏菌。虽然黏菌并不是真菌，但它们也演化出了协调自身爬行和变形行为的方法。因此，以它们构建的模型，能为思考研究菌丝体真菌面临的挑战和机会提供启发。它们比真菌菌丝体生长得更快，意味着研究它们更简单。黏菌利用收缩波的形式有节律地将脉冲在各个分支中传播，实现网络内不同部分之间的交流。找到食物的分支会释放一种信号分子，提高收缩的强度。更强的收缩会让更大量的细胞内容物流经网络中的这个分支。每发生一次收缩，都会有更多的物质流经较短而非较长的路径。流经一条路径的物质越多，这条路径就越会得到强化。这是一个反馈回路，让黏菌能将自己重新导到"成功"的路径，放弃没那么"成功"的路径。黏菌网络中不同部分产生的脉冲互相结合、干扰和强化。这样一来，黏菌就能整合众多分支中的信息，无须借助任何特殊的组织就能解决复杂的寻路问题，见 Zhu et al. (2013)、Alim et al. (2017) 和 Alim (2018)。

30 一名研究者在 20 世纪 80 年代中期观察到，"真菌电生物学是离目前主流生物学研究最远的领域"，见 Harold et al. (1985)。然而自那时起，我们已经发现真菌可能对电刺激做出令人惊讶的反应。对菌丝体施加大强度的电流能显著增加蘑菇产量，见 Takaki et al. (2014)。许多人喜爱的松茸是一种共生真菌，一直以来都无法被人工栽培，但通过对其共生树木周围的土地施加 50 千伏的电脉冲，就能让其产量翻倍。根据松茸采摘者的报告，几天后，在遭遇雷击的区域附近，能冒出数量喜人的松茸；研究人员已经以这些报告为基础开展了研究，见 Islam & Ohga (2012)。植物内的动作电位，见 Brunet & Arendt (2015)；真菌内动作电位的早期报告，见 Slayman et al. (1976)；对真菌电生理学的笼统讨论，见 Gow & Morris (2009)；"电缆细菌"，见 Pfeffer et al. (2012)；细菌群落中类似动作电位的一波波电活动，见 Prindle et al. (2015)、Liu et al. (2017)、Martinez-Corral et al. (2019) 和 Popkin (2017) 中的总结。

31 奥尔松通过记录刺激和测到反应之间的时间差，测量了脉冲的传导速度。所以，估测这一速度的时间跨度包含了真菌检测到刺激、刺激从 A 处传输到 B 处和微电极记录下的真菌反应时间。而脉冲的真实传导速度可能比这样的估测速度快不少。在真菌菌丝体中测量到的最快的物质流动速率大约是每小时 180 毫米，见 Whiteside et al. (2019)。奥尔松测量到的那些类似动作电位的脉冲传导速度是每小时 1 800 毫米。

32 Olsson & Hansson (1995) 和 Olsson (2009)。奥尔松记录到的类动作电位活动的频率改变，见 doi.org/10.6084/m9.figshare.c.4560923.v1（2019 年 10 月 29 日登入）。

33 在一篇名为《大脑：一个流动的概念》的文章中，欧内·帕根（Oné Pagán）指出，对"大脑"的定义，目前还没有被普遍接受的版本。他认为，要定义大脑，我们应该从它的功能出发，而非着眼于其解剖细节，见 Pagán (2019)。真菌网络对隔膜孔的调节，见 Jedd & Pieuchot (2012) 和 Lai et al. (2012)。

34 Adamatzky (2018a, 2018b).

35 网络计算的例子，见 van Delft et al. (2018) 和 Adamatzky (2016)。

36 Adamatzky (2018a, 2018b).

37 正如我在"激进真菌学"中讨论的那样，安德鲁·阿德玛茨基是"真菌建筑"项目跨学科合作的一环，他要尝试的是将真菌计算回路融入建筑结构之中。

38 我问奥尔松，为什么没有人跟进他 20 世纪 90 年代的研究。"我在会议上讲解我的工作时，人们真的非常、非常感兴趣。"奥尔松说道，"但他们觉得（我的研究）很怪。"有关他的研究，我问过的全部研究者都很感兴趣，也很想知道更多。这项研究已经被多次引用。但尽管如此，他还是无法获取进一步研究这个课题的资金。人们认为往这个方向探索太可能一无所获——用投资圈的话说就是"风险太高"。

39 关于"古旧而荒诞"，见 Pollan (2013)；大脑行为背后的古老细胞过程，见 Manicka & Levin (2019)。"移动假说"认为，大脑演化既是动物需要四处移动的原因，也是结果。无须四处移动的生物不会面临同一类挑战，所以它们演化出了不同类型的网络，来解决它们遇到的问题，见 Solé et al. (2019)。

40 关于"最简认知"，见 Calvo Garzón & Keijzer (2011)；关于生物的具身认知，见

Keijzer (2017)；植物认知，见 Trewavas (2016)；"基底"认知和认知的不同程度，见 Manicka & Levin (2019)；对微生物智能的讨论，见 Westerhoff et al. (2014)；对不同类型"大脑"的讨论，见 Solé et al. (2019)。

41　关于"网络神经科学"，见 Bassett & Sporns (2017) 和 Barbey (2018)。科学进展让我们可以在培养皿中培育人类的脑组织［称为大脑"类器官"（organoid）］，并使我们进一步发现了智能的复杂程度。这些技术带来了众多目前无法被解答的哲学和伦理问题，并提醒着我们，我们如何界定生物学上的自我仍是个谜。2018 年，几位前沿神经科学家和生物伦理学家在《自然》上发表了一篇文章，呼吁学界关注这类问题，见 Farahany et al. (2018)。今后的数十年里，脑组织培育技术的进步会让我们有能力培育更逼近人脑技能的人工"迷你大脑"。参与这项研究的学者写道："随着仿真大脑变得越来越大、越来越复杂，它们获得类似人类感觉能力的那一天将离我们不再遥远。这些能力可能包括（在某种程度上）感受喜悦、痛苦或悲伤的能力，储存和取回记忆的能力，它们甚至还可能拥有一些主观能动性和自我感知的能力。"一些人担心类脑器官可能某一天会比我们更聪明，见 Thierry (2019)。

42　关于扁虫实验，见 Shomrat & Levin (2013)；关于章鱼的神经系统，见 Hague et al. (2013) 和 Godfrey-Smith (2017) ch. 3。

43　Bengtson et al. (2017) 和 Donoghue & Antcliffe (2010)。本特森（Bengtson）等人谨慎地指出，他们的样品或许不是真正的真菌，而是在观察到的各方面都与现代真菌相似的另一类生物。我们能够理解他们的迟疑。参与该研究的学者指出，如果这些菌丝体化石是真的真菌，它们就会"推翻"我们目前对真菌最初演化出现的地点和方式的认识。真菌不容易形成化石，人们也还不确定真菌何时在生命树上开始拥有自己的分支。利用 DNA 数据，基于"分子钟"（molecular clock）理论，研究人员推断真菌最早在 10 亿年前出现。2019 年，研究人员报告了在北极页岩中的发现：他们在那里找到了大约形成于 10 亿年前的菌丝体化石，见 Loron et al. (2019) 和 Ledford (2019)。在这个发现之前，最早的、没有争议的蘑菇化石来自大约 4.5 亿年前，见 Taylor et al. (2007)。最早的带菌褶的蘑菇化石来自大约 1.2 亿年前，见 Heads et al. (2017)。

44　关于芭芭拉·麦克林托克，见 Keller (1984)。

45　出处同上。

46　von Humboldt (1849) vol. 1 p. 20.

第 3 章　亲密的陌生者

引言：Rich (1994)。

1　BIOMEX 是当前几个天体生物学项目之一。BIOMEX，见 de Vera et al. (2019)；EXPOSE 设备，见 Rabbow et al. (2009)。

2　"极限和局限"的引用，见 Sancho et al. (2008)；关于送入太空的生物（包括地衣）的综述，见 Cottin et al. (2017)；用地衣作为天体生物学研究的模式生物，见 Meeßen et al. (2017) 和 de la Torre Noetzel et al. (2018)。

3　Wulf (2015) ch. 22.

4　对施文德纳和二元性假说的讨论，见 Sapp (1994) ch. 1。

5　关于"有用且利于存活的寄生关系"，见 Sapp (1994) ch. 1；"感性的浪漫臆想"，见 Ainsworth (1976) ch. 4。毕翠克丝·波特的一些传记作者提出，她曾是施文德纳二元性假说的支持者，可能在一生当中改变了想法。但在 1897 年，她在给查尔斯·麦金托什（Charles MacIntosh，一名乡村邮差和博物爱好者）的信中写道，她在这个问题上似乎有着清楚的立场："这么说吧，我们不相信施文德纳的理论；以前的文献认为，地衣经历一些叶状物种，逐渐演化成了地钱（hepatica）。我很想培育一个这种大型平地衣的孢子，再培育一个真的地钱孢子，然后对比二者萌发的方式。它们的名字并不重要，因为我能把它们烘干［制成标本］，所以它们的名字并不重要。如果你能在天气转好后给我弄到更多的地衣或地钱孢子，我将感激不尽。"见 Kroken (2007)。

6　生命树是现代演化理论的奠基图像，也作为达尔文《物种起源》中唯一一幅插图而广为人知。达尔文肯定不是使用这类图像的第一人。从神学到数学，数个世纪以来，树状图的分支形态已经为人类在各个领域中的思考提供了框架。最为人熟知的或许是系谱树，在《旧约》中可以找到它们的源头（耶西树）。

7　有关施文德纳对地衣刻画的争论，见 Sapp (1994) ch. 1 和 Honegger (2000)；阿尔贝特·弗兰克和"共生"，见 Sapp (1994) ch. 1、Honegger (2000) 和 Sapp (2004)。弗兰克一开始用的是"symbiotismus"一词，可直译为"共生主义"。

8　绿叶海天牛（Elysia viridis）的祖先吞噬了藻类，后者继续生活在前者的组织里。与植物一样，绿叶海天牛从阳光中获得能量。新发现的共生关系，见 Honegger (2000)；"动物地衣"，见 Sapp (1994) ch. 1；"微地衣"，见 Sapp (2016)。

9　对赫胥黎的引用，见 Sapp (1994) p. 21。

10　8% 的估计，见 Ahmadjian (1995)；比热带雨林更大的区域，见 Moore (2013a) ch. 1；"像社交媒体上带'#'的话题一般"，见 Hillman (2018)；地衣栖息地的多样性（包括漂泊地衣和生活在昆虫上的地衣），见 Seaward (2008)；对克努森的采访，见 aeon.co/videos/how-lsd-helped-a-scientist-find-beauty-in-a-peculiar-and-overlooked-form-of-life（2019 年 10 月 29 日登入）。

11　对"每一座纪念碑"的引用，见 twitter.com/GlamFuzz（2019 年 10 月 29 日登入）；拉什莫尔山，见 Perrottet (2006)；复活节岛人像，见 www.theguardian.com/world/2019/mar/01/easter-island-statues-leprosy（2019 年 10 月 29 日登入）。

12　地衣造成风化的方式，见 Chen et al. (2000)、Seaward (2008) 和 Porada et al. (2014)；地衣和土壤形成，见 Burford et al. (2003)。

13　宇宙胚种论的历史与相关概念，见 Temple (2007) 和 Steele et al. (2018)。

14　为了应对莱德伯格关于跨星球感染的担忧，NASA 开发了在飞船离开地球前对其进行消毒的方法。这些方法并不完全成功：有一群细菌和真菌"志愿"在国际空间站繁茂生长，见 Novikova et al. (2006)。1969 年，当阿波罗 11 号完成第一次登月任务返回后，宇航员在一辆 Airstream 房车改装成的严苛隔离环境中被隔离了 3 个星期，见 Scharf (2016)。

15　通过弗雷德里克·格里菲斯（Frederick Griffith）在 20 世纪 20 年代做的研究，人们已经知道细菌能从它们生存的环境中获取 DNA；20 世纪 40 年代，奥斯沃德·埃弗里（Oswald Avery）等人再次证实了这项发现。莱德伯格的发现说明细菌能主动互换遗传材料——即所谓"接合"（conjugation）的过程。有关莱德伯格发现的讨论，见 Lederberg (1952)、Sapp (2009) ch. 10 和 Gontier (2015b)。病毒 DNA 对动物的生命史有着深远的影响：人们认为，病毒基因在卵生动物到胎生动物的演化中扮演了重要角色，见 Gontier (2015b) 和 Sapp (2016)。

16　我们能在动物的基因组里找到细菌 DNA［相关的大致讨论，见 Yong (2016) ch. 8］。我们能在植物和藻类基因组中发现细菌和真菌 DNA，见 Pennisi (2019a)。我们能在构成地衣的藻类中找到真菌 DNA，见 Beck et al. (2015)。水平基因转移在真菌中很常见，见 Gluck-Thaler & Slot (2015)、Richards et al. (2011) 和 Milner et al. (2019)。至少 8% 的人类基因组来自病毒，见 Horie et al. (2010)。

17　关于外来 DNA 为地球上的演化带来"捷径"，见 Lederberg & Cowie (1958)。

18　关于太空中的恶劣环境，见 de la Torre Noetzel et al. (2018)。

19　Sancho et al. (2008).

20　即使在 18 000 戈瑞的伽马辐射下，*Circinaria gyrosa* 的光合作用活动都只会减少 70%。在 24 000 戈瑞的辐射下，光合作用活动会减少 95%，但并不会完全消失，见 Meeßen et al. (2017)。要知道，目前有记载的、最抗辐射的生物是一种从海底热泉里分离得到的极端嗜热古菌（学名起得很合适：*Thermococcus gammatolerans*，种加词意为抗伽马辐射），也不过能承受最高 30 000 戈瑞的伽马辐射，见 Jolivet et al. (2003)。对送入太空后的地衣的研究总结，见 Cottin et al. (2017)、Sancho et al. (2008) 和 Brandt et al. (2015)；高剂量辐射对地衣的影响，见 Meeßen et al. (2017)、Brandt et al. (2017) 和 de la Torre et al. (2017)；被送入太空中的缓步动物，见 Jönsson et al. (2008).

21　地衣一直在向一些学科"传授知识"。地衣对某些工业污染非常敏感，因此，人们将它们用作可靠的空气质量指示生物——往城市下风区域拓展的"地衣荒漠"能告诉我们哪些区域会受到工业污染的影响。在一些实例中，地衣就是字面意义上的"指示器"。地质学家用它们来确认岩石形成的时间——这一实践被称为"地衣测年法"（lichenometry）。另外，所有学校的科学系所都会用到的 pH 试纸，里面的酸碱指示剂石蕊也来自地衣。

22　泰斯·埃特马（Thijs Ettema）和他在乌普萨拉大学的团队近期发表了一项研究，表示真核生物很可能源自古菌。至于事件发生的确切顺序，学者们仍在激辩，见 Eme et al. (2017)。长期以来，人们都将细菌想象成没有内部细胞结构（也就是"细胞器"）的生物。这种观念正在改变。许多细菌似乎有着类似细胞器的结构，且这些结构能执行专门的功能。对此的讨论，见 Cepelewicz (2019)。

23　Margulis (1999); Mazur (2009), "Intimacy of Strangers and Natural Selection".

24　关于"交融和汇合"，见 Margulis (1996)；内共生关系的起源，见 Sapp (1994) chs. 4, 11；对斯塔尼尔的引用，见 Sapp (1994) p. 179；"连续内共生理论"，见 Sapp (1994), p. 174；昆虫内的细菌内的细菌，见 Bublitz et al. (2019)；马古利斯的原论文［署名为

"萨根"（Sagan）]，见 Sagan (1967)。

25　对"想成"地衣的引用，见 Sagan (1867)；"很好的例子"的引用，见 Margulis (1981) p. 167。1879 年，对德巴里来说，共生关系带来的最重要启示是通过共生可以产生演化上的创新，见 Sapp (1994) p. 9。"共生起源"（"通过共生而成为某物的过程"）由共生理论的早期支持者、俄国的康斯坦丁·梅列施科夫斯基（Konstantin Mereschkowsky, 1855—1921）和鲍里斯·米哈伊洛维奇·科佐-波连斯基（Boris Mikhaylovich Kozo-Polyansky, 1890—1957）用来定义通过共生而形成新物种的过程，见 Sapp (1994) pp. 47–48。科佐-波连斯基在他的研究工作中多次提及地衣。"我们不该把地衣想成简单的特定藻类和真菌之和。它们具有许多独有的特征，而这些特征不存在于单独的藻类或真菌之中——无论是生化、形态、结构、生命还是分布。合体而成的地衣展现出了其独立部分都不具有的特征"，见 Kozo-Polyansky trans. (2010) pp. 55–56。

26　对道金斯和丹内特的引用等，见 Margulis (1996)。

27　遗传学家理查德·陆文顿曾经点评道："演化上的'生命之树'似乎是个错误的比喻。或许我们应该将其想成一段精致的流苏花边。"见 Lewontin (2001)。这对树来说不完全合理。诚然，一些物种的分枝能互相融合。这是一种名为"吻合"（inosculation，源自拉丁语 osculare，意为"亲吻"）的过程。但是，看看离你最近的树，比起融合，它更喜欢分叉。大多数树的枝条都不像真菌菌丝那样每天都在互相融合。关于是否适合以树来比喻演化，学者们已经争辩了数十年。达尔文本人就思考过"生命珊瑚"是否会是个更好的象征，虽然他最后认为这会让事情变得"太过复杂"，见 Gontier (2015a)。2009 年，在关于生命之树的所有激烈辩论中，《新科学家》（New Scientist）"贡献"了一期杂志，在封面上宣告"达尔文错了"。杂志编辑在评论文章中尖叫道："将达尔文的树连根拔起。"可以预见这会引爆多么猛烈的回应，见 Gontier (2015a)。在回应的风暴当中，丹尼尔·丹内特的一封信尤为显眼："你们弄出一个华而不实的封面，嚷嚷着'达尔文错了'的时候，到底在想什么啊？"我们能理解为什么丹内特如此生气。达尔文没错。这一切只是因为在他构想演化理论时，DNA、基因、共生融合和水平基因转移仍不为人知。我们对生命史的理解被这些发现完全改变了。但是人们对达尔文的中心论点，即认为演化是通过自然选择进行的，没有太大异议——虽然自然选择在演化的驱动力中主要占了多少成还有较多争论，见 O'Malley (2015)。共生关系和水平基因转移提供了演化出新事物的新方式；它们是演化的新共同作者。而自然选择仍是演化的编辑。不过，考虑到共生融合和水平基因转移的存在，许多生物学家已经开始重新将生命之树想象成一个网状物，随着不同生物谱系的分叉、融合和各自缠结而逐渐成形：一个"网络"或是一张"网"，一张"地下根茎网络"或是一张"蜘蛛网"；见 Gontier (2015a) 和 Sapp (2009) ch. 21。这些网状图上的线条打结、融合，连接着不同的物种和界，甚至连着各个域。各种连接缠绕着穿过病毒的世界，而病毒甚至被看作不是活着的遗传实体。如果有人想要为演化找一个新的代表生物，他们无须远望。从这个角度理解生命，没有什么比真菌的菌丝体更能说明演化的了。

28　一些地衣会特化出名为"粉芽"（soredia）的结构，由真菌和藻类细胞构成，用来散播孢子。在一些情况下，一个刚萌发的地衣真菌可能会和一个不完全满足其需求的共生光合生物组队，以名为"原叶体"（prothallus）的小型"光合小斑"结构生活，直到能真正满足其需求的生物出现，见 Goward (2009c)。一些地衣能在不制造孢子的情况下解体再重组。如果将特定的地衣放在装有合适养分的培养皿里，地衣里的伙伴关系就会解除，伙伴们分道扬镳。分离后它们还能重组关系（虽然通常重组得不完美）。从这个角度看，地衣是可逆的。至少在一些实例中，我们能"把蜂蜜从粥里舀出去"。然而，我们至今也只在一种地衣——石果衣（*Endocarpon pusillum*）中记录到伙伴分离、分开生长，再重组并经历地衣的所有生长阶段（包括产生有活力的孢子）的例子——这被称为"孢子–孢子"重构（spore-to-spore resynthesis），见 Ahmad-jian & Heikkilä (1970)。

29　地衣的共生性质带来了一些有趣的技术难题。长久以来，地衣都是分类学家的小噩梦。就目前的情况而言，研究人员以真菌伙伴的名称来命名地衣。比如，由真菌石黄衣（*Xanthoria parietina*）和藻类不规则共球藻（*Trebouxia irregularis*）互动形成的地衣名为石黄衣（*Xanthoria parietina*）。与此相似的还有真菌石黄衣和另一种共球藻（*Trebouxia arboricola*）的组合，也被命名为石黄衣（*Xanthoria parietina*）。地衣的命名用上了提喻法，用部分来指代全体，见 Spribille (2018)。当前的命名系统暗含着"地衣中的真菌部分就是地衣"的意味。但这可不对。地衣是从多个伙伴的共生协商中涌现出来的。高厄德哀叹道："将地衣视为真菌，就相当于完全没看到地衣"，见 Goward (2009a)。这就好像化学家将任何含有碳元素的化合物一概称为碳，不论具体是钻石、甲烷还是甲基苯丙胺。这样命名就让我们不得不怀疑他们肯定没看到事物的全貌。这可不只是语义学上的牢骚。给一样事物命名，就相当于承认其存在。人们发现任何新物种之后，都会先描述再命名。地衣确有名字，而且它们还有很多名字。没有人禁止地衣学家命名，只不过他们唯一能给出的名字仅能捕捉到他们想描述现象的掠影。这是个结构性问题。生物学是围绕着一个分类系统构建起来的。这个系统没办法承认地衣的共生本质。它们确实无法被命名。

30　Sancho et al. (2008).

31　de la Torre Noetzel et al. (2018).

32　关于提取自地衣的独特化合物与人类对其的使用，见 Shukla et al. (2010) 和 *State of the World's Fungi* (2018)；地衣关系的代谢遗产，见 Lutzoni et al. (2001)。

33　深碳观测站的报告，见 Watts (2018)。

34　沙漠中的地衣，见 Lalley & Viles (2005) 和 *State of the World's Fungi* (2018)；石头中的地衣，见 de los Ríos et al. (2005) 和 Burford et al. (2003)；南极干谷，见 Sancho et al. (2008)；液氮，见 Oukarroum et al. (2017)；地衣的长寿，见 Goward (1995)。

35　Sancho et al. (2008).

36　被抛出时受到的冲击，Sancho et al. (2008) 和 Cockell (2008)。一些研究表明，相比于地衣，细菌更能抵御高温和冲击产生的压力。重新进入行星大气层，见 Sancho et al. (2008)。

37　Sancho et al. (2008) 和 Lee et al. (2017)。

38 关于地衣的起源，见 Lutzoni et al. (2018) 和 Honegger et al. (2012)。关于古老类地衣化石的身份与它们和现存地衣支系的关系，尚有很多争论。人们已经在海洋中找到了可以追溯到 6 亿年前的类地衣生物，见 Yuan et al. (2005)；一些人提出，这些海洋地衣在地衣的祖先向陆地的迁移中发挥了一定作用，见 Lipnicki (2015)。地衣的多次演化和再地衣化，见 Goward (2009c)；去地衣化，见 Goward (2010)；选择性地衣化，见 Selosse et al. (2018)。

39 Hom & Murray (2014).

40 "曲子，而不是歌手"，见 Doolittle & Booth (2017)。

41 *Hydropunctaria maura* 一度被称为 *Verrucaria maura*（字面意为"多疣的午夜"）。关于地衣向新形成的岛屿的迁移有一项长期研究，见 www.anbg.gov.au/lichen/case-studies/surtsey.html（2019 年 10 月 29 日登入）上叙尔特塞岛（Surtsey）的案例。

42 "整体"和"部分的堆集"，见 Goward (2009a)。

43 Spribille et al. (2016).

44 关于地衣中真菌多样性的讨论，见 Arnold et al. (2009)；狼地衣中的另一种真菌伙伴，见 Tuovinen et al. (2019) 和 Jenkins & Richards (2019)。

45 "不管你怎么命名"，见 Hillman (2018)。高厄德把近期的研究发现都考虑进来后对地衣下了一个定义："地衣是由地衣化过程形成的持久物理产物，而地衣化的过程是指从一个由非特定种类与数量的真菌、藻类和细菌物种组成的非线性系统中产生出原植体（thallus，指地衣共享的有机体）的过程，且这个原植体被视为其各组成部分合在一起后所涌现出的一种特征。"见 Goward (2009b)。

46 作为微生物储藏库的地衣，见 Grube et al. (2015)、Aschenbrenner et al. (2016) 和 Cernava et al. (2019)。

47 地衣的酷儿理论，见 Griffiths (2015)。

48 对微生物更细致的分析模糊了生物个体的不同定义，见 Gilbert et al. (2012)。有关微生物和免疫的更多信息，见 McFall-Ngai (2007) 和 Lee & Mazmanian (2010)。一些人提议以活体系统的"共同命运"为基础来替代定义生物个体。比如，弗雷德里克·布沙尔（Frédéric Bouchard）指出："生物个体就是一个在功能上整合在一起的实体；在面对环境中的选择压力时，这种整合同这个活体系统的命运息息相关。"见 Bouchard (2018)。

49 Gordon et al. (2013) 和 Bordenstein & Theis (2015)。

50 关于肠道细菌造成的感染，见 Van Tyne et al. (2019)。

51 Gilbert et al. (2012).

第 4 章 菌丝心智

引言：萨维纳；来自戈登·沃森的一段录音，在 Schultes et al. (2001) p. 156 被引用。

1 关于致幻剂临床研究的大致总结，见 Winkelman (2017)；延伸讨论，见 Pollan (2018)。

2 Hughes et al. (2016).

3　关于蚂蚁"死亡紧咬"的时间和高度，见 Hughes et al. (2011) 和 Hughes (2013)；紧咬的方向，见 Chung et al. (2017)。有许多种线虫草属真菌，也有许多种不同的弓背蚁，但每种弓背蚁只会是一种线虫草属真菌的宿主，每种线虫草属真菌也只能控制一种弓背蚁，见 de Bekker et al. (2014)。不同对的线虫草属真菌和弓背蚁对弓背蚁死亡位置的选择都非常挑剔。一些真菌会让其昆虫化身咬到枝丫上，有一些会让它们咬到树皮上，还有一些会让它们咬到叶片上，见 Andersen et al. (2009) 和 Chung et al. (2017)。

4　真菌在蚂蚁生物量中的占比，见 Mangold et al. (2019)；对蚂蚁体内真菌网络的三维重构，见 Fredericksen et al. (2017)。

5　真菌通过化学手段进行操控的假说，见 Fredericksen et al. (2017)；偏侧蛇虫草产生的化学物质，见 de Bekker et al. (2014)；对偏侧蛇虫草和麦角生物碱的讨论，见 Mangold et al. (2019)。

6　化石记录中的伤痕，见 Hughes et al. (2011)。

7　对麦克纳的引用，见 Letcher (2006) p. 258。

8　Schultes et al. (2001) p. 9。对动物世界里广义中毒例子的讨论（鉴别标准有时较为不严谨），见 Siegel (2005) & Samorini (2002)。

9　对毒蝇鹅膏菌的讨论，见 Letcher (2006) chs. 7-9。一些人推测，塞勒姆审巫案中的指控者们因麦角中毒而产生了幻觉 [Caporael (1976) 和 Matossian (1982)]，但是他们的论点已经被 Sapnos & Gottlieb (1976) 强有力地反驳了。麦角生物碱导致的幻觉和心理-精神上的折磨感在中世纪和文艺复兴时期被称为"圣安东尼之火"（Saint Anthony's fire），如今人们认为正是这些启发了当时对地狱的想象。关于博斯的内容，见 Dixon (1984)。牲畜也会麦角中毒。"醉马草"（sleepy grass）、"高羊茅"（drunk grass）和"晕畜黑麦草"（ryegrass staggers）都因为它们对马、羊和牛的作用而得名，见 Clay (1988)。麦角菌也具有强力的药用效果，几百年来助产士们都用它们来止产后出血。亨利·韦科尔姆（Henry Wellcome，韦科尔姆基金会创始人）调查了麦角碱药用效果的相关报告。根据他的记录，16 世纪的苏格兰、德国和法国的助产士认为麦角碱对促进子宫收缩和控制产后出血"具有出色和确定的效果"。男医师们正是从这些草药士或助产士那儿得知了麦角碱的医疗性质。这也是后来麦角新碱药物的开发基础，如今我们还在用这些药物治疗产后的大出血，见 Dugan (2011) pp. 20-21。20 世纪 30 年代，正是因为它们作为产科药物的名声，阿尔贝特·霍夫曼开始在桑多斯实验室研究它们，并最终在 1938 年合成出了 LSD。对麦角生物碱、它们的历史和使用的讨论，见 Wasson et al. (2009), "A Challenging Question and My Answer"。

10　对裸盖菇在墨西哥的使用历史的讨论，见 Letcher (2006) ch. 5、Schultes (1940) 和 Schultes et al. (2001), "Little Flowers of the Gods"。对德萨阿贡的引用，见 Schultes (1940)。

11　Letcher (2006) p. 76.

12　麦克纳、阿杰尔壁画和引用，见 McKenna (1992) ch. 6；对麦克纳和阿杰尔壁画的讨论，见 Metzner (2005) pp. 42-43；更具批判性的讨论，见 Letcher (2006) pp. 37-38。

13　在玻利维亚发掘的一堆至少 1 000 年前的仪式用具中，有一个用狐狸鼻子做成的小囊袋。2019 年发表的一篇论文分析了里面的残留物，发现了几种致幻化合物的微量痕迹，包括可卡因（源自古柯）、DMT、肉叶芸香碱（harmine）和蟾毒色胺（bufotenine）。这项分析试探性地给出了证明脱磷裸盖菇素（裸盖菇素分解后得到的一种致幻成分）存在的证据；如果确实如此，那就意味着含裸盖菇素的蘑菇已经存在于当时的仪式用具里，见 Miller et al. (2019)。厄琉息斯秘仪是献给德墨忒耳（Demeter，谷物和丰收女神）和她女儿珀耳塞福涅（Persephone）的庆典，这是古希腊的重要宗教节日。作为庆典的一部分，参与庆典的新人会喝下一杯名为 "kykeon"的液体。喝下后，他们能体验到幽灵般的幻象与让人震撼的狂喜和幻觉状态。许多人描述，这段体验永久地改变了他们，见 Wasson et al. (2009) ch. 3。虽然 kykeon 的真实成分成了一个湮没在历史中的秘密，但它确实很可能是一种能改变心智的酿造物——一桩昭著的丑闻就是雅典贵族们被人发现一直在家庭晚宴上和客人一起喝 kykeon，见 Wasson et al. (1986) p. 155。由于参与厄琉息斯仪式的人员名单表没被留下，因此不确定具体有谁参与其中。但是，大部分雅典市民参与过，许多名人也可能参与过，其中包括欧里庇得斯（Euripides）、索福克勒斯（Sophocles）、品达（Pindar）和埃斯库罗斯（Aeschylus）。柏拉图在《会饮篇》和《斐德罗篇》里细致描写过参与这些神秘仪式的体验，其中明确提到了厄琉息斯的仪式，见 Burkett (1987) pp. 91–93。亚里士多德没有明确提到过厄琉息斯秘仪，但他提到过神秘的入会仪式——考虑到厄琉息斯秘仪在公元前 4 世纪中期的重要性，这个描述大概和厄琉息斯秘仪相符。霍夫曼、戈登·沃森和卡尔·卢克（Carl Ruck）一起提出，kykeon 可能由生长在谷物上的麦角菌制成。古希腊人通过某种方式提纯了麦角菌，避免了意外摄入可能引发的可怕症状，见 Wasson et al. (2009)。麦克纳猜想，厄琉息斯的祭司会分发含裸盖菇素的蘑菇，见 McKenna (1992) ch. 8。还有人认为分发的是一种罂粟制剂。还有其他一些案例表明古代的宗教场合中可能使用过蘑菇。中亚地区曾迅速崛起过一个异教，他们会使用一种可以改变心智的名为 "苏摩"（soma）的药剂。苏摩会引发狂喜的状态，成书于公元前 1 500 年左右的《梨俱吠陀》中记录着为苏摩写的颂歌。和 kykeon 一样，这种饮品具体是什么仍不为人知。一些人（尤其是沃森）指出这种饮品的主要成分提取自带着红白斑点的毒蝇鹅膏菌，对此的讨论见 Letcher (2008) ch. 8。麦克纳则一如既往地认为其原材料更有可能是含裸盖菇素的蘑菇。还有人认为是大麻。目前没有确切的证据支持任何一方的论点。

14　关于虚构怪物的讨论出处，见 Yong (2017)。2018 年，日本琉球大学的研究人员发现，好几种蝉驯化了住在它们体内的线虫草属真菌，见 Matsuura et al. (2018)。和许多以树液为食的昆虫相似，蝉靠着共生细菌来产生一些必要的养分和维生素；离开它们，蝉就无法存活。但在日本的一些蝉中，这些细菌已经被一种线虫草属真菌替代。这是最没人能料到的事。线虫草属真菌是凶残的高效杀手，它们的能力在数千万年间得到了优化。但不知如何，共同伴随了一长段历史后，线虫草属真菌已经成为蝉不可缺少的生命伙伴。而且，这样的变化在蝉的 3 条不同演化支系上独立发生了 3 次。线虫草属真菌的驯化提醒了我们，"有益"和"寄生"微生物之间不一定有清晰的分界。

15　免疫抑制剂，见 *State of the World's Fungi* (2018)，"Useful Fungi"；延年益寿的药物，见 Adachi & Chiba (2007)。

16　Coyle et al. (2018)；"怪诞的"发现，见 twitter.com/mbeisen/status/1019655132940627969（2019 年 10 月 29 日登入）。

17　对受感染的蝉的行为描述，见 Hughes et al. (2016) 和 Cooley et al. (2018)；"飞翔的死亡盐瓶"，见 Yong (2018)。

18　关于卡松的研究，见 Boyce et al. (2019) 和 Yong (2018) 里的讨论。这不是研究人员第一次报告真菌操控昆虫时用于控制它们宿主的化学物质也能改变人类的心智；在墨西哥当地的一些仪式中，人们会将线虫草属真菌的近缘种和含裸盖菇素的蘑菇一起食用，见 Guzmán et al. (1998)。

19　已有报告称，卡西酮能提高蚂蚁的攻击性，还可能导致受感染的蝉表现出过度活跃的行为，见 Boyce et al. (2019)。

20　见 Ovid (1958) p. 186；亚马孙萨满文化，见 Viveiros de Castro (2004)；尤卡吉尔人，见 Willerslev (2007)。

21　关于"披着蚂蚁皮的真菌"，见 Hughes et al. (2016)。神经微生物学是一个相对较新的领域，关于肠道微生物对动物行为、认知和心理状态的影响，我们认识得还不全面，见 Hooks et al. (2018)。然而，一些规律已经开始浮现。例如，小鼠发育出功能完善的神经系统的前提，就是拥有健康的肠道微生物群落，见 Bruce-Keller et al. (2018)。如果在青春期小鼠有机会发育出功能完善的神经系统前移除其体内的微生物群落，它们就会发展出认知缺陷。这些缺陷包括记忆问题和物体辨认问题，见 de la Fuente-Nunez et al. (2017)。对这一点最显著的证明来自交换不同类系小鼠体内微生物群落的研究。研究人员为"胆怯"小鼠提供来自"正常"小鼠的粪便移植后，前者就会失去它们的谨慎。与此相似，如果"正常"小鼠接受了"胆怯"小鼠的微生物群落，它们就会表现得"过度谨慎和犹豫"，见 Bruce-Keller et al. (2018)。小鼠肠道微生物群落的不同会影响小鼠忘记痛觉体验的能力，见 Pennisi (2019b) 和 Chu et al. (2019)。许多肠道微生物都会制造能影响神经系统活动的化学物质，其中包括神经递质和短链脂肪酸。我们体内超过 90% 的血清素（水平高时能让我们感到开心，水平低时能让我们感到抑郁的那种神经递质[①]）都由肠道产生，而肠道微生物在相关调控上至关重要，见 Yano et al. (2015)。有两项研究探究了把人类抑郁症患者的粪便微生物群落移植到无菌小鼠和大鼠体内后的作用。这些小鼠和大鼠也发展出了抑郁症状，出现了焦虑，也对带来愉悦的行为失去了兴趣。这些研究提示，肠道微生物群落的失衡不仅会导致抑郁，还可能与小鼠和人类表现出抑郁行为都有关，见 Zheng et al. (2016) 和 Kelly et al. (2016)。以人类被试为研究对象的进一步研究表明，一些益生菌疗法能减少抑郁、焦虑的症状，也能降低负面想法的出现频率，见 Mohajeri et al. (2018) 和 Valles-Colomer et al. (2019)。然而，市值数十亿美元的益生菌产业盘旋在神经微生物学领域的上空。一些研究者已经指出，某些研究结论常被夸大。肠道菌群非常复杂，操纵它

---

① 作者此处的说法忽略了血清素在身体不同部位的不同功能，过度简化了血清素的复杂性质。

们很有挑战性。太多变量掺杂其中，以至于没有几项研究能找到特定微生物活动和特定行为之间的因果关系，见 Hooks et al. (2018)。

22 对"延伸表现型"的全面解释，见 Dawkins (1982)；"受到严密限制的猜测"，见 Dawkins (2004)；从延伸表现型的角度来讨论真菌对昆虫行为的操纵，见 Andersen et al. (2009)、Hughes (2013, 2014) 和 Cooley et al. (2018)。

23 对 20 世纪五六十年代"第一波"致幻剂研究的讨论，见 Dyke (2008) 和 Pollan (2018) ch. 3。

24 关于约翰·霍普金斯研究，见 Griffiths et al. (2016)；纽约大学研究，见 Ross et al. (2016)；对格里菲思的采访，见路易·施瓦茨贝里（Louie Schwartzberg）执导的《神奇的真菌》(*Fantastic Fungi: The Magic Beneath Us*)；对该话题的大致讨论，包括有记录的"疗效"规模，见 Pollan (2018) ch. 1。

25 对裸盖菇引发神秘体验的研究，见 Griffiths et al. (2008)；对敬畏之情在致幻剂协助的心理疗法中的作用，见 Hendricks (2018)。

26 裸盖菇素在治疗烟草成瘾中的作用，见 Johnson et al. (2014, 2015)；裸盖菇素对"开放程度"和对生活满意度的提升，见 MacLean et al. (2011)；关于致幻剂在治疗成瘾中的角色，大致讨论见 Pollan (2018) ch. 6 pt. 2；关于和自然世界的相连感，见 Lyons & Carhart-Harris (2018) 和 Studerus et al. (2011)。美洲本土用致幻仙人掌的提取物佩奥特碱来治疗酒精成瘾已有很长的历史。20 世纪 50 年代至 70 年代间，一些研究探索了用裸盖菇素和 LSD 治疗药物成瘾的可能。有几项研究报告了显著效果。2012 年，某项研究从控制得最严格的实验中收集数据，对此进行了元分析。分析结果表明，1 剂 LSD 就能对长达 6 个月的酒精滥用起到有益的治疗效果，见 Krebs & Johansen (2012)。马修·约翰逊和他的同事为探究这一现象背后的"自然生态学"而设计了一份线上调查。他们分析了 300 多份上传的报告。这些上传者都宣称他们用了裸盖菇素或 LSD 后减少或完全摆脱了烟草的摄入，见 Johnson et al. (2017)。

27 关于"坚定的唯物主义者"，见 Pollan (2018) ch. 4；非物质现实是宗教信仰的基础，见 Pollan (2018) ch. 2。就连在约翰·霍普金斯大学负责引导和观察这些研究进展的看护们，也报告了他们未曾料想过的世界观的改变。一个旁观了数十次裸盖菇素研究的看护这样描述自己的体验："刚开始时，我是个无神论者，但我开始在每天的工作里看到与这个信念相悖的事情。伴随在摄入裸盖菇素的人左右，我的世界变得越来越神秘。"见 Pollan (2018) ch. 1。

28 致幻剂对神经元的生长和结构的影响，见 Ly et al. (2018)。

29 裸盖菇素和 DMN，见 Carhart-Harris et al. (2012) 和 Petri et al. (2012)；LSD 对大脑连接的影响，见 Carhart-Harris et al. (2016b)。

30 对霍弗的引用，见 Pollan (2018) ch. 3。

31 对约翰逊的引用，见 Pollan (2018) ch. 6；裸盖菇素在治疗抑郁症"死板的悲观主义"中的作用，见 Carhart-Harris et al. (2012)。

32 对自我消融和"融入"的讨论，见 Pollan (2018) prologue & ch. 5。

33 关于"在我们心智的凉夜里"与"更丰富和更复杂"，见 McKenna & McKenna (1976)

pp. 8–9。

34　对怀特海的引用，见 Russell (1956) p. 39；"受到严密限制"的猜想，见 Dawkins (2004)。

35　到底什么时候出现了第一批"迷幻"蘑菇，这不容易推断。最简单的办法就是，假定合成裸盖菇素的能力出现在所有合成裸盖菇素的真菌的最近共同祖先中。但是，这办法并不奏效：（1）裸盖菇素在真菌谱系之间经历了水平转移，见 Reynolds et al. (2018)；（2）裸盖菇素的生物合成独立演化了不止一次，见 Awan et al. (2018)。俄亥俄州立大学的研究者杰森·斯洛特（Jason Slot）估计，合成裸盖菇素的能力在大约 7 500 万年前演化了出来。他的估计基于一个假设：制造裸盖菇素所需的基因最开始在裸伞属（*Gymnopilus*）和裸盖菇属（*Psilocybe*）的一个共同祖先身上聚成基因簇。斯洛特之所以会这样想，是因为有证据表明，其他的裸盖菇素基因簇都是因为水平基因转移才形成的。

36　水平基因转移而形成的裸盖菇素基因簇，见 Reynolds et al. (2018)；裸盖菇素生物合成的多次起源，见 Awan et al. (2018)。

37　昆虫和真菌之间的一些关系涉及更多模棱两可的操纵，比如"白蚁球菌"（cuckoo fungi）；这些真菌会生成看起来像白蚁卵的小球，并合成一种白蚁卵中真实含有的信息素，以此来利用白蚁的社会行为。白蚁会把假卵搬进蚁穴，并照顾它们。发现假卵无法成功孵化之后，白蚁就会把真菌"卵"扔到废物堆里。置身在满是养分的堆肥堆中，白蚁球菌便在这里萌发，不需要与其他真菌竞争生存资源，见 Matsuura et al. (2009)。

38　寻含有裸盖菇素蘑菇的切叶蚁，见 Masiulionis et al. (2013)；蚋蚋和其他以含裸盖菇素蘑菇为食的昆虫，以及裸盖菇素的"诱惑"假说，见 Awan et al. (2018)。高纯度裸盖菇素结晶很昂贵，加上对其严格的管制，使得研究很难推进。一些证据表明，裸盖菇素会阻断昆虫和其他无脊椎动物施展行为。20 世纪 60 年代，研究人员开展过一系列著名的实验。他们用许多药物喂养蜘蛛，然后研究它们织出的网。高剂量的裸盖菇素完全阻止了织网行为。摄入较低剂量的蜘蛛织出的网更加松散，行动起来"就好像身体变沉了"。相比之下，LSD 让蜘蛛织出了"规整得不寻常"的网，见 Witt (1971)。更新近的研究发现，摄入 metitepine（一种化学物质，会阻断裸盖菇素刺激的血清素受体）的果蝇会失去食欲。这引导一些人提出假设，裸盖菇素也许会提高蝇类的食欲——可能以此帮助真菌散播孢子，见 Awan et al. (2018)。美国长青州立大学的生化学家和真菌学家迈克尔·博伊格（Michael Beug）对"裸盖菇素是阻断物"假说持反对意见。蘑菇是真菌的子实体，好比果实。就像苹果树会让自己的果实显眼，从而促进种子传播一样，真菌也会形成显眼的子实体来促进孢子散播。博伊格指出，裸盖菇素在产生裸盖菇素的子实体中水平较高，而在其菌丝体中的水平则可以忽略不计（并不是所有真菌都这样：有报告称，*Psilocybe caerulescens* 和 *Psilocybe hoogshagenii/semperviva* 两种裸盖菇的菌丝体中含有高水平的裸盖菇素）。然而，相比子实体，菌丝体才是最需要防御的部位。为什么裸盖菇要费力守护子实体，而让菌丝体毫无防护呢？见 Pollan (2018) ch. 2。

39　我们知道，其他哺乳动物也能食用一些含裸盖菇素的真菌而不经受任何负面效果。博伊格（负责为北美真菌学会提供中毒报告的生物化学家和真菌学家）就听过许多这样的故事。他告诉我："对马和奶牛来说，食用到这类蘑菇这可能是一个意外，也可能不。"然而，在一些情况下，动物似乎确实会主动寻觅它们。"一些狗看到主人采摘含裸盖菇素蘑菇时会表露兴趣——然后它们会一次次地食用那些蘑菇，得到的效果似乎和人类观察者体验到的差不多。"只有一次，他接到一份报告说，一只猫"一次次吃蘑菇，似乎挺'蘑菇上头的'"。

40　Schultes (1940).

41　对沃森在《生命》杂志上所发文章的讨论以及文章的传播，见 Pollan (2018) ch. 2 和 Davis (1996) ch. 4。

42　"追着她提问"，见 McKenna (2012)。第一篇发表在覆盖较多读者的杂志上的迷幻体验故事，可能出自记者悉尼·卡茨（Sidney Katz）的笔下；他在加拿大的热门杂志《麦克林》（*Maclean's*）上发表了一篇名为"我当疯子的 12 小时体验"（"My Twelve Hours as a Madman"）。相关讨论，见 Pollan (2018) ch. 3。

43　对利里"迷幻之旅"和哈佛裸盖菇素项目的讨论，见 Letcher (2006) pp. 198–201 和 Pollan (2018) ch. 3。对利里的引用，见 Leary (2005)。

44　Letcher (2006) pp. 201, 254–55；Pollan (2018) ch. 3.

45　对迷幻蘑菇日益高涨的兴趣，相关讨论见 Letcher (2006), "Underground, Overground"；对开发培育手段的讨论，见 Letcher (2006), "Muck and Brass"；《培育者指南》，见 McKenna & McKenna (1976)。

46　对《蘑菇培育者》与荷兰和英国迷幻蘑菇市场的讨论，见 Letcher (2006), "Muck and Brass"。

47　中美洲的牧场上很容易生长蘑菇，而且并没有证据表明那里的人们曾主动培育种植过它们。

48　含有裸盖菇素的地衣，见 Schmull et al. (2014)；含裸盖菇素蘑菇的全球分发，见 Stamets (1996, 2005)；"大量出现"，见 Allen & Arthur (2005)；在世界各地发现含裸盖菇素的蘑菇，见 Letcher (2006) pp. 221–25；"公园、住宅开发区"，见 Stamets (2005)。

49　Schultes et al. (2001) p. 23.

50　见 James (2002) p. 300。

第 5 章　根诞生之前

引言：Tom Waits/Kathleen Brennan，出自 *Real Gone* (2004) 专辑中的 "Green Grass"。

1　关于陆地植物的演化，见 Lutzoni et al. (2018)、Delwiche & Cooper (2015) 和 Pirozynski & Malloch (1975)；植物的生物量，见 Bar-On et al. (2018)。

2　早期生物形成的壳状物质，见 Beerling (2019) p. 15 和 Wellman & Strother (2015)；奥陶纪生命，见 web.archive.org/web/20071221094614/http://www.palaeos.com/Paleozoic/Ordovician/Ordovician.htm#Life（2019 年 10 月 29 日登入）。

3　陆地生活对植物祖先的吸引力，见 Beerling (2019) p. 155。人们对此并没有达成共识，但或许这也不奇怪。这个想法一开始由克里斯·皮罗金斯基（Kris Pirozynski）和戴维·马洛赫（David Malloch）在他们发表于1975年的论文《陆地植物的起源》（"The origin of land plants: a matter of mycotropism"）中提出。他们在该论文中表示，"陆地植物从未（与真菌）分离过，因为如果曾经分离，植物就不可能登上陆地"。这个想法在当时算激进，因为这意味着共生是生命史上一次非常重要的演化的主要驱动力。林恩·马古利斯支持这个想法，并将共生描述为"引起生命浪潮的涨落，把生命从海洋深处拉到干旱的陆地和天上的月亮"，见 Beerling (2019) pp. 126–27。真菌和它们在陆地植物演化中的角色，见 Lutzoni et al. (2018)、Hoysted et al. (2018)、Selosse et al. (2015) 和 Strullu-Derrien et al. (2018)。

4　形成菌根关系的植物在所有植物中的占比，见 Brundrett & Tedersoo (2018)。有 7% 的陆地植物不形成菌根关系；它们演化出了替代策略，例如寄生和肉食性。这个比例实际上甚至可能比 7% 还低：近期有研究发现，以前被认为"非菌根"的植物（比如一些十字花科植物）会和非菌根真菌建立关系，后者能像菌根关系一样为植物提供益处，见 van der Heijden et al. (2017)、Cosme et al. (2018) 和 Hiruma et al. (2018)。

5　海藻中的真菌［"真菌海藻类共生"（mycophycobiosis）］，见 Selosse & Tacon (1998)；"软软的绿球"，见 Hom & Murray (2014)。

6　苔类植物（liverwort）被认为是现存陆地植物中最早分化出现的类群。其历史可以追溯到 4 亿年前。陶氏苔属（*Treubia*）和裸蒴苔属（*Haplomitrium*）里的种类或许最有助于我们了解早期植物的生活信息，见 Beerling (2019) p. 25。除化石证据外，还有其他一些证据。植物与菌根真菌通过化学信号交流，而合成这种化学信号的遗传配置在现存的所有植物类群中都一样。这意味着这些遗传配置在所有植物的共同祖先身上就已存在，见 Wang et al. (2010)、Bonfante & Selosse (2010) 和 Delaux et al. (2015)。最早陆地植物的现存祖先（苔类植物）会和最古老的菌根真菌支系形成关系，见 Pressel et al. (2010)。而且，对起源时间最新的估计显示，真菌比现代陆地植物的祖先更早登上陆地；这意味着早期植物几乎不可能不碰见真菌，见 Lutzoni et al. (2018)。

7　根的演化，见 Brundrett (2002) 和 Brundrett & Tedersoo (2018)。

8　演化出更细、更肆意扩张的根，见 Ma et al. (2018)。细根的直径不一，但一般在 100 到 500 微米之间。在菌根真菌最为古老的支系之一——丛枝菌根真菌，运输菌丝的直径在 20 到 30 微米之间，而它们极其纤巧的吸收菌丝能细至 2 到 7 微米，见 Leake et al. (2004)。

9　土壤里 1/3 到 1/2 的生物量，见 Johnson et al. (2013)；对土壤最上层 10 厘米中菌根真菌长度的估计，见 Leake & Read (2017)。研究人员基于不同生态系统中菌根菌丝体的长度做出了这些估计，还考虑到了菌根类型和土地利用方式，见 Leake et al. (2004)。

10　弗兰克有关菌根真菌的研究，见 Frank (2005)；对弗兰克研究的讨论，见 Trappe (2005)。

11　强烈反对弗兰克的有植物学家罗斯科·庞德（Roscoe Pound，后成为哈佛法学院院长）；庞德将弗兰克的想法批判为"显然靠不住"。庞德和更"清醒"的作者们站在了同一边，后者认为菌根真菌"可能有害，因为它们会将本该属于树的养分分走"。庞德激动地表示："在所有例子中，[共生关系]都倾向于为其中一方提供益处。而我们永远不可能确定，如果分开，另一方是否会过得没现在好。"

12　对弗兰克实验的描述，见 Beerling (2019) p. 129。

13　Tolkien (2014)，"对你这位小园丁，爱好树木之人"，见 vol. II "Farewell to Lórien"；"山姆在每个曾有特别美丽……"，见 vol. III "The Grey Havens"。

14　泥盆纪的快速演化，见 Beerlling (2019) pp. 152 & 155；二氧化碳含量的下降，见 Johnson et al. (2013) 和 Mills et al. (2017)。关于大气中二氧化碳气体下降的原因存在不同的假说。比如，有学者认为火山和其他地壳构造活动会释放二氧化碳和其他温室气体。如果火山排出的二氧化碳水平降低，那么大气中的二氧化碳水平也会降低，并可能引发一段时间的全球降温，见 McKenzie et al. (2016)。

15　菌根对泥盆纪植物爆发的协助，见 Beerling (2019) p. 162；从菌根活动的角度来看风化，相关讨论见 Taylor et al. (2009)。

16　米尔斯用的是 COPSE（即碳、氧、磷、硫和演化）模型；该模型能模拟在跨度很长的演化时间里，所有这些元素在"简化的陆地生物群、大气、海洋和沉积"作用下进行的循环，见 Mills et al. (2017)。

17　Mills et al. (2017)；菲尔德关于菌根对古气候的反应的实验，见 Field et al. (2012)。

18　对菌根演化的大致讨论，见 Brundrett & Tedersoo (2018)。人们认为，那些帮助植物登陆并在草地和热带雨林里繁茂生长的真菌（丛枝菌根真菌）只独立起源了一次。丛枝菌根真菌是那些在植物细胞内长成羽状分支的真菌。在温带森林里主导的外生菌根菌（ectomycorrhizal fungus）独立起源了超过 60 次，见 Hibbett et al. (2000)。弗兰克在 19 世纪末期发现，这些真菌（包括松露）的菌丝体在植物的根尖交织缠绕，仿佛袖套一般。兰花拥有独特的菌根关系，其演化出这种关系的历史也独一无二。杜鹃花科（Ericaceae）的植物也是如此，见 Martin et al. (2017)。菲尔德等人正在研究一种完全不同的菌根真菌；人们在 21 世纪 00 年代末期才发现毛霉亚门（Mucoromycotina）真菌。这种真菌普遍存在于植物的菌根关系中，被认为和最早的陆地植物一样古老，但在长达数十年的研究中被人忽略。很可能还有更多这样近在身边的真菌被我们所忽视，见 van der Heijden et al. (2017)、Cosme et al. (2018)、Hiruma et al. (2018) 和 Selosse et al. (2018)。

19　草莓实验，见 Orrell (2018)；关于菌根真菌对植物-传粉者互动影响的进一步研究，见 Davis et al. (2019)。

20　罗勒，见 Copetta et al. (2006)；番茄，见 Copetta et al. (2011) 和 Rouphael et al. (2015)；薄荷，见 Gupta et al. (2002)；莴苣，见 Baslam et al. (2011)；洋蓟，见 Ceccarelli et al. (2010)；贯叶连翘和松果菊，见 Rouphael et al. (2015)；面包，见 Torri et al. (2013)。

21　Rayner (1945).

22　智能的社会功能，见 Humphrey (1976)。

23　"互惠回报"，见 Kiers et al. (2011)。基尔等人使用了一个人造系统，因而能够进行如此精确的观察。这些植物不是正常的植物，而是根部"器官培养物"——脱离幼芽和叶子生长的根部。虽然如此，植物和真菌倾向于将养分和碳传输给更合适的伙伴的这一能力，已经通过土壤中长出的完整植株得到证实，见 Bever et al. (2009)、Fellbaum et al. (2014) 和 Zheng et al. (2015)。植物和真菌具体是如何调控这些传输的，我们还不清楚，但这些传输似乎是这种关系的一个普遍特征，见 Werner & Kiers (2015)。

24　并不是所有的植物和真菌都能在同等程度上控制它们的交换。一些植物继承了优先为合适的真菌伙伴提供碳的能力。还有一些植物则没有这种能力，见 Grman (2012)。一些植物比其他植物更依赖它们的真菌伙伴。一些植物（比如那些产生尘埃型种子的）离开了真菌就不会发芽；许多植物则靠自己也能发芽。一些植物幼年时不会回赠真菌任何东西，但在长大后会逐渐开始奖励真菌，菲尔德称这种生活方式为"先试用，后付款"，见 Field et al. (2015)。

25　对资源不平等的研究，见 Whiteside et al. (2019)。

26　基尔等人测量了网络中的传输速度，记录到的最高速度超过每秒 50 微米——大约是被动扩散速度的 100 倍；他们还观察到，网络中的传输方向会规律地变化（或称为"振荡"），见 Whiteside et al. (2019)。

27　环境背景在菌根联结中的角色，见 Hoeksema et al. (2010) 和 Alzarhani et al. (2019)；磷对植物"挑剔程度"的影响，见 Ji & Bever (2016)。甚至在同一种植物和同一种真菌之间，个体行为的差异也很大，见 Mateus et al. (2019)。

28　对地球上树的数量的估计，见 Crowther et al. (2015)。

29　对菌根研究中知识缺口的讨论，见 Lekberg & Helgason (2018)。

30　对植物和真菌之间的交换，以及这种交换调控机制的讨论，见 Wipf et al. (2019)。在一项研究中，单个真菌同时与 2 株不同的植物（亚麻和高粱）相连；虽然高粱为真菌提供了更多碳，但这个真菌为亚麻提供了更多养分——如果从成本效益的角度分析，真菌应该为高粱提供更多养分才对，见 Walder et al. (2012) 和 Hortal et al. (2017)。有些植物甚至更极端，它们不会为菌根伙伴提供任何碳。在这些情况下，伙伴之间的交换似乎并非基于互惠回报、礼尚往来的原则。当然，可能还有很多我们没有考虑到的其他成本效益，但很难同时测量那么多变量。因此，大部分研究专注于我们能轻易操控的少数变量，例如碳和磷。这提供了准确的细节，但让我们很难将这些发现延伸到复杂的真实场景中，见 Walder & van der Heijden (2015) 和 van der Heijden & Walder (2016)。

31　菌根真菌在大陆尺度上对森林动态的影响，见 Phillips et al. (2013)、Bennett et al. (2017)、Averill et al. (2018)、Zhu et al. (2018)、Steidinger et al. (2019) 和 Chen et al. (2019)；树在劳伦冰盖消退后的迁移，见 Pither et al. (2018)。

32　不列颠哥伦比亚大学的研究，见 Pither et al. (2018) 和 Zobel (2018) 的评论文章；关于在菌根调控下植物侵入荒地的研究，见 Collier & Bidartondo (2009)；植物和菌根伙伴的共同迁移，见 Peay (2016)。

33　Rodriguez et al. (2009).

34　Osborne et al. (2018) 和 Geml & Wagner (2018) 的评论文章。

35　关于"卷入"，见 Hustak & Myers (2012)。

36 植物-真菌关系对生物适应气候变化的作用，相关讨论见 Pickles et al. (2012)、Giauque & Hawkes (2013)、Kivlin et al. (2013)、Mohan et al. (2014)、Frenandez et al. (2017) 和 Terrer et al. (2016)；环境危机愈演愈烈，见 Sapsford et al. (2017) 和 van der Linde et al. (2018)。菌根关系能以许多方式作用于地上的世界，一个例子就是它们对土壤养分循环的影响。我们可以把土壤养分循环想作化学天气系统。不同的真菌建立起的化学"气候"能部分决定每个地区生长的植物种类。不同的植物又会影响菌根真菌的行为。丛枝菌根真菌（生长在植物细胞内的那个古老支系）和外生菌根菌（演化了数十次，并在植物根部周围长出像袖套似的菌丝体的真菌）能将化学天气系统往完全不同的方向引导。和丛枝菌根真菌不同，外生菌根菌从独立生存的腐生真菌演化而来。因此，它们比丛枝菌根真菌更擅长降解有机物质。在整个生态系统的尺度上，这能造成巨大的不同。外生菌根菌喜欢生长在较冷的、降解速度较慢的气候里。丛枝菌根真菌则更喜欢较暖的、较潮湿的、降解速度较快的气候。外生菌根菌偏向于和独立生存的腐生菌竞争，并降低碳循环的速率。丛枝菌根真菌则想要促进独立生存的腐生菌的活动，并提高碳循环的速率。外生菌根菌会在土壤上层固定更多的碳。丛枝菌根真菌会让更多的碳流入土壤下层，在那里进行固化，见 Phillips et al. (2013)、Craig et al. (2018)、Zhu et al. (2018) 和 Steidinger et al. (2019)。菌根关系也能影响植物之间的互动方式。在一些情况下，菌根真菌能通过缓解植物之间的竞争性互动而增加植物生命的多样性，让不那么占主导地位的植物也能扎根，见 van der Heijden et al. (2008)、Bennett & Cahill (2016)、Bachelot et al. (2017) 和 Chen et al. (2019)。在另一些情况下，它们会通过允许植物排除竞争者来降低多样性。还有一些植物为菌根群体提供的反馈能跨越数代，这有时被称为"遗留效应"［Mueller et al. (2019)］。一项针对北美洲西海岸致命松甲虫的研究发现，松树幼苗能否存活取决于它们菌根群体的来源。如果共生的真菌源自被松甲虫致死的成年松树生长区域，幼苗的死亡率就会更高。菌根群体让松甲虫得以影响数代松树，见 Karst et al. (2015)。

37 关于"菌根联合"，见 Howard (1945) chs. 2；关于"活着的真菌丝线"，见 Howard (1945) ch. 1；关于"人类能调节……?"，见 Howard (1940) ch. 1。

38 作物产量翻倍，见 Tilman et al. (2002)；农业排放和作物产量趋于平缓，见 Foley et al. (2005) 和 Godfray et al. (2010)；磷肥导致的功能失常，见 Elser & Bennett (2011)；粮食损失，见 King et al. (2017)；30 个足球场，见 Arsenault (2014)；对全球粮食需求的预估，见 Tilman et al. (2011)。

39 对中国传统耕作方式的研究，见 King (1911)；霍华德对"土壤的生命"的担忧，见 Howard (1940)；农业对土壤微生物群的伤害，见 Wagg et al. (2014)、de Vries et al. (2013) 和 Toju et al. (2018)。

40 瑞士苏黎世农业研究所的研究，见 Banerjee et al. (2019)；农耕方式对菌根群体的影响，见 Helgason et al. (1998)；有机种植和非有机种植方式在利用菌根群落上的对比，见 Verbruggen et al. (2010)、Manoharan et al. (2017) 和 Rillig et al. (2019)。

41 "生态系统工程师"，见 Banerjee et al. (2018)；菌根真菌保持水土方面的作用，见 Leifheit et al. (2014)、Mardhiah et al. (2016)、Delavaux et al. (2017)、Lehmann et

al. (2017)、Powell & Rillig (2018) 和 Chen et al. (2018)；菌根真菌对土壤水分吸收的影响，见 Martínez-García et al. (2017)；存储在土壤中的碳，见 Swift (2001) 和 Scharlemann et al. (2014)；对真菌中所含土壤里碳的分析，见 Clemmensen et al. (2013) 和 Lehmann et al. (2012)；对土壤中有机体数量的估计，见 Berendsen et al. (2012)；对从古至今人类总数的估计，见 www.prb.org/howmanypeople haveeverlivedonearth/（2019 年 10 月 29 日登入）。

42　菌根真菌对植物抗胁迫的影响，见 Zabinski & Bunn (2014)、Delavaux et al. (2017)、Brito et al. (2018)、Rillig et al. (2018) 和 Chialva et al. (2018)。其他研究发现，通过给作物接种植物幼芽的内生真菌，就能显著提高作物对干旱和高温的抗性，见 Redman & Rodriguez (2017)。

43　关于菌根联结对作物产量所产生的难以预料的作用，见 Ryan & Graham (2018)，也可见 Rillig et al. (2019) 和 Zhang et al. (2019)；菲尔德关于作物对菌根真菌的反应的研究，见 Thirkell et al. (2017)；不同种作物对菌根真菌的不同反应，见 Thirkell et al. (2019)。

44　对商用菌根产品有效性的讨论，见 Hart et al. (2018) 和 Kaminsky et al. (2018)。人们用起到保护作用的植物内生真菌开发了越来越多的产品。2019 年，美国环境保护署（Environmental Protection Agency）批准了一款由蜜蜂运送给植物的真菌杀虫剂，见 Fritts (2019)。

45　关于基尔开发的方法，见 Kiers & Denison (2014)。

46　关于"科学解释仍然很不完整"，见 Howard (1940) ch. 11。

47　Bateson (1987) ch. 4.94；Merleau-Ponty (2002) pt. 1, "The Spatiality of One's Own Body and Motility".

第 6 章　木联网

引言：von Humboldt (1845) vol. 1 p. 33。英文原版在此处引用的是安娜·韦斯特迈尔（Anna Westermeier）的译文。德文版中包含"而是犹如织丝的缠结，形成了网状的结构"的原句（*Eine allgemeine Verkettung, nicht in einfacher linearer Richtung, sondern in netzartig verschlugenem Gewebe, [...], stellt sich allmählich dem forschenden Natursinn dar*）并未出现在 1849 年的英译版中。

1　这位俄国植物学家是 F. 卡缅斯基（F. Kamienski）。他在 1884 年发表了这个关于水晶兰的猜想，见 Trappe (2015)；利用了放射性葡萄糖的研究，见 Björkman (1960)。

2　对洪堡"织丝的缠结……网状的结构"的讨论，见 Wulf (2015) ch. 18。

3　里德用到了放射性二氧化碳的研究，见 Francis & Read (1984)。1988 年，爱德华·I. 纽曼（Edward I. Newman，一篇关于共享菌根网络经典综述的作者）评论道："如果这是个普遍现象，那么它会大大影响生态系统的运作。"纽曼指出了共享菌根网络产生影响可能的 5 种方式：（1）幼苗或许很快就会连接到一张大真菌网络中，并在发育早期就开始获益；（2）一株植物可能通过菌丝连接，从另一株植物那里获取有机物质（例如饱含能量的碳化合物），这或许足以促进"受体"的生长并提高其存活概率；（3）如果植物从同一张菌丝体网络中获取矿物养分，而不是各自从土壤中吸收养分，它们之间竞争的平衡性可能会因此改变；（4）矿物养分或许会从一株植物传输到另一株，从而弱化竞争中的优势方；（5）濒死的根释放的养分或许会直接通过真菌连接传输到活着的根中，不需要进入土壤。见 Newman (1988)。

4　Simard et al. (1997)。西马尔在加拿大不列颠哥伦比亚的一片森林中栽种了三种树的幼苗。其中两种树（纸皮桦和花旗松）和同一种菌根真菌建起了关系。第三种树（北美乔柏）与一个非常不同于那种真菌的菌根真菌形成了关系。这意味着，她能确定纸皮桦和花旗松共享一张网络，而北美乔柏只是和前两者共享根部空间，它们之间并不存在直接的真菌连接（虽然这个方法并不能 100% 地表明这些植物之间不存在连接——这也是后来其他学者对她的研究产生怀疑的一点）。西马尔设计的实验和里德此前的研究有一个重要的不同：她将成对的树木幼苗暴露在用两种不同的碳放射性同位素标记过的二氧化碳中。只用一种同位素是不可能追踪植物间碳的双向移动的。我们可能会发现一株受体植物吸收了来自一株供体植物的标记碳，但供体植物可能从受体植物那里吸收了等量的碳——我们无从确认。西马尔的方法让她能够计算植物间碳的净移动量。

5　Read (1997).

6　根接，见 Bader & Leuzinger (2019)；对"我们或许不应该"的引用，见 Read (1997)。在最近的几十年间，根接受到的关注相对较少，但是我们能通过它们来解释一些有趣的现象，比如"活树桩"：大树被砍倒很久后，树桩还继续存活着。根接能发生在单个个体、同种生物的不同个体，甚至不同种生物不同个体的根之间。

7　Barabási (2001).

8　对万维网的研究，见 Barabási & Albert (1999)；对 20 世纪 90 年代中期网络科学发展的大致讨论，见 Barabási (2014)；"更多共同之处"，见 Barabási (2001)；关于"浩瀚大网"和宇宙的网络结构有一篇易读的综述，见 Ferreira (2019) 和 Gott (2016) ch. 9、Govoni et al. (2019) 和 Umehata et al. (2019)，还有 Hamden (2019) 的评论文章。

9　关于发现植物间有生物学意义的资源传输的研究综述，见 Simard et al. (2015)。"280千克的碳"，见 Klein et al. (2016) 和 van der Heijden (2016) 的评论文章。Klein et al. (2016) 里的研究很不寻常，因为研究者测量了森林中成熟的树之间的碳传输。这些树的树龄相仿，这意味着它们之间不存在明显的源汇坡度。

10　关于报道了菌根关系几乎没有益处或有益程度较为多变的研究，见 van der Heijden et al. (2009) 和 Booth (2004)。总体来看，在观察到为植物带来明显益处的研究中，研究对象总是和外生菌根真菌建立关系的物种。而发现菌根影响更模棱两可的研究，研究对象总是最为古老的真菌类群之一——丛枝菌根真菌。

11　对学界内不同意见和对证据的不同理解的讨论，见 Hoeksema (2015)。一部分问题在于，在控制好的实验室条件下进行有关共享菌根网络的实验就已经很复杂，更不用说用野外的土壤做实验了。首先，很难证明两株植物是通过同一个真菌相连的。生命系统容易泄漏（leak）。进入一株植物的放射性标记物有无数种路径到达另一株植物。

而且，任何研究网络的实验都必须对比网络中和网络外的植物。问题就是，网络是默认状态。一些研究者通过改变植物之间细筛网障碍的位置，来切断植物间的真菌连接。其他研究者则通过挖沟来分离植物，但我们很难知道这些干预手段是否会附带伤害。

12 真菌异养现象的多次起源，见 Merckx (2013)。达尔文是兰花的狂热爱好者，他花了很多时间思考兰花如何以这么小的种子繁衍成活。1863 年，达尔文在一封寄给约瑟夫·胡克（Joseph Hooker，邱园的园长）的信中写道，虽然他"没有事实证据"，但他"坚信"，正在发芽的兰花种子"早期寄生于隐花植物（cryptogam）［或真菌］"。直到 30 年后，人们才证明真菌对兰花种子的发芽极为重要，见 Beerling (2019) p. 141。

13 关于血晶兰，见 Muir (1912) ch. 8；"成千上万条隐形的绳索"，见 Wulf (2015) ch. 23。对缪尔来说，这是一个反复出现的主题；他也写下过"数不清的、牢不可破的绳索"的句子。他更出名的一句话是，"当我们试着将一个东西单独拎出来时，我们会发现，这个东西和宇宙中的所有其他东西紧密相连"。

14 关于"拐杖糖"和松茸的讨论，见 Tsing (2015), "Interlude. Dancing"。

15 源汇动态调控着植物的光合作用。当光合作用的产物开始堆积，光合作用的速率就会降低。作为碳汇，菌根真菌网络能防止光合作用产物的堆积，从而提高植物光合作用的速率，让光合作用无须因其减速，见 Gavito et al. (2019)。

16 西马尔遮掩花旗松幼苗，见 Simard et al. (1997)；濒死的植物，见 Eason et al. (1991)。

17 碳流向的转变，见 Simard et al. (2015)。

18 对该演化谜题的讨论，见 Wilkinson (1998) 和 Gorzelak et al. (2015)。

19 将剩余的资源作为"公共物品"共享，见 Walder & van der Heijden (2015)。另一个可能是受体植物中住着许多种真菌。生存条件改变后，植物 A 可能从植物 B 的真菌群体身上获益。多样的真菌群落能提高对环境不确定性的抗性，见 Moeller & Neubert (2016)。

20 受共享菌根连接调节的亲缘选择，见 Gorzelak et al. (2015)、Pickles et al. (2017) 和 Simard (2018)。一些蕨类采用了利用共享菌根网络的亲缘选择或者亲本"照料"，而且这种行为可能在数百万年前就出现了，见 Beerling (2019) pp. 138–40。这些蕨类［包括石松属（*Lycopodium*）、石杉属（*Huperzia*）、松叶蕨属（*Psilotum*）、小阴地蕨属（*Botrychium*）和瓶尔小草属（*Ophioglossum*）］的生活史分 2 个世代。孢子萌发成配子体结构。配子体是小小的地下结构，不进行光合作用。蕨类的受精过程就在这里发生。精子和卵细胞结合后，它成长为地上的成熟结构，进入孢子体世代。光合作用在孢子体上进行。配子体之所以能在地下存活，就是因为它们通过菌根网络得到了来自成熟孢子体共享的碳。这是"先试用，后付款"的一个例子。

21 双向运输，见 Lindahl et al. (2001) 和 Schmieder et al. (2019)。

22 关于植物参与共享菌根网络后获得益处的研究，见 Booth (2004)、McGuire (2007)、Bingham & Simard (2011) 和 Simard et al. (2015)。

23 关于参与共享菌根网络后没有获益的研究，见 Booth (2004)；共享菌根网络放大了竞争，见 Weremijewicz et al. (2016) 和 Jakobsen & Hammer (2015)。

24 "真菌快速通道"和真菌对毒素的运输，见 Barto et al. (2011, 2012) 和 Achatz & Rillig

(2014)。

25 激素，见 Pozo et al. (2015)；细胞核通过菌根真菌网络运输，见 Giovannetti et al. (2004, 2006)；寄生植物与其宿主之间的 RNA 运输，见 Kim *et al.* (2014)；RNA 调控的植物与真菌病原体之间的交互，见 Cai et al. (2018)。

26 细菌对真菌网络的利用，见 Otto et al. (2017)、Berthold et al. (2016) 和 Zhang et al. (2018)；菌丝内生细菌对真菌代谢的影响，见 Vannini et al. (2016)、Bonfante & Desirò (2017) 和 Deveau et al. (2018)；粗柄羊肚菌内部的细菌培养，见 Pion et al. (2013) 和 Lohberger et al. (2019)。

27 Babikova et al. (2013).

28 同上。

29 西红柿植株之间的植物-植物信息传输，见 Song & Zeng (2010)；花旗松和西黄松幼苗之间胁迫信号的传导，见 Song et al. (2015a)；花旗松和西黄松幼苗之间的物质交流，见 Song et al. (2015b)。

30 植物中的电信号传导，见 Mousavi et al. (2013)、Toyota et al. (2018) 和 Muday & Brown-Harding (2018) 的评论文章；植物对食草行为的电反应，见 Salvador-Recatalà et al. (2014)。植物根部和真菌之间能建立关系有赖于它们之间的化学交流，而与此有关的许多问题仍未被解答。里德曾尝试培育真菌异养血晶兰，也就是缪尔笔下的"燃烧着的耀眼火柱"；他取得过一些进展，但之后碰了壁。里德回忆道："让人着迷的是，这种真菌会往种子的方向生长，并表现出强烈的兴奋和兴趣——它们会蓬松展开，然后说'嗨'。这个现象里很明显有信号传导。但令人遗憾的是，我们没能成功让血晶兰继续长大以进行后续的研究。这些关于信号传导的问题是下一代研究者必须探索的课题。"

31 戴维·里德持有相似的观点。他向我解释道："几周前，一个无线电项目的人想要采访我，想问我一堆关于植物间互相交谈一类的乱七八糟的东西。"

32 Beiler et al. (2009, 2015)。其他研究以参与交互的物种为基础来探究共享菌根网络的结构，但这些研究并未讲述清楚生态系统内树的空间排列。这些研究包括 Southworth et al. (2005)、Toju et al. (2014, 2016) 和 Toju & Sato (2018)。

33 如果我们在拜勒的森林样地里随机地给树木两两之间连线，每棵树和其他树之间的连接数不会差太多。拥有极高或极低连接数的树会很罕见。我们能计算每棵树的平均连接数。大部分树会拥有约等于平均数的连接数。用网络语言来说，这个特征节点度就代表了网络的"标度"。我们在现实中看到的并不太一样。在拜勒的样地中，在鲍劳巴希的万维网地图里，抑或是在飞机航线图中，少数高度连通的中枢拥有网络中绝大部分的连接。这类网络中的节点之间差异巨大，以至于不存在所谓的"特征节点度"。这些网络没有标度，所以又名"无标度"网络。20 世纪 90 年代末期，鲍劳巴希对无标度网络的发现为复杂系统的行为提供了建模框架。高度连通和连接较少的中枢之间的区别，见 Barabási (2014), "The Sixth Link: The 80/20 Rule"；无标度网络的脆弱性，见 Albert et al. (2000) 和 Barabási (2001)；对自然界中无标度网络的讨论，见 Bascompte (2009)。

34 对不同类型的共享菌根网络和它们截然不同的结构的讨论，见 Simard et al. (2012)；对不同丛枝菌根网络之间融合的讨论，见 Giovannetti et al. (2015)。两棵树之间存在连接，不代表它们以同样的方式参与连接。比如说，一些桤木会和很少数的真菌物种连接，这些真菌也不太倾向于和桤木以外的其他植物连接。这意味着，桤木这个物种容易孤立，会倾向于与其他桤木在种内形成闭环网络。从一片森林的整体结构来看，一片桤木林是一个"模块"——内部高度连通，但模块之间连接较少，见 Kennedy et al. (2015)。对此我们并不陌生。在一张纸上画出你的熟人网络，然后将每一段连接想作一段关系。在所有这些关系中，有多少段是等价的呢？当你把自己和你的姐姐、和你的表亲、和你工作上的朋友、和你的房东之间的关系都当作社交网络中的等价关系时，你丢失了什么信息呢？网络科学家尼古拉斯·克里斯塔基斯（Nicholas Christakis）和詹姆斯·福勒（James Fowler）用"传染性"（contagion）来描述社交网络中一段连接的影响力。你可能和你的姐姐、和你的房东之间都存在社交连接，但这两段连接的影响力（"传染性"）不同。克里斯塔基斯和福勒提出过"三度影响力"理论，描述了社交中相距三度以上，人对人的影响力会减弱，见 Christakis & Fowler (2009) ch. 1。

35 Prigogine & Stengers (1984) ch. 1.

36 将生态系统视为复杂适应系统，见 Levin (2005)；生态系统的动态非线性行为，见 Hastings et al. (2018)。

37 西马尔在共享菌根网络和神经网络之间所做的类比，见 Simard (2018)。其他领域的研究者也持这样的观点。Manicka & Levin (2019) 提出，目前只用于研究脑功能的工具，应该应用到其他生物领域，以此来解决分隔了生物学不同领域的"专题谷仓"问题[①]。在神经科学中，"连接组"（connectome）是一个大脑中神经连接的地图。我们可能绘制出一个生态系统里的菌根连接组吗？拜勒告诉我："如果我有无限的资金，我会在一片森林里疯狂取样。然后，我们就能掌握该网络的精细图景——具体是谁和谁之间存在连接、连接的位置在哪里；我们也能看见整个系统的大致样貌。"类似的方法应用在神经科学研究中的案例，见 Markram et al. (2015)。

38 Simard (2018).

39 瑟洛斯向我解释道："许多真菌和根部随意关联着，比如松露。当然，我们能在它们的正式'宿主'树的根部找到生长其上的松露菌丝体。但我们也能在周围并非其常规宿主且不常形成菌根联结的植物的根上找到其菌丝体。这些随性的关系并不是严格意义上的菌根关系，但它们也都存在。"如果想了解有关连通不同植物的非菌根真菌的更多信息，见 Toju & Sato (2018)。

第 7 章　激进真菌学

引言：Le Guin (2017)。

1 很多这些早期植物（有石松类和蕨类）不怎么形成"真正的"木材；研究人员认为，

---

① "谷仓效应"（Silo Effect）指的是分工行事反而会降低整体效率的效应。

它们主要由类似树皮的"周皮"（periderm）构成，见 Nelsen et al. (2016)。

2 3 万亿棵树，见 Crowther et al. (2015)。目前对全球生物量分布情况的最佳估测显示，植物占地球生物量的 80% 左右。植物中，估计有约 70% 是"木质"茎和树干，也就是说木材占全球生物量的 60% 左右，见 Bar-On et al. (2018)。

3 木材的成分和木质素、纤维素的相对丰度，见 Moore (2013a) ch. 1。

4 对木材降解和酶促氧化的介绍，见 Moore et al. (2011) ch. 10.7 和 Watkinson et al. (2015) ch. 5。

5 850 亿吨碳，见 Hawksworth (2009)；2018 年的全球碳预算，见 Quéré et al. (2018)。另一种主要的降解真菌是褐腐菌（brown rot fungus），因其让木头变成棕褐色而得名。褐腐菌降解的主要是木材中的纤维素。但它们也能用基化学加速木质素的降解。它们的降解方式和白腐菌的有些不同。相比于直接用自由基分解木质素分子，褐腐菌会生成能与木质素反应的自由基，使木质素更容易受到细菌的腐蚀，见 Tornberg & Olsson (2002)。

6 这么多木材怎么在这么长的时间内不受腐蚀呢？一直以来有许多关于这个主题的讨论。戴维·希贝特（David Hibbett）所带领的团队于 2012 年在《科学》杂志上发表了一篇论文。他们提出，白腐菌中木质素过氧化物酶的演化出现和石炭纪末期碳埋藏量的"急剧下降"发生在同一时期；也就是说，石炭纪碳储量的上升可能是由于真菌还没演化出降解木质素的能力，见 Floudas et al. (2012)，附有 Hittinger (2012) 的评论文章。这个发现支持了在另一篇论文中首次提出的假说，见 Jennifer Robinson (1990)。2016 年，Matthew Nelsen et al. 发表了一篇论文，基于几条线索否定了这个假说：（1）构成大部分地下碳储量的石炭纪碳储植物中，很多不是主要的木质素生产者；（2）降解木质素的真菌和细菌可能在石炭纪之前就出现了；（3）显著的煤层在白腐菌演化出降解木质素的酶之前就形成了；（4）如果石炭纪前木质素不被降解，那大气中所有的二氧化碳会在 100 万年内被消除。见 Nelsen et al. (2016) 和 Montañez (2016) 的评论文章。事实仍无清晰定论。降解和碳埋藏的相对速率很难测量，而且我们也很难想象白腐菌降解木质素和木材中的其他坚硬成分（例如结晶纤维素）没有对全球碳埋量产生影响，见 Hibbett et al. (2016)。

7 真菌对煤的降解，见 Singh (2006), pp. 14–15；"煤油真菌"是一种酵母（*Candida keroseneae*，煤油假丝酵母），见 Buddie et al. (2011)。

8 Hawksworth (2009)。亦见 Rambold et al. (2013)，该论文提出，"在生物学领域内，真菌学应该被当成和其他主要学科同等重要的学科"。

9 古代中国的真菌学，见 Yun-Chang (1985)；真菌学在现代中国的发展状态和全球的蘑菇生产，见 *State of the World's Fungi* (2018)；蘑菇中毒导致的死亡，见 Marley (2010)。

10 *State of the World's Fungi* (2018)；Hawksworth (2009)。

11 对公众科学和"宇宙动物园"（zooniverse，一个让人们有机会参与很多不同领域研究项目的线上平台）近期历史的讨论，见 Lintott (2019)，West (2019) 就此专题撰写过综述；用艾滋病危机的案例进行的对"门外专家"（lay expert）的经典讨论，见 Epstein (1995)；对现代众筹科学参与过程的讨论，见 Kelty (2010)；生态学中的公众科学，见 Silvertown (2009)；对在家进行的实验性"节俭"科学的历史讨论，见 Werrett (2019)。达尔文的研究是个重要的例子。终其一生，达尔文的几乎所有研究都在家里进行。他在窗台上培育兰花、在果园里种植苹果、在露台上养殖赛鸽和蚯蚓。达尔文用于支持其演化理论的证据，很多来自业余动物和植物培育者组成的网络；他与组织良好的业余收集者和后院爱好者网络保持大量的通信，见 Boulter (2010)。今天，线上平台开拓了新的可能性。2018 年末，一阵低频的地震嗡鸣传遍了世界，但没有被主流地震监测系统探测到。相关地震波的走势和性质是由推特上的学者和公众地震学家组成的临时合作团队交互讨论出来的，见 Sample (2018)。

12 DIY 真菌学的历史，见 Steinhardt (2018)。

13 McCoy (2016) p. xx.

14 关于农业废弃物的数据，见 Moore et al. (2011) ch. 11.6；墨西哥城的尿布，见 Espinosa-Valdemar et al. (2011)——即使保留了尿布的塑料包装，经过真菌分解，其质量仍然可以惊人地降低 70%。印度的农业废料，见 Prasad (2018)。

15 真菌在白垩纪–古近纪灭绝中的繁衍，见 Vajda & McLoughlin (2004)；广岛事件之后的松茸，见 Tsing (2015), "Prologue"。Tsing 在她的笔记中写道，这个故事的源头难以确定。

16 侧耳属真菌在烟头上生长的视频，见 radicalmycology.com/publications/videos/mushrooms-can-digest-cigarette-filters/（2019 年 10 月 29 日登入）。

17 对非特异性真菌酶及其降解毒素的潜力的讨论，见 Harms et al. (2011)。

18 2015 年，美国真菌学协会为斯塔梅茨颁了个奖。官方通稿将他描述为"真菌学社群里一位极具开创性的、自学成才的成员，为真菌学领域带来了巨大且持续的影响"[fungi.com/blogs/articles/paul-receives-the-gordon-and-tina-wasson-award（2019 年 10 月 29 日登入）]。斯塔梅茨在 2018 年接受蒂姆·费里斯（Tim Ferris）的采访时解释道，他被授予奖项的原因是他"带入真菌学的学生比历史上其他任何人都多"[tim.blog/2018/10/15/the-tim-ferriss-show-transcripts-paul-stamets/（2019 年 10 月 29 日登入）]。

19 甲基膦酸二甲酯，见 Stamets (2011), "Part II: Mycorestoration"。注意，此文并未提及暗蓝光盖伞——这是斯塔梅茨亲口告诉我的。

20 对真菌降解毒素能力的总结，见 Harms et al. (2011)；对真菌修复更广泛的讨论，见 McCoy (2016) ch. 10。

21 菌丝体高速通道，见 Harms et al. (2011)；用真菌过滤大肠杆菌，见 Taylor et al. (2015)；用菌丝体重新提取黄金的芬兰公司，见 www.vttresearch.com/media/news/filter-developed-by-vtt-helps-recover-80-of-gold-in-mobile-phone-scrap（2019 年 10 月 29 日登入）。切尔诺贝利发生核泄漏后，许多研究报告发现了含有高浓度放射性重金属铯的蘑菇，见 Oolbekkink & Kuyper (1989)、Kammerer et al. (1994) 和 Nikolova et al. (1997)。

22 关于真菌的额外需求，相关讨论见 Harms et al. (2011)；关于挑战，见 McCoy (2016) ch. 10。

23　"共同重建"，见 corenewal.org（2019 年 10 月 29 日登入）；加州森林大火后，利用真菌进 行 的 清 理，见 newfoodeconomy.org/mycoremediation-radical-mycology-mushroom-natural-disaster-pollution-clean-up/（2019 年 10 月 29 日登入）；侧耳属真菌在丹麦港口的繁茂生长，见 www.sailing.org/news/87633.php#.XCkcIc9KiOE（2019 年 10 月 29 日登入）。

24　消化聚氨酯的真菌，见 Khan et al. (2017)；另一例消化塑料的真菌，见 Brunner et al. (2018)。"蘑菇山"（Mushroom Mountain）组织的真菌学家特拉德·柯特（Tradd Cotter）发起了一个众筹项目，旨在从人们不常探索的地方收集真菌种类；见 newfoodeconomy.org/mycoremediation-radical-mycology-mushroom-natural-disaster-pollution-clean-up/（2019 年 10 月 29 日登入）。

25　玛丽·亨特，见 Bennett & Chung (2001)。"公众"并不一定"不是科学家"。2017 年，地球微生物组项目（Earth Microbiome Project）在《自然》上发表了一项研究，因为其采用的研究方法不同寻常而吸引了人们的关注。研究人员呼吁全世界的科学家提供保存良好的环境样本，以供调查全球微生物多样性的研究所用，见 Raes (2017)。

26　每一年，达尔文都会和他的表亲（一个教区牧师）比赛，看看谁能通过杂交亲缘关系最近的品种而培育出个头最大的梨。这个比赛后来成了他们家中的欢乐源泉。见 Boulter (2010) p. 31。

27　吴三公，见 McCoy (2016) p. 71；"巴黎"蘑菇，见 Monaco (2017)；欧洲培育的通史，见 Ainsworth (1976) ch. 4。关于巴黎地下蘑菇的故事在现代迎来一个转折。巴黎的汽车持有量正在下降，一些地下停车场已经转型成为成功的食用菌农场；见 www.bbc.co.uk/news/av/business-49928362/turning-paris-s-underground-car-parks-into-mushrooms-farms（2019 年 10 月 29 日登入）。

28　当然不只有人类会制备蘑菇食品。我们知道，有几种北美的松鼠会风干储藏蘑菇，以便后续食用，见 O'Regan et al. (2016)。

29　大白蚁蚁丘已存在的时间，见 Erens et al. (2015)；大白蚁社会的复杂程度，见 Aanen et al. (2002)。

30　关于大白蚁的消化和其丰富的代谢过程，相关讨论见 Aanen et al. (2002)、Poulsen et al. (2014) 和 Yong (2014)。

31　吃掉"私人财产"的白蚁，见 Margonelli (2018) ch. 1；吃掉纸钞的白蚁，见 www.bbc.co.uk/news/world-south-asia-13194864（2019 年 10 月 29 日登入）；关于斯塔梅茨开发的用于杀死昆虫的真菌产品，相关讨论见 Stamets (2011), "Mycopesticides"。2019 年发表在《科学》上的一项研究报告，一种经过基因修改的绿僵菌在布基纳法索一个"接近自然环境的"实验环境下消灭了几乎所有的蚊子。作者提出，可以使用这种经过修改的绿僵菌阻断疟疾的扩散，见 Lovett et al. (2019)。

32　"唤醒"土壤，见 Fairhead & Scoones (2005)；白蚁蚁丘里的泥土的好处，见 Fairhead (2016)；法国军营被击溃，见 Fairhead & Leach (2003)。

33　灵性等级，见 Fairhead (2016)。在几内亚的部分地区，人们会把从大白蚁蚁丘内部取来的泥土糊上墙，见 Fairhead (2016)。

34　对真菌制成的材料的讨论，见 Haneef et al. (2017) 和 Jones et al. (2019)；双孢蘑菇电池，见 Campbell et al. (2015)；真菌做成的皮肤替代品，见 Suarato et al. (2018)。

35　抗白蚁的真菌材料，见 phys.org/news/2018-06-scientists-material-fungus-rice-glass.html（2019 年 10 月 29 日登入）。菌丝体建筑材料已经被用在一些高端展览中，例如 2014 年纽约现代艺术博物馆的 PS1 展馆，还有印度科钦的壳菌丝体装置（Shell Mycelium Installation）。

36　NASA 在太空中培育建筑，见 www.nasa.gov/directorates/spacetech/niac/2018_Phase_I_Phase_II/Myco-architecture_off_planet/（2019 年 10 月 29 日登入）；使用了真菌的"自我修复"混凝土，见 Luo et al. (2018)。

37　要制作木头−菌丝体的混合物，我们要把锯木屑和谷物混成一团潮湿的糊状物。真菌菌丝体会被接种到这团混合物上，然后放到塑料模子里。菌丝体飞速长满这团底物，这样，互相扣着的菌丝体和部分经过消化的木头会逐渐构成一个模件。类皮革和软泡沫材料则经历了截然不同的过程。不同于将接种后的底物塞到模子里，合成这两种材料时，底物会被散开平铺。通过控制生长条件，我们能迫使菌丝体向上生长。不到一个星期，我们就能收获一层海绵状的物质。经过挤压和鞣制，它就会变成质感与皮革极其相似的材料。如果得到海绵状物质后直接晒干，就会得到软泡沫。

38　拜尔更长期的目标是搞清楚菌丝体形成的物理结构的生物物理学原理。他解释道："我把真菌视为采用了纳米技术的装配器，把分子放到它们该去的地方。我们在尝试理解微纤维的三维定向是如何影响它们的强度、耐久性和可塑性等材料性质的。"拜尔想开发出能进行遗传编程的真菌。如果能在这种程度上进行控制，他解释道："我们就能调整出不同的材料。我们甚至可以让它排出像甘油那样具有塑化能力的化合物。如此一来，我们就拥有了天然的、更可塑和更防水的东西。我们能做的实在太多。""能"是这句话里的题眼。真菌遗传学非常复杂，我们目前的理解还比较浅薄。要插入基因并让真菌表达这个基因是一回事，要插入基因并让真菌按照既定规划稳定地表达这个基因则是另一回事，要通过发送一串遗传指令来编程真菌的行为又是另一回事。

39　用真菌来制备物件没有太多经验可循，因此很多研究不得不从零开始。对拜尔来说，这些研究比直接生产更重要。过去 10 年里，其投入研究的资金就达 3000 万美元。要把菌丝体利用到这些方向上，就需要采用新的方法，需要用新的方式去促进真菌生长和产生不同的行为。

40　关于 FUNGAR，见 info.uwe.ac.uk/news/uwenews/news.aspx?id=3970 和 www.theregister.co.uk/2019/09/17/like_computers_love_fungus/（2019 年 10 月 29 日登入）。

41　Stamets et al. (2018).

42　传粉者的重要性和传粉者数量下降，见 Klein et al. (2007) 和 Potts et al. (2010)；瓦螨造成的问题，见 Stamets et al. (2018)。

43　对真菌抗病毒化合物的综述，见 Linnakoski et al. (2018)；对生物盾计划的讨论，见 Stamets (2011) ch. 4. 斯塔梅茨告诉我，人们发现的拥有最强抗病毒活性的真菌是药用拟层孔菌（Laricifomes officinalis）、桦褐孔菌（Inonotus obliquus）、灵芝

（*Ganoderma* spp.）、桦拟层孔菌和云芝。关于真菌制药的历史，最详细的记录来自中国；在中国，药用蘑菇在药典里已经占据了至少 2 000 年的中心地位。成书于大约公元 200 年的草药经典《神农本草经》（现在普遍认为这些内容是口耳相传的传统经验合集）就包含了几种如今仍在作药用的真菌，包括赤芝（*Ganoderma lucidum*）和猪苓（*Polyporus umbellatus*）。灵芝在其中最受推崇；在许多绘画、雕刻和刺绣作品中都能找到灵芝的身影。

44　Stamets et al. (2018).

第 8 章　理解真菌

引言：Haraway (2016) ch. 4。

1　人类微生物群里的酵母，见 Huffnagle & Noverr (2013)。

2　关于酵母基因组测序，见 Goffeau et al. (1996)；用酵母做实验而得到的诺贝尔奖，见 *State of the World's Fungi* (2018), "Useful Fungi"。

3　关于早期酿酒行为的证据，相关讨论见 Money (2018) ch. 2。

4　Lévi-Strauss (1973) p. 473.

5　对酵母的驯化，见 Money (2018) ch. 1 和 Legras et al. (2007)；关于"先有面包，后有啤酒"的论述，见 Wadley & Hayden (2015) 和 Dunn (2012)。农业的发展影响了人类与真菌的许多关系。植物的很多真菌病原体都被认为是和驯化后的作物一起演化的。和今天的情况一样，驯化和培育为植物的真菌病原体提供了新的机会，见 Dugan (2008) p. 56。

6　我从一本出色的书中得到了启发，见 *Sacred Herbal and Healing Beers* (Buhner [1998])。

7　苏美尔人和《亡灵书》，见 Katz (2003) ch. 2；奇奥蒂人，见 Aasved (1988) p. 757；狄俄尼索斯，见 Kerényi (1976) 和 Paglia (2001) ch. 3。

8　对生物科技中酵母的讨论，见 Money (2018) ch. 5；Sc2.0，见 syntheticyeast.org/sc2-0/introduction/（2019 年 10 月 29 日登入）。

9　狂热的诗句，见 Yun-Chang (1985)；对山口素堂的引用见 Tsing (2015), "Prologue"；对杰勒德的引用见 Letcher (2006) p. 49。

10　Wasson & Wasson (1957) vol. II ch. 18. 沃森夫妇按照他们的分类标准对世界上的大部分人群进行了划分。美国人（沃森是美国人）恐惧真菌，盎格鲁–撒克逊人和斯堪的纳维亚人也一样。俄国人（瓦伦蒂娜是俄国人）喜爱真菌，斯拉夫人和加泰罗尼亚人也一样。"希腊人，"沃森夫妇轻蔑地写道，"一直都是恐惧真菌者。""在古希腊人留下的文字中，我们从头到尾都没找到任何对蘑菇的热情之词。"当然，不是所有地方的人都能分得这么一清二楚。沃森夫妇创造了一个二元系统，也率先消除了这两类别之间分明的边界。他们观察到，芬兰人"在传统上是恐惧真菌的"，但是他们在俄国人曾经度假的地方学会了"辨识并爱上许多真菌"。至于改变后的芬兰人具体位于二元之间的何处，沃森夫妇并未提及。

11　对真菌和细菌的重新分类，见 Sapp (2009) p. 47；对真菌命名历史的讨论，见

Ainsworth (1976) ch. 10。

12　对真菌分类史的讨论，见 Ainsworth (1976) ch.10。

13　泰奥弗拉斯托斯，见 Ainsworth (1976) p. 35；真菌和闪电的联系，以及关于欧洲人对真菌理解的讨论，见 Ainsworth (1976) ch. 2；"真菌目"，以及比较好的真菌分类通史，见 Ramsbottom (195) ch. 3。

14　Money (2013).

15　Raverat (1952) p. 136.

16　对真菌进行分类的尝试，有记录的最早可以追溯到 1601 年。它按照"可食用"和"有毒"这两个类别来分类。也就是说，当时的分类标准是它们和人体的潜在关系，见 Ainsworth (1976) p. 183。这些判断标准几乎没有意义。酿酒用的酵母能用于制作面包和酒，但如果直接进入人体血液，它所导致的感染也会危及生命。

17　"互利"一词出现后，头十年都带着明显的政治意味，被用于描述早期无政府主义思想的一个流派。"有机体"（organism）的概念也是如此；19 世纪末的德国生物学家将这个词明确地理解为政治术语。鲁道夫·菲尔绍（Rudolf Virchow）认为有机体是由互相合作的细胞组成的一个群体，群体中的每一个细胞都在为整体的利益工作，正如一个健康的国家要由一群互相依存和协作的公民构成。

18　"仍处在文明生物学社会的边缘"，见 Sapp (2004)。达尔文基于自然选择的演化理论、托马斯·马尔萨斯关于人类群体中食物供应的分析和亚当·斯密的市场理论之间的关系获得了学界的大量关注。具体例子，见 Young (1985)。

19　Sapp (1994) ch. 2.

20　Sapp (2004).

21　关于李约瑟，见 Haraway (2004) p. 106；Lewontin (2000) p. 3。

22　荷兰自由大学的教授托比·基尔是将"生物市场框架"应用到植物和真菌交互中的主要倡议者之一。生物市场本身并非新概念——数十年来，人们都在用这些理论来理解动物行为。但基尔等人第一次将它应用到了不具有大脑的生物身上；例子可见 Werner et al. (2014)、Wyatt et al. (2014)、Kiers et al. (2016) 和 Noë & Kiers (2018)。在基尔看来，经济学模型所蕴含的经济隐喻是一种有用的研究工具。她告诉我："这不是在类比人类市场。这是在帮助我们提出更有可验证的预测。"植物和真菌之间的交流多样到令人目眩，与其将这样的世界装进"复杂"和"取决于环境"等模糊概念里，经济学模型反而能使我们分解交互关系的复杂网络，检验基础假说。在发现植物和菌根真菌会用"互惠奖励"来调控它们的碳、磷交换后，基尔就对生物学市场产生了兴趣。从一个真菌那里接收更多磷的植物，会为其提供更多的碳；从植物那里接收更多碳的真菌，则会为植物提供更多的磷。见 Kiers et al. (2011)。基尔认为，市场模型提供了一条途径去理解这些"战略交易行为"的演化过程和在不同条件下可能产生的变化。"至今为止，这都是一个很有用的工具，它能让我们开展不同实验，"她解释道，"我们或许会说，'理论指出，随着我们增加参与伙伴的数量，交易策略会基于这些资源而发生某种改变'。我们就能根据这些假说设计和开展实验：试着改变伙伴的数量，看看这种策略是否真的会改变。这是一个测试方法，而非一套严格的实验程序。"在这个例子中，市场框架是一个工具，是一套基于人类交互的叙事，能帮助我们形成关于世界的问题和生成新的视角。这并不是像克鲁泡特金说的那样：人类应该根据非人类生物的行为决定自己的行为。这也不意味着植物和真菌实际上是资本主义下的个体，做着理性的决定。当然，就算它们是，它们的行为大概也不会完美地符合一个特定的人类经济学模型的描述。正如任何经济学家都会承认的那样，人类市场并不会像"理想"市场那样运作。我们建立模型，是用来描述人类经济学生活混乱的复杂性，但真实的复杂性会溢出这些模型。实际上，真菌的生活也不完全符合生物学市场理论的描述。首先，和理论源头人类资本主义市场一样，生物市场也有赖于我们辨认出从自身利益出发来行动的"交易个体"。事实是，目前并不清楚什么算是"交易个体"，见 Noë & Kiers (2018)。"单个"菌根真菌的菌丝体可能与另一个融合，最终，所形成的网络中会游走着许多不同真菌的细胞核——也就意味着混杂着许多不同的基因组。什么才算是个体？是单个细胞核吗？是单个连通的网络吗？是网络中的一小簇东西吗？基尔坦然地直面这些挑战。"如果生物市场理论不是一种研究植物和真菌间交互的有效方式，我们弃而不用就行了。"市场框架是工具，它的适用性我们并不能提前得知。但对领域内的一些研究者来说，生物市场理论确实是个问题。正如基尔所说，"这场辩论能莫名其妙地变得特别情绪化"。或许，这是因为生物市场框架触碰了社会政治学的神经？人类的经济体系繁多。但名为"生物市场框架"的这套理论和自由市场资本主义有着惊人的相似之处。对比来自不同文化体制的经济学模型的价值，是否会有所帮助呢？评估价值的角度很多。或许还有一些因素是我们没有考虑到的。

23　因特网和万维网比很多其他的人类科技更像自组织系统（用鲍劳巴希的话说，相比于"一块瑞士手表"，万维网"和一个细胞或一个生态系统的相似程度很高"）。然而，这些网络是由不会自组织的机器和协议构成的；如果没有人类的持续维护，这些机器和协议都会停止工作。

24　萨普用一个故事向我说明了生物学家的比喻有多容易引发争议。他发现，很多人将更大、更复杂的生物（比如动物和植物）描绘成比与它们搭伙的细菌和真菌更"成功"的生物。萨普不喜欢这个论点。"怎么定义成功？据我所知，这个世界的生物大部分是微生物。这个星球属于微生物。微生物是最早出现的，它们也会撑到最后，撑到复杂的'高等'动物消失之后。它们创造了大气且演化出了我们所知的生命，它们构成了我们身体的绝大部分。"萨普解释了他如何观察到演化生物学家约翰·梅纳德·史密斯（John Maynard Smith）通过改变一个比喻而贬低了微生物的地位。如果一个微生物在一段关系中获益，梅纳德·史密斯就会叫它"寄生微生物"，而称更大的那个生物为"宿主"。但是，如果是那个大的生物在操纵这个微生物，梅纳德·史密斯不会叫大的生物"寄生虫"，而是改变了这些比喻，称那个大的生物为"主人"，叫微生物"奴隶"。萨普担忧的是，微生物要么是寄生虫要么是奴隶，梅纳德·史密斯绝不可能将微生物理解为合伙关系中主导的一方，不会认为是微生物操纵着宿主。在他那里，微生物永远都不可能拥有控制权。

25　*puhpowee*，见 Kimmerer (2013), "Learning the Grammar of Animacy" 和 "Allegiance to Gratitude"。荷兰灵长类学家弗兰斯·德沃尔（Frans de Waal）控诉人们为了护卫人类

特殊主义而反对使用"拟人"手法；他抱怨"拟人否认"（anthropodenial），即"在人类和动物之间可能存在共同特征的情况下，对两者之间共同特征的先验否认"，见 de Waal (1999)。

26　Hustak & Myers (2012).

27　英戈尔德（Ingold）问道，如果我们将真菌（而非动物）当成"生命形式的范式"，人类的思维会有什么不同？他尝试以"真菌模型"来看待生命，根据由此得到的思考提出，人类同样浸没在网络之中，只是我们之间的"关系路径"比真菌的更难看清罢了，见 Ingold (2003)。

28　"共享资源"，见 Waller et al. (2018)。

29　Deleuze & Guattari (2005) p. 11.

30　Carrigan et al. (2015)。乙醇脱氢酶和乙醛脱氢酶不同，后者是另一种参与酒精代谢的酶，在人类群体中存在差异，能让一些人很难代谢酒精。

31　醉猴假说，见 Dudley (2014)。证据表明，真菌侵染能增强水果的香味，吸引动物和鸟类带走水果，见 Peris et al. (2017)。

32　Wiens et al. (2008); Money (2018) ch. 2.

33　美国的生物燃料生产带来的后果，见 Money (2018) ch. 5；土地使用的改变和生物燃料，见 Wright & Wimberly (2013)；补贴和碳排放，见 Lu et al. (2018)。

34　Stukeley (1752).

后记　这堆腐殖肥料

引言：Ladinsky (2002)。

参考文献

Aanen, D. K., Eggleton, P., Rouland-Lefevre, C., Guldberg-Froslev, T., Rosendahl, S., Boomsma, J. J., 'The evolution of fungus-growing termites and their mutualistic fungal symbionts', *Proceedings of the National Academy of Sciences*, 99 (2002), pp. 14887–92.

Aasved, M. J., *Alcohol, drinking and intoxication in preindustrial societies: Theoretical, nutritional, and religious considerations*, PhD thesis, University of California at Santa Barbara (1988).

Abadeh, A., Lew. R. R., 'Mass flow and velocity profiles in *Neurospora* hyphae: partial plug flow dominates intra-hyphal transport', *Microbiology*, 159 (2013), pp. 2386–94.

Achatz, M., Rillig, M. C., 'Arbuscular mycorrhizal fungal hyphae enhance transport of the allelochemical juglone in the field', *Soil Biology and Biochemistry*, 78 (2014), pp. 76–82.

Adachi, K., Chiba, K., 'FTY720 story. Its discovery and the following accelerated devel-opment of sphingosine 1-phosphate receptor agonists as immunomodulators based on reverse pharmacology', *Perspectives in Medicinal Chemistry*, 1 (2007), pp. 11–23.

Adamatzky, A., *Advances in Physarum Machines* (Springer International Publishing, 2016).

Adamatzky, A., 'Towards fungal computer', *Journal of the Royal Society Interface Focus*, 8 (2018a), 20180029.

Adamatzky, A., 'On spiking behaviour of oyster fungi *Pleurotus djamor*', *Scientific Reports*, 8 (2018b), 7873.

Adamatzky, A., 'A brief history of liquid computers', *Philosophical Transactions of the Royal Society B*, 374 (2019), 20180372.

Ahmadjian, V., Heikkilä, H., 'The culture and synthesis of *Endocarpon pusillum* and *Staurothele clopima*', *Lichenologist*, 4 (1970), pp. 259–67.

Ahmadjian, V., 'Lichens are more important than you think,' *BioScience*, 45 (1995), p. 123.

Ainsworth, G. C., *Introduction to the History of Mycology* (Cambridge, Cambridge University Press, 1976).

Albert, R., Jeong, H., Barabási, A-L., 'Error and attack tolerance of complex networks', *Nature*, 406 (2000), pp. 378–82.

Alberti, S., 'Don't go with the cytoplasmic flow,' *Developmental Cell*, 34 (2015), pp. 381–2.

Alim, K., Andrew, N., Pringle, A., Brenner, M. P., 'Mechanism of signal propagation in *Physarum polycephalum*', *Proceedings of the National Academy of Sciences*, 114 (2017), pp. 5136–41.

Alim, K., 'Fluid flows shaping organism morphology', *Philosophical Transactions of the Royal Society B*, 373 (2018), 20170112.

Allaway, W., Ashford, A., 'Motile tubular vacuoles in extramatrical mycelium and sheath hyphae of ectomycorrhizal systems', *Protoplasma*, 215 (2001), pp. 218–25.

Allen, J., Arthur, J., 'Ethnomycology and Distribution of Psilocybin Mushrooms', in ed. R. Metzner, *Sacred Mushroom of Visions: Teonanacatl*, Rochester, VT: Park Street Press (2005), pp. 49–68.

Alpert, C., 'Unraveling the Mysteries of the Canadian Whiskey Fungus', *Wired* (2011), www.wired.com/2011/05/ff-angelsshare/ [accessed 29 October 2019].

Alpi, A., Amrhein, N., Bertl, A., Blatt, M. R., Blumwald, E., Cervone, F., Dainty, J., Michelis, M., Epstein, E., Galston, A. W. et al., 'Plant neurobiology: no brain, no gain?' *Trends in Plant Science*, 12 (2007), pp. 135–6.

Aly, A., Debbab, A., Proksch, P., 'Fungal endophytes: unique plant inhabitants with great promises', *Applied*

Microbiology and Biotechnology, 90 (2011), pp. 1829–45.

Alzarhani, K. A., Clark, D. R., Underwood, G. J., Ford, H., Cotton, A. T., Dumbrell, A. J., 'Are drivers of root-associated fungal community structure context specific?' *ISME Journal*, 13 (2019), pp. 1330–44.

Andersen, S. B., Gerritsma, S., Yusah, K. M., Mayntz, D., Hywel Jones, N. L., Billen, J., Boomsma, J. J., Hughes, D. P., 'The life of a dead ant: the expression of an adaptive extended phenotype', *American Naturalist*, 174 (2009), pp. 424–33.

Anderson, J. B., Bruhn, J. N., Kasimer, D., Wang, H., Rodrigue, N., Smith, M. L., 'Clonal evolution and genome stability in a 2,500-year-old fungal individual', *Proceedings of the Royal Society B*, 285 (2018), 20182233.

Araldi-Brondolo, S. J., Spraker, J., Shaffer, J. P., Woytenko, E. H., Baltrus, D. A., Gallery, R. E., Arnold, E. A., 'Bacterial endosymbionts: master modulators of fungal phenotypes', *Microbiology Spectrum*, 5 (2017), FUNK-0056–2016.

Arnaud-Haond, S., Duarte, C. M., Diaz-Almela, E., Marbà, N., Sintes, T., Serrão, E. A., 'Implications of extreme life span in clonal organisms: millenary clones in meadows of the threatened seagrass *Posidonia oceanica*', *PLOS ONE*, 7 (2012), e30454.

Arnold, E. A., Mejía, L., Kyllo, D., Rojas, E. I., Maynard, Z., Robbins, N., Herre, E., 'Fungal endophytes limit pathogen damage in a tropical tree', *Proceedings of the National Academy of Sciences*, 100 (2003), pp. 15649–54.

Arnold, E. A., Miadlikowska, J., Higgins, L. K., Sarvate, S. D., Gugger, P., Way, A., Hofstetter, V., Kauff, F., Lutzoni, F., 'A phylogenetic estimation of trophic transition networks for ascomycetous fungi: are lichens cradles of symbiotrophic fungal diversification?', *Systematic Biology*, 58 (2009), pp. 283–97.

Arsenault, C., 'Only 60 Years of Farming Left if Soil Degradation Continues', *Scientific American* (2014), www.scientificamerican.com/article/only-60-years-of-farming-left-if-soil-degradation-continues/ [accessed 29 October 2019].

Aschenbrenner, I. A., Cernava, T., Berg, G., Grube, M., 'Understanding microbial multi-species symbioses', *Frontiers in Microbiology*, 7 (2016), 180.

Asenova, E., Lin, H.-Y., Fu, E., Nicolau, D. V., 'Optimal fungal space searching algorithms', *IEEE Transactions on NanoBioscience*, 15 (2016), pp. 613–18.

Ashford, A. E., Allaway, W. G., 'The role of the motile tubular vacuole system in mycorrhizal fungi', *Plant and Soil*, 244 (2002), pp. 177–87.

Averill, C., Dietze, M. C., Bhatnagar, J. M., 'Continental-scale nitrogen pollution is shifting forest mycorrhizal associations and soil carbon stocks', *Global Change Biology*, 24 (2018), pp. 4544–53.

Awan, A. R., Winter, J. M., Turner, D., Shaw, W. M., Suz, L. M., Bradshaw, A. J., Ellis, T., Dentinger, B., 'Convergent evolution of psilocybin biosynthesis by psychedelic mushrooms', *bioRxiv* (2018), 374199.

Babikova, Z., Gilbert, L., Bruce, T. J., Birkett, M., Caulfield, J. C., Woodcock, C., Pickett, J. A., Johnson, D., 'Underground signals carried through common myce-lial networks warn neighbouring plants of aphid attack', *Ecology Letters*, 16 (2013), 835–43.

Bachelot, B., Uriarte, M., McGuire, K. L., Thompson, J., Zimmerman, J., 'Arbuscular mycorrhizal fungal diversity and natural enemies promote coexistence of tropical tree species', *Ecology*, 98 (2017), pp. 712–20.

Bader, M.K.-F., Leuzinger, S., 'Hydraulic coupling of a leafless kauri tree remnant to conspecific hosts', *iScience* 19 (2019) pp. 1238–43.

Bahn, Y.-S., Xue, C., Idnurm, A., Rutherford, J. C., Heitman, J., Cardenas, M. E., 'Sensing the environment: lessons from fungi', *Nature Reviews Microbiology*, 5 (2007), pp. 57–69.

Bain, N., Bartolo, D., 'Dynamic response and hydrodynamics of polarized crowds', *Science*, 363 (2019) pp. 46–9.

Ball, P., *How to Grow a Human* (London, William Collins, 2019).

Banerjee, S., Schlaeppi, K., van der Heijden, M. G., 'Keystone taxa as drivers of microbiome structure and functioning', *Nature Reviews Microbiology*, 16 (2018), pp. 567–76.

Banerjee, S., Walder, F., Büchi, L., Meyer, M., Held, A. Y., Gattinger, A., Keller, T., Charles, R., van der Heijden, M. G., 'Agricultural intensification reduces micro-bial network complexity and the abundance of keystone taxa in roots', *ISME Journal*, 13 (2019), pp. 1722–36.

Bar-On, Y. M., Phillips, R., Milo, R., 'The biomass distribution on Earth', *Proceedings of the National Academy of Sciences*, 115 (2018), pp. 6506–11.

Barabási, A.-L., Albert, R., 'Emergence of scaling in random networks', *Science*, 286 (1999), pp. 509–12.

Barabási, A.-L., 'The physics of the Web', *Physics World*, 14 (2001), pp. 33–8, physic-sworld.com/a/the-physics-of-the-web/ [accessed 29 October 2019].

Barabási, A.-L., *Linked: How Everything is Connected to Everything Else and What It Means for Business, Science, and Everyday Life* (New York, Basic Books, 2014).

Barbey, A. K., 'Network neuroscience theory of human intelligence', *Trends in Cognitive Sciences*, 22 (2018), pp. 8–20.

Barto, K. E., Hilker, M., Müller, F., Mohney, B. K., Weidenhamer, J. D., Rillig, M. C., 'The fungal fast lane: common mycorrhizal networks extend bioactive zones of allelochemicals in soils', *PLOS ONE*, 6 (2011), e27195.

Barto, K. E., Weidenhamer, J. D., Cipollini, D., Rillig, M. C., 'Fungal superhighways: do common mycorrhizal networks enhance below ground communication?' *Trends in Plant Science*, 17 (2012), pp. 633–7.

Bascompte, J., 'Mutualistic networks', *Frontiers in Ecology and the Environment*, 7 (2009), pp. 429–36.

Baslam, M., Garmendia, I., Goicoechea, N., 'Arbuscular mycorrhizal fungi (AMF) improved growth and nutritional quality of greenhouse-grown lettuce', *Journal of Agricultural and Food Chemistry*, 59 (2011), pp. 5504–15.

Bass, D., Howe, A., Brown, N., Barton, H., Demidova, M., Michelle, H., Li, L., Sanders, H., Watkinson, S. C., Willcock, S. et al., 'Yeast forms dominate fungal diversity in the deep oceans', *Proceedings of the Royal Society B*, 274 (2007), pp. 3069–77.

Bassett, D. S., Sporns, O., 'Network neuroscience', *Nature Neuroscience*, 20 (2017), pp. 353–64.

Bassett, E., Keith, M. S., Armelagos, G., Martin, D., Villanueva, A., 'Tetracycline-labeled human bone from ancient Sudanese Nubia (ad 350)', *Science*, 209 (1980), pp. 1532–4.

Bateson, B., *William Bateson, Naturalist* (Cambridge, Cambridge University Press, 1928).

Bateson, G., *Steps to an Ecology of Mind* (Northvale, NJ, Jason Aronson Inc., 1987).

Bebber, D. P., Hynes, J., Darrah, P. R., Boddy, L., Fricker, M. D., 'Biological solutions to transport network design', *Proceedings of the Royal Society B*, 274 (2007), pp. 2307–15.

Beck, A., Divakar, P., Zhang, N., Molina, M., Struwe, L., 'Evidence of ancient horizontal gene transfer between fungi and the terrestrial alga *Trebouxia*', *Organisms Diversity & Evolution*, 15 (2015), pp. 235–48.

Beerling, D., *Making Eden* (Oxford, Oxford University Press, 2019).

Beiler, K. J., Durall, D. M., Simard, S. W., Maxwell, S. A., Kretzer, A. M., 'Architecture of the wood-wide web: *Rhizopogon* spp. genets link multiple Douglas-fir cohorts', *New Phytologist*, 185 (2009), pp. 543–53.

Beiler, K. J., Simard, S. W., Durall, D. M., 'Topology of tree-mycorrhizal fungus interaction networks in xeric and mesic Douglas-fir forests', *Journal of Ecology*, 103 (2015), pp. 616–28.

Bengtson, S., Rasmussen, B., Ivarsson, M., Muhling, J., Broman, C., Marone, F., Stampanoni, M., Bekker, A., 'Fungus-like mycelial fossils in 2.4-billion-year-old vesicular basalt', *Nature Ecology & Evolution*, 1 (2017), 0141.

Bennett, J. A., Cahill, J. F., 'Fungal effects on plant–plant interactions contribute to grassland plant abundances: evidence from the field', *Journal of Ecology*, 104 (2016), pp. 755–64.

Bennett, J. A., Maherali, H., Reinhart, K. O., Lekberg, Y., Hart, M. M., Klironomos, J., 'Plant-soil feedbacks and mycorrhizal type influence temperate forest popula-tion dynamics', *Science*, 355 (2017), pp. 181–4.

Bennett, J. W., Chung, K. T., 'Alexander Fleming and the discovery of penicillin', *Advances in Applied Microbiology*, 49 (2001), pp. 163–84.

Berendsen, R. L., Pieterse, C. M. J., Bakker, P. A., 'The rhizosphere microbiome and plant health', *Trends in Plant*

Science, 17 (2012), pp. 478–86.

Bergson, H., *Creative Evolution* (New York, Henry Holt and Company, 1911).

Berthold, T., Centler, F., Hübschmann, T., Remer, R., Thullner, M., Harms, H., Wick, L. Y., 'Mycelia as a focal point for horizontal gene transfer among soil bacteria', *Scientific Reports*, 6 (2016), 36390.

Bever, J. D., Richardson, S. C., Lawrence, B. M., Holmes, J., Watson, M., 'Preferential allocation to beneficial symbiont with spatial structure maintains mycorrhizal mutualism', *Ecology Letters*, 12 (2009), pp. 13–21.

Bingham, M. A., Simard, S. W., 'Mycorrhizal networks affect ectomycorrhizal fungal community similarity between conspecific trees and seedlings', *Mycorrhiza*, 22 (2011), pp. 317–26.

Björkman, E., '*Monotropa hypopitys* L.–an epiparasite on tree roots', *Physiologia Plantarum*, 13 (1960), pp. 308–27.

Boddy, L., Hynes, J., Bebber, D. P., Fricker, M. D., 'Saprotrophic cord systems: dispersal mechanisms in space and time', *Mycoscience*, 50 (2009), pp. 9–19.

Bonfante, P., 'The future has roots in the past: the ideas and scientists that shaped mycorrhizal research', *New Phytologist*, 220 (2018), pp. 982–95.

Bonfante, P., Desirò, A., 'Who lives in a fungus? The diversity, origins and functions of fungal endobacteria living in Mucoromycota', *ISME Journal*, 11 (2017), pp. 1727–35.

Bonfante, P., Selosse, M.-A., 'A glimpse into the past of land plants and of their mycorrhizal affairs: from fossils to evo-devo', *New Phytologist*, 186 (2010), pp. 267–70.

Bonifaci, V., Mehlhorn, K., Varma, G., '*Physarum* can compute shortest paths', *Journal of Theoretical Biology*, 309 (2012), pp. 121–33.

Booth, M. G., 'Mycorrhizal networks mediate overstorey–understorey competition in a temperate forest', *Ecology Letters*, 7 (2004), pp. 538–46.

Bordenstein, S. R., Theis, K. R., 'Host biology in light of the microbiome: ten prin-ciples of holobionts and hologenomes', *PLOS Biology*, 13 (2015), e1002226.

Bouchard, F., 'Symbiosis, Transient Biological Individuality, and Evolutionary Process', in eds. J. Dupré and J. Nicholson, *Everything Flows: Towards a Processual Philosophy of Biology* (Oxford, Oxford University Press, 2018), pp. 186–98.

Boulter, M., *Darwin's Garden: Down House and the Origin of Species* (London, Counterpoint, 2010).

Boyce, G. R., Gluck-Thaler, E., Slot, J. C., Stajich, J. E., Davis, W. J., James, T. Y., Cooley, J. R., Panaccione, D. G., Eilenberg, J., Licht, H. H. et al., 'Psychoactive plant-and mushroom-associated alkaloids from two behaviour-modifying cicada pathogens', *Fungal Ecology*, 41 (2019), pp. 147–64.

Brand, A., Gow, N. A., 'Mechanisms of hypha orientation of fungi', *Current Opinion in Microbiology*, 12 (2009), pp. 350–7.

Brandt, A., de Vera, J. P., Onofri, S., Ott, S., 'Viability of the lichen *Xanthoria elegans* and its symbionts after 18 months of space exposure and simulated Mars conditions on the ISS', *International Journal of Astrobiology*, 14 (2014), pp. 411–25.

Brandt, A., Meeßen, J., Jänicke, R. U., Raguse, M., Ott, S., 'Simulated space radia-tion: impact of four different types of high-dose ionizing radiation on the lichen *Xanthoria elegans*', *Astrobiology*, 17 (2017), pp. 136–44.

Bringhurst, R., *Everywhere Being Is Dancing* (Berkeley, CA, Counterpoint, 2009).

Brito, I., Goss, M. J., Alho, L., Brígido, C., van Tuinen, D., Félix, M. R., Carvalho, M., 'Agronomic management of AMF functional diversity to overcome biotic and abiotic stresses–the role of plant sequence and intact extraradical mycelium', *Fungal Ecology*, 40 (2018), pp. 72–81.

Bruce-Keller, A. J., Salbaum, M. J., Berthoud, H.-R., 'Harnessing gut microbes for mental health: getting from here to there', *Biological Psychiatry*, 83 (2018), pp. 214–23.

Bruggeman, F. J., van Heeswijk, W. C., Boogerd, F. C., Westerhoff, H. V., 'Macromolecular intelligence in micro-organisms', *Biological Chemistry*, 381 (2000), pp. 965–72.

Brundrett, M. C., 'Co-evolution of roots and mycorrhizas of land plants', *New Phytologist*, 154 (2002), pp. 275–304.

Brundrett, M. C., Tedersoo, L., 'Evolutionary history of mycorrhizal symbioses and global host plant diversity', *New Phytologist*, 220 (2018), pp. 1108–15.

Brunet, T., Arendt, D., 'From damage response to action potentials: early evolution of neural and contractile modules in stem eukaryotes', *Philosophical Transactions of the Royal Society B,* 371 (2015), 20150043.

Brunner, I., Fischer, M., Rüthi, J., Stierli, B., Frey, B., 'Ability of fungi isolated from plastic debris floating in the shoreline of a lake to degrade plastics', *PLOS ONE*, 13 (2018), e0202047.

Bublitz, D. C., Chadwick, G. L., Magyar, J. S., Sandoz, K. M., Brooks, D. M., Mesnage, S., Ladinsky, M. S., Garber, A. I., Bjorkman, P. J., Orphan, V. J. et al., 'Peptidoglycan production by an insect-bacterial mosaic', *Cell*, 179 (2019), pp. 1–10.

Buddie, A. G., Bridge, P. D., Kelley, J., Ryan, M. J., '*Candida keroseneae* sp. nov., a novel contaminant of aviation kerosene', *Letters in Applied Microbiology*, 52 (2011), pp. 70–5.

Büdel, B., Vivas, M., Lange, O. L., 'Lichen species dominance and the resulting photosynthetic behavior of Sonoran Desert soil crust types (Baja California, Mexico)', *Ecological Processes*, 2 (2013), p. 6.

Buhner, S. H., *Sacred Herbal and Healing Beers* (Boulder, CO, Siris Books, 1998). Buller, A. H. R., *Researches on Fungi,* vol. 4 (London, Longmans, Green, and Co., 1931).

Büntgen, U., Egli, S., Schneider, L., von Arx, G., Rigling, A., Camarero, J. J., Sangüesa-Barreda, G., Fischer, C. R., Oliach, D., Bonet, J. A. et al., 'Long-term irrigation effects on Spanish holm oak growth and its black truffle symbiont', *Agriculture, Ecosystems & Environment*, 202 (2015), pp. 148–59.

Burford, E. P., Kierans, M., Gadd, G. M., 'Geomycology: fungi in mineral substrata', *Mycologist*, 17 (2003), pp. 98–107.

Burkett, W., *Ancient Mystery Cults* (Cambridge, MA, Harvard University Press, 1987). Burr, C., *The Emperor of Scent* (New York, Random House, 2012).

Bushdid, C., Magnasco, M., Vosshall, L., Keller, A., 'Humans can discriminate more than 1 trillion olfactory stimuli', *Science*, 343 (2014), pp. 1370–2.

Cai, Q., Qiao, L., Wang, M., He, B., Lin, F.-M., Palmquist, J., Huang, S.-D., Jin, H., 'Plants send small RNAs in extracellular vesicles to fungal pathogen to silence virulence genes', *Science*, 360 (2018), pp. 1126–9.

Calvo Garzón, P., Keijzer, F., 'Plants: adaptive behavior, root-brains, and minimal cognition', *Adaptive Behavior*, 19 (2011), pp. 155–71.

Campbell, B., Ionescu, R., Favors, Z., Ozkan, C. S., Ozkan, M., 'Bio-derived, binder-less, hierarchically porous carbon anodes for Li-ion batteries', *Scientific Reports*, 5 (2015), 14575.

Caporael, L., 'Ergotism: the Satan loosed in Salem?', *Science*, 192 (1976), pp. 21–6.

Carhart-Harris, R. L., Bolstridge, M., Rucker, J., Day, C. M., Erritzoe, D., Kaelen, M., Bloomfield, M., Rickard, J. A., Forbes, B., Feilding, A. et al., 'Psilocybin with psychological support for treatment-resistant depression: an open-label feasibility study', *Lancet Psychiatry*, 3 (2016a), 619–27.

Carhart-Harris, R. L., Erritzoe, D., Williams, T., Stone, J., Reed, L. J., Colasanti, A., Tyacke, R. J., Leech, R., Malizia, A. L., Murphy, K. et al., 'Neural correlates of the psychedelic state as determined by fMRI studies with psilocybin', *Proceedings of the National Academy of Sciences*, 109 (2012), pp. 2138–43.

Carhart-Harris, R. L., Muthukumaraswamy, S., Roseman, L., Kaelen, M., Droog, W., Murphy, K., Tagliazucchi, E., Schenberg, E. E., Nest, T., Orban, C. et al., 'Neural correlates of the LSD experience revealed by multimodal neuroimaging', *Proceedings of the National Academy of Sciences*, 113 (2016b), pp. 4853–8.

Carrigan, M. A., Uryasev, O., Frye, C. B., Eckman, B. L., Myers, C. R., Hurley, T. D., Benner, S. A., 'Hominids adapted to metabolize ethanol long before human-directed fermentation', *Proceedings of the National Academy of Sciences*, 112 (2015), pp. 458–63.

Casadevall, A., 'Fungi and the rise of mammals', *Pathogens*, 8 (2012), e1002808.

Casadevall, A., Cordero, R. J., Bryan, R., Nosanchuk, J., Dadachova, E., 'Melanin, radiation, and energy transduction in fungi', *Microbiology Spectrum*, 5 (2017), FUNK-0037–2016.

Casadevall, A., Kontoyiannis, D. P., Robert, V., 'On the emergence of *Candida auris*: climate change, azoles, swamps and birds', *mBio*, 10 (2019), e01397-19.

Ceccarelli, N., Curadi, M., Martelloni, L., Sbrana, C., Picciarelli, P., Giovannetti, M., 'Mycorrhizal colonization impacts on phenolic content and antioxidant proper-ties of artichoke leaves and flower heads two years after field transplant', *Plant and Soil*, 335 (2010), pp. 311–23.

Cepelewicz, J., 'Bacterial Complexity Revises Ideas about "Which Came First?" ', *Quanta* (2019), www.quantamagazine.org/bacterial-organelles-revise-ideas-about-which-came-first-20190612/ [accessed 29 October 2019].

Cerdá-Olmedo, E., '*Phycomyces* and the biology of light and color', *FEMS Microbiology Reviews*, 25 (2001), pp. 503–12.

Cernava, T., Aschenbrenner, I., Soh, J., Sensen, C. W., Grube, M., Berg, G., 'Plasticity of a holobiont: desiccation induces fasting-like metabolism within the lichen microbiota', *SME Journal*, 13 (2019), pp. 547–56.

Chen, J., Blume, H., Beyer, L., 'Weathering of rocks induced by lichen colonization–a review', *Catena*, 39 (2000), pp. 121–46.

Chen, L., Swenson, N. G., Ji, N., Mi, X., Ren, H., Guo, L., Ma, K., 'Differential soil fungus accumulation and density dependence of trees in a subtropical forest', *Science*, 366 (2019), pp. 124–8.

Chen, M., Arato, M., Borghi, L., Nouri, E., Reinhardt, D., 'Beneficial services of arbuscular mycorrhizal fungi–from ecology to application', *Frontiers in Plant Science*, 9 (2018), 1270.

Chialva, M., di Fossalunga, A., Daghino, S., Ghignone, S., Bagnaresi, P., Chiapello, M., Novero, M., Spadaro, D., Perotto, S., Bonfante, P., 'Native soils with their microbiotas elicit a state of alert in tomato plants', *New Phytologist*, 220 (2018), pp. 1296–1308.

Chrisafis, A., 'French truffle farmer shoots man he feared was trying to steal "black diamonds" ', *Guardian* (2010), www.theguardian.com/world/2010/dec/22/french-truffle-farmer-shoots-trespasser [accessed 29 October 2019].

Christakis, N. A., Fowler, J. H., *Connected: The Surprising Power of Our Social Networks and How They Shape Our Lives* (London, HarperPress, 2009).

Chu, C., Murdock, M. H., Jing, D., Won, T. H., Chung, H., Kressel, A. M., Tsaava, T., Addorisio, M. E., Putzel, G. G., Zhou, L. et al., 'The microbiota regulate neuronal function and fear extinction learning', *Nature*, 574 (2019), pp. 543–8.

Chung, T.-Y., Sun, P.-F., Kuo, J.-I., Lee, Y.-I., Lin, C.-C., Chou, J.-Y., 'Zombie ant heads are oriented relative to solar cues', *Fungal Ecology*, 25 (2017), pp. 22–8.

Cixous, H. *The Book of Promethea* (Lincoln, University of Nebraska Press, 1991).

Claus, R., Hoppen, H., Karg, H., 'The secret of truffles: A steroidal pheromone?'*Experientia*, 37 (1981), pp. 1178–9.

Clay, K. 'Fungal endophytes of grasses: a defensive mutualism between plants and fungi', *Ecology*, 69 (1988), pp. 10–16.

Clemmensen, K., Bahr, A., Ovaskainen, O., Dahlberg, A., Ekblad, A., Wallander, H., Stenlid, J., Finlay, R., Wardle, D., Lindahl, B., 'Roots and associated fungi drive long-term carbon sequestration in boreal forest', *Science*, 339 (2013), pp. 1615–18.

Cockell, C. S., 'The interplanetary exchange of photosynthesis', *Origins of Life and Evolution of Biospheres*, 38 (2008), pp. 87–104.

Cohen, R., Jan, Y., Matricon, J., Dellbrück, M., 'Avoidance response, house response, and wind responses of the sporangiophore of *Phycomyces*', *Journal of General Physiology*, 66 (1975), pp. 67–95.

Collier, F. A., Bidartondo, M. I., 'Waiting for fungi: the ectomycorrhizal invasion of lowland heathlands', *Journal of Ecology*, 97 (2009), pp. 950–63.

Collinge, A., Trinci, A., 'Hyphal tips of wild-type and spreading colonial mutants of *Neurospora crassa*', *Archive of Microbiology*, 99 (1974), pp. 353–68.

Cooke, M., *Fungi: Their Nature and Uses* (New York, D. Appleton and Company, 1875).

Cooley, J. R., Marshall, D. C., Hill, K. B. R., 'A specialized fungal parasite (*Massospora cicadina*) hijacks the sexual signals of periodical cicadas (Hemiptera: Cicadidae: Magicicada), *Scientific Reports*, 8 (2018), 1432.

Copetta, A., Bardi, L., Bertolone, E., Berta, G., 'Fruit production and quality of tomato plants (*Solanum lycopersicum* L.) are affected by green compost and arbuscular mycorrhizal fungi', *Plant Biosystems*, 145 (2011), pp. 106–15.

Copetta, A., Lingua, G., Berta, G., 'Effects of three AM fungi on growth, distribu-tion of glandular hairs, and essential oil production in *Ocimum basilicum* L. var. Genovese', *Mycorrhiza*, 16 (2006), pp. 485–94.

Corbin, A., *The Foul and the Fragrant: Odor and the French Social Imagination* (Leamington Spa, Berg, 1986).

Cordero, R. J., 'Melanin for space travel radioprotection', *Environmental Microbiology*, 19 (2017), pp. 2529–32.

Corrales, A., Mangan, S. A., Turner, B. L., Dalling, J. W., 'An ectomycorrhizal nitrogen economy facilitates monodominance in a neotropical forest', *Ecology Letters*, 19 (2016), pp. 383–92.

Corrochano, L. M., Galland, P., 'Photomorphogenesis and Gravitropism in Fungi', in ed. J. Wendland, *Growth, Differentiation, and Sexuality* (Springer International Publishing, 2016), pp. 235–66.

Cosme, M., Fernández, I., van der Heijden, M. G., Pieterse, C., 'Non-mycorrhizal plants: the exceptions that prove the rule', *Trends in Plant Science*, 23 (2018), pp. 577–87.

Costello, E. K., Lauber, C. L., Hamady, M., Fierer, N., Gordon, J. I., Knight, R., 'Bacterial community variation in human body habitats across space and time', *Science*, 326 (2009), pp. 1694–7.

Cottin, H., Kotler, J., Billi, D., Cockell, C., Demets, R., Ehrenfreund, P., Elsaesser, A., d'Hendecourt, L., van Loon, J. J., Martins, Z. et al., 'Space as a tool for astrobiology: review and recommendations for experimentations in earth orbit and beyond', *Space Science Reviews*, 209 (2017) pp. 83–181.

Coyle, M. C., Elya, C. N., Bronski, M. J., Eisen, M. B., 'Entomophthovirus: An insect-derived iflavirus that infects a behavior manipulating fungal pathogen of dipterans', *bioRxiv* (2018), 371526.

Craig, M. E., Turner, B. L., Liang, C., Clay, K., Johnson, D. J., Phillips, R. P., 'Tree mycorrhizal type predicts within-site variability in the storage and distribution of soil organic matter', *Global Change Biology*, 24 (2018), pp. 3317–30.

Crowther, T., Glick, H., Covey, K., Bettigole, C., Maynard, D., Thomas, S., Smith, J., Hintler, G., Duguid, M., Amatulli, G. et al., 'Mapping tree density at a global scale', *Nature*, 525 (2015), pp. 201–68.

Currie, C. R., Poulsen, M., Mendenhall, J., Boomsma, J. J., Billen, J., 'Coevolved crypts and exocrine glands support mutualistic bacteria in fungus-growing ants', *Science*, 311 (2006), pp. 81–3.

Currie, C. R., Scott, J. A., Summerbell, R. C., Malloch, D., 'Fungus-growing ants use antibiotic-producing bacteria to control garden parasites', *Nature*, 398 (1999), pp. 701–4.

Dadachova, E., Casadevall, A., 'Ionizing radiation: how fungi cope, adapt and exploit with the help of melanin', *Current Opinion in Microbiology*, 11 (2008), pp. 525–31.

Dance, A., 'Inner workings: the mysterious parentage of the coveted black truffle', *Proceedings of the National Academy of Sciences*, 115 (2018), pp. 10188–90.

Darwin, C., Darwin, F., *The Power of Movement in Plants* (London, John Murray, 1880).

Davis, J., Aguirre, L., Barber, N., Stevenson, P., Adler, L., 'From plant fungi to bee parasites: mycorrhizae and soil nutrients shape floral chemistry and bee patho-gens', *Ecology*, 100 (2019), e02801.

Davis, W., *One River: Explorations and Discoveries in the Amazon Rainforest* (New York, Simon and Schuster, 1996).

Dawkins, R., *The Extended Phenotype* (Oxford, Oxford University Press, 1982).

Dawkins, R., 'Extended phenotype–but not too extended. A reply to Laland, Turner and Jablonka', *Biology and Philosophy*, 19 (2004), pp. 377–96.

de Bekker, C., Quevillon, L. E., Smith, P. B., Fleming, K. R., Ghosh, D., Patterson A. D., Hughes, D. P., 'Species-specific ant brain manipulation by a specialized fungal parasite', *BMC Evolutionary* Biology, 14 (2014), p. 166.

de Gonzalo, G., Colpa, D. I., Habib, M., Fraaije, M. W., 'Bacterial enzymes involved in lignin degradation', *Journal of Biotechnology*, 236 (2016), pp. 110–19.

de Jong, E., Field, J. A., Spinnler, H. E., Wijnberg, J. B., de Bont, J. A., 'Significant biogenesis of chlorinated aromatics by fungi in natural environments', *Applied and Environmental Microbiology*, 60 (1994) pp. 264–70.

de la Fuente-Nunez, C., Meneguetti, B., Franco, O., Lu, T. K., 'Neuromicrobiology: how microbes influence the brain', *ACS Chemical Neuroscience*, 9 (2017), pp. 141–50.

de la Torre, R., Miller, A., Cubero, B., Martín-Cerezo, L. M., Raguse, M., Meeßen, J., 'The effect of high-dose ionizing radiation on the astrobiological model lichen *Circinaria gyrosa*', *Astrobiology*, 17 (2017), pp. 145–53.

de la Torre Noetzel, R., Miller, A. Z., de la Rosa, J. M., Pacelli, C., Onofri, S., Sancho, L., Cubero, B., Lorek, A., Wolter, D., de Vera, J. P., 'Cellular responses of the lichen *Circinaria gyrosa* in Mars-like conditions', *Frontiers in Microbiology*, 9 (2018), 308.

de los Ríos, A., Sancho, L., Grube, M., Wierzchos, J., Ascaso, C., 'Endolithic growth of two *Lecidea* lichens in granite from continental Antarctica detected by molecular and microscopy techniques', *New Phytologist*, 165 (2005), pp. 181–90.

de Vera, J. P., Alawi, M., Backhaus, T., Baqué, M., Billi, D., Böttger, U., Berger, T., Bohmeier, M., Cockell, C., Demets, R. et al., 'Limits of life and the habitability of Mars: the ESA space experiment BIOMEX on the ISS', *Astrobiology*, 19 (2019), pp. 145–57.

de Vries, F. T., Thébault, E., Liiri, M., Birkhofer, K., Tsiafouli, M. A., Bjørnlund, L., Jørgensen, H., Brady, M., Christensen, S., de Ruiter, P. C. et al., 'Soil food web properties explain ecosystem services across European land use systems', *Proceedings of the National Academy of Sciences*, 110 (2013), pp. 14296–301.

de Waal, F. B. M., 'Anthropomorphism and anthropodenial', *Philosophical Topics*, 27 (1999), pp. 255–80.

Delaux, P.-M., Radhakrishnan, G. V., Jayaraman, D., Cheema, J., Malbreil, M., Volkening, J. D., Sekimoto, H., Nishiyama, T., Melkonian, M., Pokorny, L. et al., 'Algal ancestor of land plants was preadapted for symbiosis', *Proceedings of the National Academy of Sciences*, 112 (2015), pp. 13390–5.

Delavaux, C. S., Smith-Ramesh, L., Kuebbing, S. E., 'Beyond nutrients: a meta-analysis of the diverse effects of arbuscular mycorrhizal fungi on plants and soils', *Ecology*, 98 (2017), pp. 2111–19.

Deleuze, G., Guattari, F., *A Thousand Plateaus: Capitalism and Schizophrenia* (Minneapolis, University of Minnesota Press, 2005).

Delwiche, C., Cooper, E., 'The evolutionary origin of a terrestrial flora', *Current Biology*, 25 (2015), pp. R899–R910.

Deng, Y., Qu, Z., Naqvi, N. I., 'Twilight, a novel circadian-regulated gene, integrates phototropism with nutrient and redox homeostasis during fungal development', *PLOS Pathogens,* 11 (2015), e1004972.

Deveau, A., Bonito, G., Uehling, J., Paoletti, M., Becker, M., Bindschedler, S., Hacquard, S., Hervé, V., Labbé, J., Lastovetsky, O. et al., 'Bacterial–fungal interactions: ecology, mechanisms and challenges', *FEMS Microbiology Reviews*, 42 (2018), pp. 335–52.

di Fossalunga, A., Lipuma, J., Venice, F., Dupont, L., Bonfante, P., 'The endobac-terium of an arbuscular mycorrhizal fungus modulates the expression of its toxin–antitoxin systems during the life cycle of its host', *ISME Journal*, 11 (2017), pp. 2394–8.

Diamant, L., *Chaining the Hudson: The Fight for the River in the American Revolution* (New York, Fordham University Press, 2004).

Ditengou, F. A., Müller, A., Rosenkranz, M., Felten, J., Lasok, H., van Doorn, M., Legué, V., Palme, K., Schnitzler, J.-P., Polle, A., 'Volatile signalling by sesquit-erpenes from ectomycorrhizal fungi reprogrammes root architecture', *Nature Communications*, 6 (2015), 6279.

Dixon, L.S., 'Bosch's *St Anthony Triptych*–An apothecary's apotheosis', *Art Journal*, 44 (1984), pp. 119–31.

Donoghue, P. C., Antcliffe, J. B., 'Early life: origins of multicellularity', *Nature*, 466 (2010), p. 41.

Doolittle, F. W., Booth, A., 'It's the song, not the singer: an exploration of holobiosis and evolutionary theory', *Biology & Philosophy*, 32 (2017), pp. 5–24.

Dressaire, E., Yamada, L., Song, B., Roper, M., 'Mushrooms use convectively cre-ated airflows to disperse their spores', *Proceedings of the National Academy of Sciences*, 113 (2016), pp. 2833–8.

Dudley, R., *The Drunken Monkey: Why We Drink and Abuse Alcohol* (Berkeley, University of California Press, 2014).

Dugan, F. M., *Fungi in the Ancient World* (St Paul, MN, American Phytopathological Society, 2008).

Dugan, F. M., *Conspectus of World Ethnomycology* (St Paul, MN, American Phytopathological Society, 2011).

Dunn, R., 'A Sip for the Ancestors', *Scientific American* (2012), blogs.scientificamerican. com/guest-blog/a-sip-for-the-ancestors-the-true-story-of-civilizations-stumbling-debt-to-beer-and-fungus/ [accessed 29 October 2019].

Dupré, J., Nicholson, D. J., 'A manifesto for a processual biology', in eds. J. Dupré and D. J. Nicholson, *Everything Flows: Towards a Processual Philosophy of Biology* (Oxford, Oxford University Press, 2018), pp. 3–48.

Dyke, E., *Psychedelic Psychiatry: LSD from Clinic to Campus* (Baltimore, MD, Johns Hopkins University Press, 2008).

Eason, W., Newman, E., Chuba, P., 'Specificity of interplant cycling of phosphorus: the role of mycorrhizas', *Plant and Soil*, 137 (1991), pp. 267–74.

Elser, J. and Bennett, E., 'A broken biogeochemical cycle', *Nature* (2011), www.nature. com/articles/478029a [accessed 29 October 2019].

Eltz, T., Zimmermann, Y., Haftmann, J., Twele, R., Francke, W., Quezada-Euan, J. J. G., Lunau, K., 'Enfleurage, lipid recycling and the origin of perfume collection in orchid bees', *Proceedings of the Royal Society B*, 274 (2007), pp. 2843–8.

Eme, L., Spang, A., Lombard, J., Stairs, C. W., Ettema, T. J. G., 'Archaea and the origin of eukaryotes', *Nature Reviews Microbiology*, 15 (2017), pp. 711–23.

Engelthaler, D. M., Casadevall, A., 'On the Emergence of *Cryptococcus gattii* in the Pacific Northwest: ballast tanks, tsunamis, and black swans', *mBio*, 10 (2019), e02193–19.

Ensminger, P. A., *Life under the Sun* (New Haven, CT, Yale Scholarship Online, 2001). Epstein, S., 'The construction of lay expertise: AIDS activism and the forging of credibility in the reform of clinical trials', *Science, Technology, Human Values*, 20 (1995), pp. 408–37.

Erens, H., Boudin, M., Mees, F., Mujinya, B., Baert, G., Strydonck, M., Boeckx, P., Ranst, E., 'The age of large termite mounds–radiocarbon dating of *Macrotermes falciger* mounds of the Miombo woodland of Katanga, DR Congo', *Palaeogeography, Palaeoclimatology, Palaeoecology*, 435 (2015), pp. 265–71.

Espinosa-Valdemar, R., Turpin-Marion, S., Delfín-Alcalá, I., Vázquez-Morillas, A., 'Disposable diapers biodegradation by the fungus *Pleurotus ostreatus*', *Waste Management*, 31 (2011), pp. 1683–8.

Fairhead, J., Leach, M., 'Termites, Society and Ecology: Perspectives from West Africa', in eds. E. Motte-Florac and J. Thomas, *Insects in Oral Literature and Traditions* (Leuven, Belgium, Peeters, 2003).

Fairhead, J., Scoones, I., 'Local knowledge and the social shaping of soil investments: critical perspectives on the assessment of soil degradation in Africa', *Land Use Policy*, 22 (2005), pp. 33–41.

Fairhead, J. R., 'Termites, mud daubers and their earths: a multispecies approach to fertility and power in West Africa', *Conservation and Society*, 14 (2016), pp. 359–67.

Farahany, N. A., Greely, H. T., Hyman, S., Koch, C., Grady, C., Pas̗ca, S. P., Sestan, N., Arlotta, P., Bernat, J. L., Ting, J. et al., 'The ethics of experimenting with human brain tissue', *Nature*, 556 (2018), pp. 429–32.

Ferreira, B., 'There's growing evidence that the universe is connected by giant structures', *Vice* (2019), www. vice.com/en_us/article/zmj7pw/theres-growing-evi-dence-that-the-universe-is-connected-by-giant-structures [accessed 16 November 2019].

Fellbaum, C. R., Mensah, J. A., Cloos, A. J., Strahan, G. E., Pfeffer, P. E., Kiers, T. E., Bücking, H., 'Fungal nutrient allocation in common mycorrhizal networks is regulated by the carbon source strength of individual host plants', *New Phytologist*, 203 (2014) pp. 646–56.

Ferguson, B. A., Dreisbach, T., Parks, C., Filip, G., Schmitt, C., 'Coarse-scale popula-tion structure of pathogenic *Armillaria* species in a mixed-conifer forest in the Blue Mountains of northeast Oregon', *Canadian Journal of*

Forest Research, 33 (2003), pp. 612–23.

Fernandez, C. W., Nguyen, N. H., Stefanski, A., Han, Y., Hobbie, S. E., Montgomery, R. A., Reich, P. B., Kennedy, P. G., 'Ectomycorrhizal fun-gal response to warming is linked to poor host performance at the boreal-temperate ecotone', *Global Change Biology*, 23 (2017), pp. 1598–609.

Field, K. J., Cameron, D. D., Leake, J. R., Tille, S., Bidartondo, M. I., Beerling, D. J., 'Contrasting arbuscular mycorrhizal responses of vascular and non-vascular plants to a simulated Palaeozoic CO_2 decline', *Nature Communications*, 3 (2012), 835.

Field, K. J., Leake, J. R., Tille, S., Allinson, K. E., Rimington, W. R., Bidartondo, M. I., Beerling, D. J., Cameron, D. D., 'From mycoheterotrophy to mutualism: mycorrhizal specificity and functioning in *Ophioglossum vulgatum* sporophytes', *New Phytologist*, 205 (2015), pp. 1492–1502.

Fisher, M. C., Hawkins, N. J., Sanglard, D., Gurr, S. J., 'Worldwide emergence of resistance to antifungal drugs challenges human health and food security', *Science*, 360 (2018), pp. 739–42.

Fisher, M. C., Henk, D. A., Briggs, C. J., Brownstein, J. S., Madoff, L. C., McCraw, S. L., Gurr, S. J., 'Emerging fungal threats to animal, plant and ecosystem health', *Nature*, 484 (2012), pp. 186–94.

Floudas, D., Binder, M., Riley, R., Barry, K., Blanchette, R. A., Henrissat, B., Martínez, A. T., Otillar, R., Spatafora, J. W., Yadav, J. S. et al., 'The Paleozoic origin of enzymatic lignin decomposition reconstructed from 31 fungal genomes', *Science*, 336 (2012), pp. 1715–19.

Foley, J. A., DeFries, R., Asner, G. P., Barford, C., Bonan, G., Carpenter, S. R., Chapin, S. F., Coe, M. T., Daily, G. C., Gibbs, H. K. et al., 'Global consequences of land use', *Science*, 309 (2005), pp. 570–4.

Francis, R., Read, D. J., 'Direct transfer of carbon between plants connected by vesicu-lar–arbuscular mycorrhizal mycelium', *Nature*, 307 (1984), pp. 53–6.

Frank, A. B., 'On the nutritional dependence of certain trees on root symbiosis with belowground fungi (an English translation of A. B. Frank's classic paper of 1885)', *Mycorrhiza*, 15 (2005), pp. 267–75.

Fredericksen, M. A., Zhang, Y., Hazen, M. L., Loreto, R. G., Mangold, C. A., Chen, D. Z., Hughes, D. P., 'Three-dimensional visualization and a deep-learning model reveal complex fungal parasite networks in behaviorally manipulated ants', *Proceedings of the National Academy of Sciences*, 114 (2017), pp. 12590–5.

Fricker, M. D., Heaton, L. L., Jones, N. S., Boddy, L., 'The mycelium as a network', *Microbiology Spectrum*, 5 (2017), FUNK-0033–2017.

Fricker, M. D., Boddy, L., Bebber, D. P., 'Network Organisation of Mycelial Fungi', in eds. R. J. Howard and N. A. R. Gow, *Biology of the Fungal Cell* (Springer International Publishing, 2007a), pp. 309–30.

Fricker, M. D., Lee, J., Bebber, D., Tlalka, M., Hynes, J., Darrah, P., Watkinson, S., Boddy, L., 'Imaging complex nutrient dynamics in mycelial networks', *Journal of Microscopy*, 231 (2008), pp. 317–31.

Fricker, M. D., Lee, J., Tlalka, M., Bebber, D., Tagaki, S., Watkinson, S. C., Darrah, P. R., 'Fourier-based spatial mapping of oscillatory phenomena in fungi', *Fungal Genetics and Biology*, 44 (2007b), pp. 1077–84.

Fries, N., '*Untersuchungen über Sporenkeimung und Mycelentwicklung bodenbewoh-neneder Hymenomyceten*', *Symbolae Botanicae Upsaliensis*, 6 (1943), pp. 633–64.

Fritts, R., 'A new pesticide is all the buzz', *Ars Technica* (2019), arstechnica.com/ science/2019/10/now-available-in-the-us-a-pesticide-delivered-by-bees/ [accessed 29 October 2019].

Fröhlich-Nowoisky, J., Pickersgill, D. A., Després, V. R., Pöschl, U., 'High diversity of fungi in air particulate matter', *Proceedings of the National Academy of Sciences*, 106 (2009), pp. 12814–9.

Fukusawa Y., Savoury M., Boddy L., 'Ecological memory and relocation decisions in fungal mycelial networks: responses to quantity and location of new resources', *ISME Journal* (2019) 10.1038/s41396-018-0189-7.

Galland, P., 'The sporangiophore of *Phycomyces blakesleeanus*: a tool to investigate fungal gravireception and graviresponses', *Plant Biology*, 16 (2014), pp. 58–68.

Gavito, M. E., Jakobsen, I., Mikkelsen, T. N., Mora, F., 'Direct evidence for modulation of photosynthesis by an arbuscular mycorrhiza-induced carbon sink strength', *New Phytologist*, 223 (2019), pp. 896–907.

Geml, J., Wagner, M. R., 'Out of sight, but no longer out of mind–towards an increased recognition of the role of soil microbes in plant speciation', *New Phytologist*, 217 (2018), pp. 965–7.

Giauque, H., Hawkes, C. V., 'Climate affects symbiotic fungal endophyte diversity and performance', *American Journal of Botany*, 100 (2013), pp. 1435–44.

Gilbert, C. D., Sigman, M., 'Brain states: top-down influences in sensory processing', *Neuron*, 54 (2007), pp. 677–96.

Gilbert, J. A., Lynch, S. V., 'Community ecology as a framework for human micro-biome research', *Nature Medicine*, 25 (2019), pp. 884–9.

Gilbert, S. F., Sapp, J., Tauber, A. I., 'A symbiotic view of life: we have never been individuals', *Quarterly Review of Biology*, 87 (2012), pp. 325–41.

Giovannetti, M., Avio, L., Fortuna, P., Pellegrino, E., Sbrana, C., Strani, P., 'At the root of the Wood Wide Web', *Plant Signaling & Behavior*, 1 (2006), pp. 1–5.

Giovannetti, M., Avio, L., Sbrana, C., 'Functional Significance of Anastomosis in Arbuscular Mycorrhizal Networks', in ed. T. Horton, *Mycorrhizal Networks* (Springer International Publishing, 2015), pp. 41–67.

Giovannetti, M., Sbrana, C., Avio, L., Strani, P., 'Patterns of below-ground plant interconnections established by means of arbuscular mycorrhizal networks', *New Phytologist*, 164 (2004), pp. 175–81.

Gluck-Thaler, E., Slot, J. C., 'Dimensions of horizontal gene transfer in eukaryotic microbial pathogens', *PLOS Pathogens*, 11 (2015), e1005156.

Godfray, C. H., Beddington, J. R., Crute, I. R., Haddad, L., Lawrence, D., Muir, J. F., Pretty, J., Robinson, S., Thomas, S. M., Toulmin, C., 'Food security: the challenge of feeding 9 billion people', *Science*, 327 (2010), pp. 812–18.

Godfrey-Smith, P., *Other Minds: The Octopus and the Evolution of Intelligent Life* (London, William Collins, 2017).

Goffeau, A., Barrell, B., Bussey, H., Davis, R., Dujon, B., Feldmann, H., Galibert, F., Hoheisel, J., Jacq, C., Johnston, M. et al., 'Life with 6000 genes', *Science*, 274 (1996), pp. 546–67.

Gogarten, P. J., Townsend, J. P., 'Horizontal gene transfer, genome innovation and evolution', *Nature Reviews Microbiology*, 3 (2005), pp. 679–87.

Gond, S. K., Kharwar, R. N., White, J. F., 'Will fungi be the new source of the block-buster drug Taxol?' *Fungal Biology Reviews*, 28 (2014), pp. 77–84.

Gontier, N., 'Reticulate Evolution Everywhere', in ed. N. Gontier, *Reticulate Evolution* (Springer International Publishing, 2015a).

Gontier, N., 'Historical and Epistemological Perspectives on What Horizontal Gene Transfer Mechanisms Contribute to Our Understanding of Evolution', in ed. N. Gontier, *Reticulate Evolution* (Springer International Publishing, 2015b).

Gordon, J., Knowlton, N., Relman, D. A., Rohwer, F., Youle, M., 'Superorganisms and holobionts', *Microbe* 8 (2013), pp. 152–3.

Goryachev, A. B., Lichius, A., Wright, G. D., Read, N. D., 'Excitable behavior can explain the "ping-pong" mode of communication between cells using the same chemoattractant', *BioEssays*, 34 (2012), pp. 259–66.

Gorzelak, M. A., Asay, A. K., Pickles, B. J., Simard, S. W., 'Inter-plant communication through mycorrhizal networks mediates complex adaptive behaviour in plant communities', *AoB PLANTS*, 7 (2015), plv050.

Gott, J. R., *The Cosmic Web: Mysterious Architecture of the Universe* (Princeton, NJ, Princeton University Press, 2016).

Govoni, F., Orrù, E., Bonafede, A., Iacobelli, M., Paladino, R., Vazza, F., Murgia, M., Vacca, V., Giovannini, G., Feretti, L., et al., 'A radio ridge connecting two galaxy clusters in a filament of the cosmic web', *Science*, 364 (2019), pp. 981–4.

Gow, N. A. R., Morris, B. M., 'The electric fungus', *Botanical Journal of Scotland*, 47 (2009), pp. 263–77.

Goward, T. 'Here for a long time, not a good time.', *Nature Canada*, 24: 9 (1995), www.waysofenlichenment.net/

public/pdfs/Goward_1995_Here_for_a_good_time_ not_a_long_time.pdf [accessed 29 October 2019].

Goward, T., 'Twelve readings on the lichen Thallus VII–species', *Evansia*, 26 (2009a), pp. 153–62, www. waysofenlichenment.net/ways/readings/essay7 [accessed 29 October 2019].

Goward, T., 'Twelve readings on the lichen Thallus IV–re-emergence', *Evansia* 26 (2009b), pp. 1–6, www. waysofenlichenment.net/ways/readings/essay4 [accessed 29 October 2019].

Goward, T., 'Twelve readings on the lichen Thallus V–conversational', *Evansia*, 26 (2009c), pp. 31–7. www. waysofenlichenment.net/ways/readings/essay5 [accessed 29 October 2019].

Goward, T., 'Twelve readings on the lichen Thallus VIII–theoretical', *Evansia* 27 (2010), pp. 2–10, www. waysofenlichenment.net/ways/readings/essay8 [accessed 29 October 2019].

Gregory, P. H., 'Fairy rings; free and tethered', *Bulletin of the British Mycological Society*, 16 (1982), pp. 161–3.

Griffiths, D., 'Queer theory for lichens', *UnderCurrents*, 19 (2015), pp. 36–45.

Griffiths, R., Johnson, M., Carducci, M., Umbricht, A., Richards, W., Richards, B., Cosimano, M., Klinedinst, M., 'Psilocybin produces substantial and sustained decreases in depression and anxiety in patients with life-threatening cancer: a randomized double-blind trial', *Journal of Psychopharmacology*, 30 (2016), pp. 1181–97.

Griffiths, R., Richards, W., Johnson, M., McCann, U., Jess, R., 'Mystical-type expe-riences occasioned by psilocybin mediate the attribution of personal meaning and spiritual significance 14 months later', *Journal of Psychopharmacology*, 22 (2008), pp. 621–32.

Grman, E., 'Plant species differ in their ability to reduce allocation to non-beneficial arbuscular mycorrhizal fungi', *Ecology*, 93 (2012), pp. 711–18.

Grube, M., Cernava, T., Soh, J., Fuchs, S., Aschenbrenner, I., Lassek, C., Wegner, U., Becher, D., Riedel, K., Sensen, C. W. et al., 'Exploring functional contexts of symbiotic sustain within lichen-associated bacteria by comparative omics', *ISME Journal*, 9 (2015), pp. 412–24.

Gupta, M., Prasad, A., Ram, M., Kumar, S., 'Effect of the vesicular–arbuscular mycor-rhizal (VAM) fungus *Glomus fasciculatum* on the essential oil yield related characters and nutrient acquisition in the crops of different cultivars of menthol mint (*Mentha arvensis*) under field conditions', *Bioresource Technology*, 81 (2002), pp. 77–9.

Guzmán, G., Allen, J. W., Gartz, J., 'A worldwide geographical distribution of the neurotropic fungi, an analysis and discussion', *Annali del Museo Civico di Rovereto: Sezione Archeologia, Storia, Scienze Naturali*, 14 (1998), pp. 189–280, www.museocivico.rovereto.tn.it/UploadDocs/104_art09-Guzman%20&%20C. pdf [accessed 29 October 2019].

Hague, T., Florini, M., Andrews, P., 'Preliminary *in vitro* functional evidence for reflex responses to noxious stimuli in the arms of *Octopus vulgaris*', *Journal of Experimental Marine Biology and Ecology*, 447 (2013), pp. 100–5.

Hall, I. R., Brown, G. T., Zambonelli, A., *Taming the Truffle* (Portland, OR, Timber Press, 2007).

Hamden, E., 'Observing the cosmic web', *Science*, 366 (2019), pp. 31–2.

Haneef, M., Ceseracciu, L., Canale, C., Bayer, I. S., Heredia-Guerrero, J. A., Athanassiou, A., 'Advanced materials from fungal mycelium: fabrication and tuning of physical properties', *Scientific Reports*, 7 (2017), 41292.

Hanson, K. L., Nicolau, D. V., Filipponi, L., Wang, L., Lee, A. P., Nicolau, D. V., 'Fungi use efficient algorithms for the exploration of microfluidic networks', *Small*, 2 (2006), pp. 1212–20.

Haraway, D. J., *Crystals, Fabrics, and Fields* (Berkeley, CA, North Atlantic Books, 2004).

Haraway, D. J., *Staying with the Trouble: Making Kin in the Chthulucene* (Durham, NC, Duke University Press, 2016).

Harms, H., Schlosser, D., Wick, L. Y., 'Untapped potential: exploiting fungi in bio-remediation of hazardous chemicals', *Nature Reviews Microbiology*, 9 (2011), pp. 177–92.

Harold, F. M., Kropf, D. L., Caldwell, J. H., 'Why do fungi drive electric currents through themselves?' *Experimental Mycology*, 9 (1985), pp. 183–6.

Hart, M. M., Antunes, P. M., Chaudhary, V., Abbott, L. K., 'Fungal inoculants in the field: is the reward greater than the risk?' *Functional Ecology*, 32 (2018), 126–35.

Hastings, A., Abbott, K. C., Cuddington, K., Franci, T., Gellner, G., Lai, Y.-C., Morozov, A., Petrovskii, S., Scranton, K., Zeeman, M., 'Transient phenomena in ecology', *Science*, 361 (2018), eaat6412.

Hawksworth, D., 'The magnitude of fungal diversity: the 1.5 million species estimate revisited', *Mycological Research*, 12 (2001), pp. 1422–32.

Hawksworth, D., 'Mycology: A Neglected Megascience', in eds. M. Rai and P. D. Bridge, *Applied Mycology* (Oxford, CABI, 2009), pp. 1–16.

Hawksworth, D. L., Lücking, R., 'Fungal diversity revisited: 2.2 to 3.8 million species', *Microbiology Spectrum*, 5 (2017), FUNK-00522016.

Heads, S. W., Miller, A. N., Crane, L. J., Thomas, J. M., Ruffatto, D. M., Methven, A. S., Raudabaugh, D. B., Wang, Y., 'The oldest fossil mushroom', *PLOS ONE*, 12 (2017), e0178327.

Hedger, J., 'Fungi in the tropical forest canopy', *Mycologist*, 4 (1990), pp. 200–2.

Held, M., Edwards, C., Nicolau, D., 'Fungal intelligence; or on the behaviour of micro-organisms in confined micro-environments', *Journal of Physics: Conference Series*, 178 (2009), 012005.

Held, M., Edwards, C., Nicolau, D. V., 'Probing the growth dynamics of *Neurospora crassa* with microfluidic structures', *Fungal Biology*, 115 (2011), pp. 493–505.

Held, M., Kašpar, O., Edwards, C., Nicolau, D. V., 'Intracellular mechanisms of fungal space searching in microenvironments', *Proceedings of the National Academy of Sciences*, 116 (2019), pp. 13543–52.

Held, M., Lee, A. P., Edwards, C., Nicolau, D. V., 'Microfluidics structures for prob-ing the dynamic behaviour of filamentous fungi', *Microelectronic Engineering*, 87 (2010), pp. 786–9.

Helgason, T., Daniell, T., Husband, R., Fitter, A., Young, J., 'Ploughing up the wood-wide web?' *Nature*, 394 (1998), pp. 431.

Hendricks, P. S., 'Awe: a putative mechanism underlying the effects of classic psy-chedelic-assisted psychotherapy', *International Review of Psychiatry*, 30 (2018), pp. 1–12.

Hibbett, D., Blanchette, R., Kenrick, P., Mills, B., 'Climate, decay and the death of the coal forests', *Current Biology*, 26 (2016), pp. R563–7.

Hibbett, D., Gilbert, L., Donoghue, M., 'Evolutionary instability of ectomycorrhizal symbioses in basidiomycetes', *Nature*, 407 (2000), pp. 506–8.

Hickey, P. C., Dou, H., Foshe, S., Roper, M., 'Anti-jamming in a fungal transport network' (2016), arXiv:1601.06097v1 [physics.bio-ph].

Hickey, P. C., Jacobson, D., Read, N. D., Glass, L. N., 'Live-cell imaging of vegetative hyphal fusion in *Neurospora crassa*', *Fungal Genetics and Biology*, 37 (2002), 109–19.

Hillman, B., *Extra Hidden Life, among the Days* (Middletown, CT, Wesleyan University Press, 2018).

Hiruma, K., Kobae, Y., Toju, H., 'Beneficial associations between Brassicaceae plants and fungal endophytes under nutrient-limiting conditions: evolutionary origins and host–symbiont molecular mechanisms', *Current Opinion in Plant Biology*, 44 (2018), pp. 145–54.

Hittinger, C., 'Endless rots most beautiful', *Science*, 336 (2012), pp. 1649–50.

Hoch, H. C., Staples, R. C., Whitehead, B., Comeau, J., Wolf, E. D., 'Signaling for growth orientation and cell differentiation by surface topography in *Uromyces*', *Science*, 235 (1987), pp. 1659–62.

Hoeksema, J., 'Experimentally Testing Effects of Mycorrhizal Networks on Plant–Plant Interactions and Distinguishing among Mechanisms', in ed. T. Horton, *Mycorrhizal Networks* (Springer International Publishing, 2015), pp. 255–77.

Hoeksema, J. D., Chaudhary, V. B., Gehring, C. A., Johnson, N. C., Karst, J., Koide, R. T., Pringle, A., Zabinski, C., Bever, J. D., Moore, J. C. et al., 'A meta-analysis of context-dependency in plant response to inoculation with mycorrhizal fungi', *Ecology Letters*, 13 (2010), pp. 394–407.

Hom, E. F., Murray, A. W., 'Niche engineering demonstrates a latent capacity for fungal–algal mutualism', *Science*, 345 (2014), pp. 94–8.

Honegger, R., 'Simon Schwendener (1829–1919) and the dual hypothesis of lichens, *Bryologist*, 103 (2000), pp. 307–13.

Honegger, R., Edwards, D., Axe, L., 'The earliest records of internally stratified cyano-bacterial and algal lichens from the Lower Devonian of the Welsh Borderland', *New Phytologist*, 197 (2012), pp. 264–75.

Honegger, R., Edwards, D., Axe, L., Strullu-Derrien, C., 'Fertile *Prototaxites taiti*: a basal ascomycete with inoperculate, polysporous asci lacking croziers', *Philosophical Transactions of the Royal Society B*, 373 (2018), 20170146.

Hooks, K. B., Konsman, J., O'Malley, M. A., 'Microbiota-gut-brain research: a critical analysis', *Behavioral and Brain Sciences*, 42 (2018), e60.

Horie, M., Honda, T., Suzuki, Y., Kobayashi, Y., Daito, T., Oshida, T., Ikuta, K., Jern, P., Gojobori, T., Coffin, J. M. et al., 'Endogenous non-retroviral RNA virus ele-ments in mammalian genomes', *Nature*, 463 (2010), pp. 84–7.

Hortal, S., Plett, K., Plett, J., Cresswell, T., Johansen, M., Pendall, E., Anderson, I., 'Role of plant–fungal nutrient trading and host control in determining the com-petitive success of ectomycorrhizal fungi', *ISME Journal*, 11 (2017), pp. 2666–76.

Howard, A., *An Agricultural Testament* (Oxford, Oxford University Press, 1940), www.journeytoforever.org/farm_library/howardAT/ATtoc.html#contents [accessed 29 October 2019].

Howard A., *Farming and Gardening for Health and Disease* (London, Faber and Faber, 1945), journeytoforever.org/farm_library/howardSH/SHtoc.html [accessed 29 October 2019].

Howard, R., Ferrari, M., Roach, D., Money, N., 'Penetration of hard substrates by a fungus employing enormous turgor pressures', *Proceedings of the National Academy of Sciences*, 88 (1991), pp. 11281–4.

Hoysted, G. A., Kowal, J., Jacob, A., Rimington, W. R., Duckett, J. G., Pressel, S., Orchard, S., Ryan, M. H., Field, K. J., Bidartondo, M. I., 'A mycorrhizal revolu-tion', *Current Opinion in Plant Biology,* 44 (2018), pp. 1–6.

Hsueh, Y.-P., Mahanti, P., Schroeder, F. C., Sternberg, P. W., 'Nematode-trapping fungi eavesdrop on nematode pheromones', *Current Biology*, 23 (2013), pp. 83–6.

Huffnagle, G. B., Noverr, M. C., 'The emerging world of the fungal microbiome', *Trends in Microbiology*, 21 (2013), pp. 334–41.

Hughes, D. P., 'On the origins of parasite-extended phenotypes', *Integrative and Comparative Biology,* 54 (2014), pp. 210–7.

Hughes, D. P., Araújo, J., Loreto, R., Quevillon, L., de Bekker, C., Evans, H., 'From so simple a beginning: the evolution of behavioural manipulation by fungi', *Advances in Genetics*, 94 (2016), pp. 437–69.

Hughes, D. P., 'Pathways to understanding the extended phenotype of parasites in their hosts', *Journal of Experimental Biology*, 216 (2013), pp. 142–7.

Hughes, D. P., Wappler, T., Labandeira, C. C., 'Ancient death-grip leaf scars reveal ant–fungal parasitism', *Biology Letters,* 7 (2011), pp. 67–70.

Humphrey, N., 'The Social Function of Intellect', in eds. P. Bateson and R. A. Hindle, *Growing Points in Ethology* (Cambridge, Cambridge University Press, 1976), pp. 303–17.

Hustak, C., Myers, N., 'Involutionary momentum: affective ecologies and the sciences of plant/insect encounters', *Differences*, 23 (2012), pp. 74–118.

Hyde, K., Jones, E., Leano, E., Pointing, S., Poonyth, A., Vrijmoed, L., 'Role of fungi in marine ecosystems', *Biodiversity and Conservation*, 7 (1998), pp. 1147–61.

Ingold, T., 'Two Reflections on Ecological Knowledge', in eds. G. Sanga and G. Ortall, *Nature Knowledge: Ethnoscience, Cognition, and Utility* (Oxford, Berghahn Books, 2003), pp. 301–11.

Islam, F., Ohga, S., 'The response of fruit body formation on *Tricholoma matsutake in situ* condition by applying electric pulse stimulator', *ISRN Agronomy* (2012), pp. 1–6.

Jackson, S., Heath, I., 'UV microirradiations elicit Ca2+-dependent apex-directed cyto-plasmic contractions in hyphae', *Protoplasma*, 70 (1992), pp. 46–52.

Jacobs, L. F., Arter, J., Cook, A., Sulloway, F. J., 'Olfactory orientation and navigation in humans', *PLOS ONE*, 10 (2015), e0129387.

Jacobs, R., *The Truffle Underground* (New York, Clarkson Potter, 2019).

Jakobsen, I., Hammer, E., 'Nutrient Dynamics in Arbuscular Mycorrhizal Networks', in ed. T. Horton, *Mycorrhizal Networks* (Springer International Publishing, 2015), pp. 91–131.

James, W., *The Varieties of Religious Experience: A Study in Human Nature (Centenary Edition)* (London, Routledge, 2002).

Jedd, G., Pieuchot, L., 'Multiple modes for gatekeeping at fungal cell-to-cell channels', *Molecular Microbiology*, 86 (2012), pp. 1291–4.

Jenkins, B., Richards, T. A., 'Symbiosis: wolf lichens harbour a choir of fungi', *Current Biology*, 29 (2019), R88–90.

Ji, B., Bever, J. D., 'Plant preferential allocation and fungal reward decline with soil phosphorus: implications for mycorrhizal mutualism', *Ecosphere*, 7 (2016), e01256.

Johnson, D., Gamow, R., 'The avoidance response in *Phycomyces*', *Journal of General Physiology*, 57 (1971), pp. 41–9.

Johnson, M. W., Garcia-Romeu, A., Cosimano, M. P., Griffiths, R. R., 'Pilot study of the 5-HT 2AR agonist psilocybin in the treatment of tobacco addiction', *Journal of Psychopharmacology*, 28 (2014), pp. 983–92.

Johnson, M. W., Garcia-Romeu, A., Griffiths, R. R., 'Long-term follow-up of psil-ocybin-facilitated smoking cessation', *American Journal of Drug and Alcohol Abuse*, 43 (2015), pp. 55–60.

Johnson, M. W., Garcia-Romeu, A., Johnson, P. S., Griffiths, R. R., 'An online survey of tobacco smoking cessation associated with naturalistic psychedelic use', *Journal of Psychopharmacology*, 31 (2017), pp. 841–50.

Johnson, N. C., Angelard, C., Sanders, I. R., Kiers, T. E., 'Predicting community and ecosystem outcomes of mycorrhizal responses to global change', *Ecology Letters*, 16 (2013), pp. 140–53.

Jolivet, E., L'Haridon, S., Corre, E., Forterre, P., Prieur, D., '*Thermococcus gamma-tolerans* sp. nov., a hyperthermophilic archaeon from a deep-sea hydrothermal vent that resists ionizing radiation', *International Journal of Systematic and Evolutionary Microbiology*, 53 (2003), pp. 847–51.

Jones, M. P., Lawrie, A. C., Huynh, T. T., Morrison, P. D., Mautner, A., Bismarck, A., John, S., 'Agricultural by-product suitability for the production of chitinous composites and nanofibers', *Process Biochemistry*, 80 (2019), pp, 95–102.

Jönsson, K. I., Rabbow, E., Schill, R. O., Harms-Ringdahl, M., Rettberg, P., 'Tardigrades survive exposure to space in low Earth orbit', *Current Biology*, 18 (2008), R729–31.

Jönsson, K. I., Wojcik, A., 'Tolerance to X-rays and heavy ions (Fe, He) in the tardigrade *Richtersius coronifer* and the bdelloid rotifer *Mniobia russeola*', *Astrobiology*, 17 (2017), pp. 163–7.

Kaminsky, L. M., Trexler, R. V., Malik, R. J., Hockett, K. L., Bell, T. H., 'The inher-ent conflicts in developing soil microbial inoculants', *Trends in Biotechnology*, 37 (2018), pp. 140–51.

Kammerer, L., Hiersche, L., Wirth, E., 'Uptake of radiocaesium by different species of mushrooms', *Journal of Environmental Radioactivity*, 23 (1994), pp. 135–50.

Karst, J., Erbilgin, N., Pec, G. J., Cigan, P. W., Najar, A., Simard, S. W., Cahill, J. F., 'Ectomycorrhizal fungi mediate indirect effects of a bark beetle outbreak on secondary chemistry and establishment of pine seedlings', *New Phytologist*, 208 (2015), pp. 904–14.

Katz, S. E., *Wild Fermentation* (White River Junction, VT, Chelsea Green Publishing Company, 2003).

Kavaler, L., *Mushrooms, Moulds and Miracles: The Strange Realm of Fungi* (London, Harrap, 1967).

Keijzer, F. A., 'Evolutionary convergence and biologically embodied cognition', *Journal of the Royal Society Interface Focus*, 7 (2017), 20160123.

Keller, E.F., *A Feeling for the Organism* (New York, Times Books, 1984).

Kelly, J. R., Borre, Y., O'Brien, C., Patterson, E., El Aidy, S., Deane, J., Kennedy, P. J., Beers, S., Scott, K., Moloney, G. et al., 'Transferring the blues: depression-associated gut microbiota induces neurobehavioural changes in the rat', *Journal of Psychiatric Research*, 82 (2016), pp. 109–18.

Kelty, C., 'Outlaws, hackers, Victorian amateurs: diagnosing public participation in the life sciences today', *Journal of Science Communication*, 9 (2010).

Kendi, I. X., *Stamped from the Beginning* (New York, Nation Books, 2017). Kennedy, P. G., Walker, J. K. M., Bogar, L. M., 'Interspecific Mycorrhizal Networks and Non-networking Hosts: Exploring the Ecology of the Host Genus *Alnus*', in ed. T. Horton, *Mycorrhizal Networks* (Springer International Publishing, 2015) pp. 227–54.

Kerényi, C., *Dionysus: Archetypal Image of Indestructible Life* (Princeton, NJ, Princeton University Press, 1976).

Kern, V. D., 'Gravitropism of basidiomycetous fungi–on Earth and in microgravity', *Advances in Space Research*, 24 (1999), pp. 697–706.

Khan, S., Nadir, S., Shah, Z., Shah, A., Karunarathna, S. C., Xu, J., Khan, A., Munir, S., Hasan, F., 'Biodegradation of polyester polyurethane by *Aspergillus tubingen-sis*', *Environmental Pollution*, 225 (2017), pp. 469–80.

Kiers, E. T., Denison, R. F., 'Inclusive fitness in agriculture', *Philosophical Transactions of the Royal Society B*, 369 (2014), 20130367.

Kiers, T. E., Duhamel, M., Beesetty, Y., Mensah, J. A., Franken, O., Verbruggen, E., Fellbaum, C., Fellbaum, C. R., Kowalchuk, G. A. et al., 'Reciprocal rewards sta-bilize co-operation in the mycorrhizal symbiosis', *Science*, 333 (2011), pp. 880–2.

Kiers, T. E., West, S. A., Wyatt, G. A., Gardner, A., Bücking, H., Werner, G. D., 'Misconceptions on the application of biological market theory to the mycor-rhizal symbiosis', *Nature Plants*, 2 (2016), 16063.

Kim, G., LeBlanc, M. L., Wafula, E. K., dePamphilis, C. W., Westwood, J. H., 'Genomic-scale exchange of mRNA between a parasitic plant and its hosts', *Science*, 345 (2014), pp. 808–11.

Kimmerer, R. W., *Braiding Sweetgrass* (Minneapolis, MN, Milkweed Editions, 2013). King, A., 'Technology: the future of agriculture', *Nature*, 544 (2017), pp. S21–3.

King, F. H., *Farmers of Forty Centuries* (Emmaus, PA, Organic Gardening Press, 1911), soilandhealth.org/wp-content/uploads/01aglibrary/010122king/ffc.html [accessed 29 October 2019].

Kivlin, S. N., Emery, S. M., Rudgers, J. A., 'Fungal symbionts alter plant responses to global change', *American Journal of Botany*, 100 (2013), pp. 1445–57.

Klein, A.-M., Vaissière, B. E., Cane, J. H., Steffan-Dewenter, I., Cunningham, S. A., Kremen, C., Tscharntke, T., 'Importance of pollinators in changing landscapes for world crops', *Proceedings of the Royal Society B*, 274 (2007), pp. 303–13.

Klein, T., Siegwolf, R. T., Körner, C., 'Below-ground carbon trade among tall trees in a temperate forest', *Science*, 352 (2016), pp. 342–4.

Kozo-Polyanksy, B. M., *Symbiogenesis: A New Principle of Evolution* (Cambridge, MA, Harvard University Press, 2010).

Krebs, T. S., Johansen, P.-Ø., 'Lysergic acid diethylamide (LSD) for alcoholism: meta-analysis of randomised controlled trials', *Journal of Psychopharmacology*, 26 (2012), pp. 994–1002.

Kroken, S., ' "Miss Potter's First Love" –a rejoinder', *Inoculum*, 58 (2007), p. 14.

Kusari, S., Singh, S., Jayabaskaran, C., 'Biotechnological potential of plant-associated endo-phytic fungi: hope versus hype', *Trends in Biotechnology*, 32 (2014), pp. 297–303.

Ladinsky, D., *Love Poems from God* (New York, Penguin, 2002).

Ladinsky, D., *A Year with Hafiz: Daily Contemplations* (New York, Penguin, 2010).

Lai, J., Koh, C., Tjota, M., Pieuchot, L., Raman, V., Chandrababu, K., Yang, D., Wong, L., Jedd, G., 'Intrinsically disordered proteins aggregate at fungal cell-to-cell channels and regulate intercellular connectivity', *Proceedings of the National Academy of Sciences*, 109 (2012), pp. 15781–6.

Lalley, J., Viles, H., 'Terricolous lichens in the northern Namib Desert of Namibia: distribution and community composition', *Lichenologist*, 37 (2005), pp. 77–91.

Lanfranco, L., Fiorilli, V., Gutjahr, C., 'Partner communication and role of nutrients in the arbuscular mycorrhizal symbiosis', *New Phytologist*, 220 (2018), pp. 1031–46. Latty, T., Beekman, M., 'Irrational decision-making in an amoeboid organism: tran-sitivity and context-dependent preferences', *Proceedings of the Royal Society B*, 278 (2011), pp. 307–12.

Le Guin, U., 'Deep in Admiration', in eds. A. Tsing, H. Swanson, E. Gan and N. Bubandt, *Arts of Living on a Damaged Planet: Ghosts of the Anthropocene* (Minneapolis, University of Minnesota Press, 2017), pp. M15–21.

Leake, J., Johnson, D., Donnelly, D., Muckle, G., Boddy, L., Read, D., 'Networks of power and influence: the role of mycorrhizal mycelium in controlling plant communities and agroecosystem functioning', *Canadian Journal of Botany*, 82 (2004), pp. 1016–45.

Leake, J., Read, D., 'Mycorrhizal Symbioses and Pedogenesis Throughout Earth's History', in eds. N. Johnson, C. Gehring and J. Jansa, *Mycorrhizal Mediation of Soil: Fertility, Structure, and Carbon Storage* (Oxford, Elsevier, 2017), pp. 9–33.

Leary, T., 'The Initation of the "High Priest"', in ed. R. Metzner, *Sacred Mushrooms of Visions: Teonanacatl* (Rochester, VT, Park Street Press, 2005), pp. 160–78.

Lederberg. J., 'Cell genetics and hereditary symbiosis', *Physiological Reviews*, 32 (1952), pp. 403–30.

Lederberg, J., Cowie, D., 'Moondust; the study of this covering layer by space vehicles may offer clues to the biochemical origin of life', *Science*, 127 (1958), pp. 1473–5.

Ledford, H., 'Billion-year-old fossils set back evolution of earliest fungi', *Nature* (2019), www.nature.com/articles/ d41586-019–01629-1 [accessed 29 October 2019].

Lee, N. N., Friz, J., Fries, M. D., Gil, J. F., Beck, A., Pellinen-Wannberg, A., Schmitz, B., Steele, A., Hofmann, B. A., 'The Extreme Biology of Meteorites: Their Role in Understanding the Origin and Distribution of Life on Earth and in the Universe', in eds. H. Stan-Lotter and S. Fendrihan, *Adaptation of Microbial Life to Environmental Extremes* (Springer International Publishing, 2017), pp. 283–325.

Lee, Y., Mazmanian, S. K., 'Has the microbiota played a critical role in the evolution of the adaptive immune system?' *Science*, 330 (2010), pp. 1768–73.

Legras, J., Merdinoglu, D., Couet, J., Karst, F., 'Bread, beer and wine: *Saccharomyces cerevisiae* diversity reflects human history', *Molecular Ecology*, 16 (2007), pp. 2091–2102.

Lehmann, A., Leifheit, E. F., Rillig, M. C., 'Mycorrhizas and Soil Aggregation', in eds. N. Johnson, C. Gehring and J. Jansa, *Mycorrhizal Mediation of Soil: Fertility, Structure, and Carbon Storage* (Oxford, Elsevier, 2017), pp. 241–62.

Leifheit, E. F., Veresoglou, S. D., Lehmann, A., Morris, K. E., Rillig, M. C., 'Multiple factors influence the role of arbuscular mycorrhizal fungi in soil aggregation–a meta-analysis', *Plant and Soil*, 374 (2014), pp. 523–37.

Lekberg, Y., Helgason, T., '*In situ* mycorrhizal function–knowledge gaps and future directions', *New Phytologist*, 220 (2018), pp. 957–62.

Leonhardt, Y., Kakoschke, S., Wagener, J., Ebel, F., 'Lah is a transmembrane protein and requires Spa10 for stable positioning of Woronin bodies at the septal pore of *Aspergillus fumigatus*', *Scientific Reports*, 7 (2017), 44179.

Letcher, A., *Shroom: A Cultural History of the Magic Mushroom* (London, Faber and Faber, 2006).

Lévi-Strauss, C., *From Honey to Ashes: Introduction to a Science of Mythology, 2* (New York, Harper and Row, 1973).

Levin, M., 'The wisdom of the body: future techniques and approaches to mor-phogenetic fields in regenerative medicine, developmental biology and cancer', *Regenerative Medicine*, 6 (2011), pp. 667–73.

Levin, M., 'Morphogenetic fields in embryogenesis, regeneration, and cancer: non-local control of complex patterning', *Biosystems*, 109 (2012), pp. 243–61.

Levin, S. A., 'Self-organization and the emergence of complexity in ecological systems', *BioScience*, 55 (2005), pp. 1075–9.

Lewontin, R., *The Triple Helix: Gene, Organism, and Environment* (Cambridge, MA, Harvard University Press, 2000).

Lewontin, R., *It Ain't Necessarily So: The Dream of the Human Genome and Other Illusions* (New York, New York Review of Books, 2001).

Li, N., Alfiky, A., Vaughan, M. M., Kang, S., 'Stop and smell the fungi: fungal volatile metabolites are overlooked signals involved in fungal interaction with plants', *Fungal Biology Reviews*, 30 (2016), pp. 134–44.

Li, Q., Yan, L., Ye, L., Zhou, J., Zhang, B., Peng, W., Zhang, X., Li, X., 'Chinese black truffle (*Tuber indicum*) alters the ectomycorrhizosphere and endoectomycosphere microbiome and metabolic profiles of the host tree *Quercus aliena*', *Frontiers in Microbiology*, 9 (2018), 2202.

Lindahl. B., Finlay, R., Olsson, S., 'Simultaneous, bidirectional translocation of 32P and 33P between wood blocks connected by mycelial cords of *Hypholoma fasciculare*', *New Phytologist*, 150 (2001), pp. 189–94.

Linnakoski, R., Reshamwala, D., Veteli, P., Cortina-Escribano, M., Vanhanen, H., Marjomäki, V., 'Antiviral agents from fungi: diversity, mechanisms and potential applications', *Frontiers in Microbiology*, 9 (2018), 2325.

Lintott, C., *The Crowd and the Cosmos: Adventures in the Zooniverse* (Oxford, Oxford University Press, 2019).

Lipnicki, L. I., 'The role of symbiosis in the transition of some eukaryotes from aquatic to terrestrial environments', *Symbiosis*, 65 (2015), pp. 39–53.

Liu, J., Martinez-Corral, R., Prindle, A., Lee, D.-Y. D., Larkin, J., Gabalda-Sagarra, M., Garcia-Ojalvo, J., Süel, G. M., 'Coupling between distant biofilms and emergence of nutrient time-sharing', *Science*, 356 (2017), pp. 638–42.

Lohberger, A., Spangenberg, J. E., Ventura, Y., Bindschedler, S., Verrecchia, E. P., Bshary, R., Junier, P., 'Effect of organic carbon and nitrogen on the interac-tions of *Morchella* spp. and bacteria dispersing on their mycelium', *Frontiers in Microbiology*, 10 (2019), 124.

Löpez-Franco, R., Bracker, C. E., 'Diversity and dynamics of the Spitzenkörper in growing hyphal tips of higher fungi', *Protoplasma*, 195 (1996), pp. 90–111.

Loron, C. C., François, C., Rainbird, R. H., Turner, E. C., Borensztajn, S., Javaux, E. J., 'Early fungi from the Proterozoic era in Arctic Canada', *Nature,* 570 (2019), pp. 232–5.

Lovett, B., Bilgo, E., Millogo, S., Ouattarra, A., Sare, I., Gnambani, E., Dabire, R. K., Diabate, A., Leger, R.J., 'Transgenic *Metarhizium* rapidly kills mosquitoes in a malaria-endemic region of Burkina Faso', *Science*, 364 (2019), pp. 894–7.

Lu, C., Yu, Z., Tian, H., Hennessy, D. A., Feng, H., Al-Kaisi, M., Zhou, Y., Sauer, T., Arritt, R., 'Increasing carbon footprint of grain crop production in the US Western Corn Belt', *Environmental Research Letters*, 13 (2018), 124007.

Luo, J., Chen, X., Crump, J., Zhou, H., Davies, D. G., Zhou, G., Zhang, N., Jin, C., 'Interactions of fungi with concrete: significant importance for bio-based self-healing concrete', *Construction and Building Materials*, 164 (2018), pp. 275–85.

Lutzoni, F., Nowak, M. D., Alfaro, M. E., Reeb, V., Miadlikowska, J., Krug, M., Arnold, E. A., Lewis, L. A., Swofford, D. L., Hibbett, D. et al., 'Contemporaneous radiations of fungi and plants linked to symbiosis', *Nature Communications*, 9 (2018), 5451.

Lutzoni, F., Pagel, M., Reeb, V., 'Major fungal lineages are derived from lichen sym-biotic ancestors', *Nature*, 411 (2001), pp. 937–40.

Ly, C., Greb, A. C., Cameron, L. P., Wong, J. M., Barragan, E. V., Wilson, P. C., Burbach, K. F., Zarandi, S., Sood, A., Paddy, M. R. et al., 'Psychedelics promote structural and functional neural plasticity', *Cell Reports*, 23 (2018), pp. 3170–82.

Lyons, T., Carhart-Harris, R. L., 'Increased nature relatedness and decreased authori-tarian political views after psilocybin for treatment-resistant depression', *Journal of Psychopharmacology*, 32 (2018), pp. 811–19.

Ma, Z., Guo, D., Xu, X., Lu, M., Bardgett, R. D., Eissenstat, D. M., McCormack, L. M., Hedin, L. O., 'Evolutionary history resolves global organization of root functional traits', *Nature*, 555 (2018), pp. 94–7.

MacLean, K. A., Johnson, M. W., Griffiths, R. R., 'Mystical experiences occasioned by the hallucinogen psilocybin lead to increases in the personality domain of openness', *Journal of Psychopharmacology*, 25 (2011), pp. 1453–

61.

Mangold, C. A., Ishler, M. J., Loreto, R. G., Hazen, M. L., Hughes, D. P., 'Zombie ant death grip due to hypercontracted mandibular muscles', *Journal of Experimental Biology*, 222 (2019), jeb200683.

Manicka, S., Levin, M., 'The Cognitive Lens: a primer on conceptual tools for analysing information processing in developmental and regenerative mor-phogenesis', *Philosophical Transactions of the Royal Society B*, 374 (2019), 20180369.

Manoharan, L., Rosenstock, N. P., Williams, A., Hedlund, K., 'Agricultural man-agement practices influence AMF diversity and community composition with cascading effects on plant productivity', *Applied Soil Ecology*, 115 (2017), pp. 53–9.

Mardhiah, U., Caruso, T., Gurnell, A., Rillig, M. C., 'Arbuscular mycorrhizal fungal hyphae reduce soil erosion by surface water flow in a greenhouse experiment', *Applied Soil Ecology*, 99 (2016), pp. 137–40.

Margonelli, L., *Underbug: An Obsessive Tale of Termites and Technology* (New York, Farrar, Strauss and Giroux, 2018).

Margulis, L., *Symbiosis in Cell Evolution: Life and Its Environment on the Early Earth* (San Francisco, CA, W. H. Freeman, 1981).

Margulis, L., 'Gaia Is a Tough Bitch', in ed. John Brockman, *The Third Culture: Beyond the Scientific Revolution* (New York, Touchstone, 1996).

Margulis, L., *The Symbiotic Planet: A New Look at Evolution* (London, Phoenix, 1999).

Markram, H., Muller, E., Ramaswamy, S., Reimann, M. W., Abdellah, M., Sanchez, C., Ailamaki, A., Alonso-Nanclares, L., Antille, N., Arsever, S. et al., 'Reconstruction and simulation of neocortical microcircuitry', *Cell*, 163 (2015), pp. 456–92.

Marley, G., *Chanterelle Dreams, Amanita Nightmares: The Love, Lore, and Mystique of Mushrooms* (White River Junction, VT, Chelsea Green, 2010).

Márquez, L. M., Redman, R. S., Rodriguez, R. J., Roossinck, M. J., 'A virus in a fungus in a plant: three-way symbiosis required for thermal tolerance', *Science* 315 (2007), pp. 513–15.

Martin, F. M., Uroz, S., Barker, D. G., 'Ancestral alliances: plant mutualistic symbioses with fungi and bacteria', *Science* 356 (2017), eaad4501.

Martinez-Corral, R., Liu., Prindle, A., Süel, G. M., Garcia-Ojalvo, J., 'Metabolic basis of brain-like electrical signalling in bacterial communities', *Philosophical Transactions of the Royal Society B*, 374 (2019), 20180382.

Martínez-García, L. B., De Deyn, G. B., Pugnaire, F. I., Kothamasi, D., van der Heijden, M. G., 'Symbiotic soil fungi enhance ecosystem resilience to climate change', *Global Change Biology*, 23 (2017), pp. 5228–36.

Masiulionis, V. E., Weber, R. W., Pagnocca, F. C., 'Foraging of *Psilocybe* basidi-ocarps by the leaf-cutting ant *Acromyrmex lobicornis* in Santa Fé, Argentina', *SpringerPlus*, 2 (2013), 254.

Mateus, I. D., Masclaux, F. G., Aletti, C., Rojas, E. C., Savary, R., Dupuis, C., Sanders, I. R., 'Dual RNA-seq reveals large-scale non-conserved genotype × genotype-specific genetic reprograming and molecular crosstalk in the mycor-rhizal symbiosis', *ISME Journal*, 13 (2019), pp. 1226–38.

Matossian, M. K., 'Ergot and the Salem Witchcraft Affair: An outbreak of a type of food poisoning known as convulsive ergotism may have led to the 1692 accusa-tions of witchcraft', *American Scientist*, 70 (1982), pp. 355–7.

Matsuura, K., Yashiro, T., Shimizu, K., Tatsumi, S., Tamura, T., 'Cuckoo fungus mimics termite eggs by producing the cellulose-digesting enzyme β -Glucosidase', *Current Biology*, 19 (2009), pp. 30–6.

Matsuura, Y., Moriyama, M., Łukasik, P., Vanderpool, D., Tanahashi, M., Meng, X.-Y., McCutcheon, J. P., Fukatsu, T., 'Recurrent symbiont recruitment from fungal parasites in cicadas', *Proceedings of the National Academy of Sciences*, 115 (2018), E5970–E5979.

Maugh, T. H., 'The scent makes sense', *Science*, 215 (1982), p. 1224.

Maxman, A., 'CRISPR might be the banana's only hope against a deadly fungus', *Nature* (2019), www.nature.com/

articles/d41586-019-02770-7 [accessed 29 October 2019].

Mazur, S., 'Lynne Margulis: "Intimacy of Strangers & Natural Selection" ', *Scoop* (2009), www.scoop.co.nz/stories/HL0903/S00194/lynn-margulis-intimacy-of-strangers-natural-selection.htm [accessed 29 October 2019].

Mazzucato, L., Camera, L. G., Fontanini, A., 'Expectation-induced modulation of meta-stable activity underlies faster coding of sensory stimuli', *Nature Neuroscience*, 22 (2019), pp. 787–96.

McCoy, P., *Radical Mycology: A Treatise on Working and Seeing with Fungi* (Portland, OR, Chthaeus Press, 2016).

McFall-Ngai, M., 'Adaptive immunity: care for the community', *Nature*, 445 (2007), p. 153.

McGann, J. P., 'Poor human olfaction is a 19th-century myth', *Science*, 356 (2017), eaam7263.

McGuire, K. L., 'Common ectomycorrhizal networks may maintain monodominance in a tropical rain forest', *Ecology*, 88 (2007), pp. 567–74.

McKenna, D., *Brotherhood of the Screaming Abyss* (Clearwater, MN, North Star Press of St. Cloud Inc., 2012).

McKenna, T., *Food of the Gods: The Search for the Original Tree of Knowledge* (New York, Bantam, 1992).

McKenna, T., McKenna, D. (Oss OT and Oeric ON), *Psilocybin: Magic Mushroom Grower's Guide* (Berkeley, CA, AND/OR Press, 1976).

McKenzie, R. N., Horton, B. K., Loomis, S. E., Stockli, D. F., Planavsky, N. J., Lee, C.-T. A., 'Continental arc volcanism as the principal driver of icehouse–greenhouse variability', *Science*, 352 (2016), pp. 444–7.

McKerracher, L., Heath, I., 'Fungal nuclear behavior analysed by ultraviolet micro-beam irradiation', *Cell Motility and the Cytoskeleton*, 6 (1986a), pp. 35–47.

McKerracher, L., Heath, I., 'Polarized cytoplasmic movement and inhibition of salt-ations induced by calcium-mediated effects of microbeams in fungal hyphae', *Cell Motility and the Cytoskeleton*, 6 (1986b), pp. 136–45.

Meeßen, J., Backhaus, T., Brandt, A., Raguse, M., Böttger, U., de Vera, J. P., de la Torre, R., 'The effect of high-dose ionizing radiation on the isolated photobiont of the astrobiological model lichen *Circinaria gyrosa*', *Astrobiology*, 17 (2017), pp. 154–62.

Mejía, L. C., Herre, E. A., Sparks, J. P., Winter, K., García, M. N., Bael, S. A., Stitt, J., Shi, Z., Zhang, Y., Guiltinan, M. J. et al., 'Pervasive effects of a dominant foliar endophytic fungus on host genetic and phenotypic expression in a tropical tree', *Frontiers in Microbiology*, 5 (2014), 479.

Merckx, V., 'Mycoheterotrophy: An Introduction', in ed. V. Merckx, *Mycoheterotrophy–The Biology of Plants Living on Fungi* (Springer International Publishing, 2013), pp. 1–18.

Merleau-Ponty, M., *Phenomenology of Perception* (London, Routledge Classics, 2002).

Meskkauskas, A., McNulty, L. J., Moore, D., 'Concerted regulation of all hyphal tips generates fungal fruit body structures: experiments with computer visualizations produced by a new mathematical model of hyphal growth', *Mycological Research*, 108 (2004), pp. 341–53.

Metzner, R., 'Introduction: Visionary Mushrooms of the Americas', in ed. R. Metzner, *Sacred Mushroom of Visions: Teonanacatl* (Rochester, VT, Park Street Press, 2005), pp. 1–48.

Miller, M. J., Albarracin-Jordan, J., Moore, C., Capriles, J. M., 'Chemical evidence for the use of multiple psychotropic plants in a 1,000-year-old ritual bundle from South America', *Proceedings of the National Academy of Sciences*, 116 (2019), pp. 11207–12.

Mills, B. J., Batterman, S. A., Field, K. J., 'Nutrient acquisition by symbiotic fungi governs Palaeozoic climate transition', *Philosophical Transactions of the Royal Society B*, 373 (2017), 20160503.

Milner, D. S., Attah, V., Cook, E., Maguire, F., Savory, F. R., Morrison, M., Müller, C. A., Foster, P. G., Talbot, N. J., Leonard, G. et al., 'Environment-dependent fitness gains can be driven by horizontal gene transfer of transporter-encoding genes', *Proceedings of the National Academy of Sciences*, 116 (2019), 201815994.

Moeller, H. V., Neubert, M. G., 'Multiple friends with benefits: an optimal mutualist management strategy?' *American Naturalist*, 187 (2016), E1–12.

Mohajeri, H. M., Brummer, R. J., Rastall, R. A., Weersma, R. K., Harmsen, H. J., Faas, M., Eggersdorfer, M., 'The role of the microbiome for human health: from basic science to clinical applications', *European Journal of*

Nutrition, 57 (2018), pp. 1–14.

Mohan, J. E., Cowden, C. C., Baas, P., Dawadi, A., Frankson, P. T., Helmick, K., Hughes, E., Khan, S., Lang, A., Machmuller, M. et al., 'Mycorrhizal fungi media-tion of terrestrial ecosystem responses to global change: mini-review', *Fungal Ecology*, 10 (2014), pp. 3–19.

Moisan, K., Cordovez, V., van de Zande, E. M., Raaijmakers, J. M., Dicke, M., Lucas-Barbosa, D., 'Volatiles of pathogenic and non-pathogenic soil-borne fungi affect plant development and resistance to insects', *Oecologia*, 190 (2019), pp. 589–604.

Monaco, E., 'The Secret History of Paris's Catacomb Mushrooms', *Atlas Obscura* (2017), www.atlasobscura.com/articles/paris-catacomb-mushrooms [accessed 29 October 2019].

Mondo, S. J., Lastovetsky, O. A., Gaspar, M. L., Schwardt, N. H., Barber, C. C., Riley, R., Sun, H., Grigoriev, I. V., Pawlowska, T. E., 'Bacterial endosymbionts influence host sexuality and reveal reproductive genes of early divergent fungi', *Nature Communications*, 8 (2017), 1843.

Money, N. P., 'More g's than the Space Shuttle: ballistospore discharge', *Mycologia*, 90 (1998), p. 547.

Money, N. P., 'Fungus punches its way in', *Nature*, 401 (1999), pp. 332–3.

Money, N. P., 'The fungal dining habit: a biomechanical perspective', *Mycologist*, 18 (2004a), pp. 71–6.

Money, N. P., 'Theoretical biology: mushrooms in cyberspace', *Nature*, 431 (2004b), p. 32.

Money, N. P., *Triumph of the Fungi: A Rotten History* (Oxford, Oxford University Press, 2007).

Money, N. P., 'Against the naming of fungi', *Fungal Biology*, 117 (2013), pp. 463–5. Money, N. P., *Fungi: A Very Short Introduction* (Oxford, Oxford University Press, 2016).

Money, N. P., *The Rise of Yeast* (Oxford, Oxford University Press, 2018). Montañez, I., 'A Late Paleozoic climate window of opportunity', *Proceedings of the National Academy of Sciences*, 113 (2016), pp. 2334–6.

Montiel-Castro, A. J., González-Cervantes, R. M., Bravo-Ruiseco, G., Pacheco-López, G., 'The microbiota-gut-brain axis: neurobehavioral correlates, health and social-ity', *Frontiers in Integrative Neuroscience*, 7 (2013), 70.

Moore, D., Hock, B., Greening, J. P., Kern, V. D., Frazer, L., Monzer, J., 'Gravimorphogenesis in agarics', *Mycological Research*, 100 (1996), pp. 257–73. Moore D., 'Graviresponses in fungi', *Advances in Space Research*, 17 (1996), pp. 73–82.

Moore, D., 'Principles of mushroom developmental biology', *International Journal of Medicinal Mushrooms*, 7 (2005), pp. 79–101.

Moore, D., *Fungal Biology in the Origin and Emergence of Life* (Cambridge, Cambridge University Press, 2013a).

Moore, D., *Slayers, Saviors, Servants, and Sex: An Exposé of Kingdom Fungi* (Springer International Publishing, 2013b).

Moore, D., Robson, G. D., Trinci, A. P. J., *21st-Century Guidebook to Fungi* (Cambridge, Cambridge University Press, 2011).

Mousavi, S. A., Chauvin, A., Pascaud, F., Kellenberger, S., Farmer, E. E., 'Glutamate receptor-like genes mediate leaf-to-leaf wound signalling', *Nature*, 500 (2013), pp. 422–6.

Muday, G. K., Brown-Harding, H., 'Nervous system-like signaling in plant defense', *Science*, 361 (2018), pp. 1068–9.

Mueller, R. C., Scudder, C. M., Whitham, T. G., Gehring, C. A., 'Legacy effects of tree mortality mediated by ectomycorrhizal fungal communities', *New Phytologist*, 224 (2019), pp. 155–65.

Muir, J., *The Yosemite* (New York, The Century Company, 1912), vault.sierra-club.org/john_muir_exhibit/writings/the_yosemite/ [accessed 29 October 2019].

Myers, N., 'Conversations on plant sensing: notes from the field', *NatureCulture*, 3 (2014), pp. 35–66.

Naef, R., 'The volatile and semi-volatile constituents of agarwood, the infected heartwood of *Aquilaria* species: a review', *Flavour and Fragrance Journal*, 26 (2011), pp. 73–87.

Nakagaki, T., Yamada, H., Tóth, A., 'Maze-solving by an amoeboid organism', *Nature*, 407 (2000), p. 470.

Nelsen, M. P., DiMichele, W. A., Peters, S. E., Boyce, K. C., 'Delayed fungal evolution did not cause the Paleozoic peak in coal production', *Proceedings of the National Academy of Sciences*, 113 (2016), pp. 2442–7.

Nelson, M. L., Dinardo, A., Hochberg, J., Armelagos, G. J., 'Mass spectroscopic characterization of tetracycline in the skeletal remains of an ancient population from Sudanese Nubia 350–550 ce', *American Journal of Physical Anthropology*, 143 (2010), pp. 151–4.

Newman, E. I., 'Mycorrhizal links between plants: their functioning and ecological significance', *Advances in Ecological Research*, 18 (1988), pp. 243–70.

Nikolova, I., Johanson, K. J., Dahlberg, A., 'Radiocaesium in fruitbodies and mycor-rhizae in ectomycorrhizal fungi', *Journal of Environmental Radioactivity*, 37 (1997), pp. 115–25.

Niksic, M., Hadzic, I., Glisic, M., 'Is *Phallus impudicus* a mycological giant?' *Mycologist*, 18 (2004), pp. 21–2.

Noë, R., Hammerstein, P., 'Biological markets', *Trends in Ecology & Evolution*, 10 (1995), pp. 336–9.

Noë, R., Kiers, T. E., 'Mycorrhizal markets, firms, and co-ops', *Trends in Ecology & Evolution*, 33 (2018), pp. 777–89.

Nordbring-Hertz, B., 'Morphogenesis in the nematode-trapping fungus *Arthrobotrys oligospora*–an extensive plasticity of infection structures', *Mycologist*, 18 (2004), pp. 125–33.

Nordbring-Hertz, B., Jansson, H., Tunlid, A., 'Nematophagous Fungi' in *Encyclopedia of Life Sciences* (Chichester, John Wiley, 2011).

Novikova, N., Boever, P., Poddubko, S., Deshevaya, E., Polikarpov, N., Rakova, N., Coninx, I., Mergeay, M., 'Survey of environmental biocontamination on board the International Space Station', *Research in Microbiology*, 157 (2006), pp. 5–12.

O'Malley, M. A., 'Endosymbiosis and its implications for evolutionary theory', *Proceedings of the National Academy of Sciences*, 112 (2015), pp. 10270–7.

O'Regan, H. J., Lamb, A. L., Wilkinson, D. M., 'The missing mushrooms: searching for fungi in ancient human dietary analysis', *Journal of Archaeological Science*, 75 (2016), pp. 139–43.

Oettmeier, C., Brix, K., Döbereiner, H.-G., '*Physarum polycephalum*–a new take on a classic model system', *Journal of Physics D: Applied Physics*, 50 (2017), p. 41.

Oliveira, A. G., Stevani, C. V., Waldenmaier, H. E., Viviani, V., Emerson, J. M., Loros, J. J., Dunlap, J. C., 'Circadian control sheds light on fungal bioluminescence', *Current Biology*, 25 (2015), pp. 964–8.

Olsson, S., 'Nutrient Translocation and Electrical Signalling in Mycelia', in eds. N. A. R. Gow, G. D. Robson and G. M. Gadd, *The Fungal Colony* (Cambridge, Cambridge University Press, 2009), pp. 25–48.

Olsson, S., Hansson, B., 'Action potential-like activity found in fungal mycelia is sensitive to stimulation', *Naturwissenschaften*, 82 (1995), pp. 30–1.

Oolbekkink, G. T., Kuyper, T. W., 'Radioactive caesium from Chernobyl in fungi', *Mycologist*, 3 (1989), pp. 3–6.

Orrell, P., *Linking Above and Below-Ground Interactions in Agro-Ecosystems: An Ecological Network Approach*, PhD thesis, University of Newcastle, Newcastle (2018), theses.ncl.ac.uk/jspui/handle/10443/4102 [accessed 29 October 2019].

Osborne, O. G., De-Kayne, R., Bidartondo, M. I., Hutton, I., Baker, W. J., Turnbull, C. G., Savolainen, V., 'Arbuscular mycorrhizal fungi promote coexistence and niche divergence of sympatric palm species on a remote oceanic island', *New Phytologist*, 217 (2018), pp. 1254–66.

Ott, J., 'Pharmaka, philtres, and pheromones. Getting high and getting off', *MAPS*, 12 (2002), pp. 26–32.

Otto, S., Bruni, E. P., Harms, H., Wick, L. Y., 'Catch me if you can: dispersal and foraging of *Bdellovibrio bacteriovorus* 109J along mycelia', *ISME Journal*, 11 (2017), pp. 386–93.

Ouellette, N. T., 'Flowing crowds', *Science*, 363 (2019), pp. 27–8.

Oukarroum, A., Gharous, M., Strasser, R. J., 'Does *Parmelina tiliacea* lichen pho-tosystem II survive at liquid nitrogen temperatures?' *Cryobiology*, 74 (2017), pp. 160–2.

Ovid, *Ovid: The Metamorphoses*, Gregory, H., trans. (New York, Viking Press, 1958).

Pagán, O. R., 'The brain: a concept in flux', *Philosophical Transactions of the Royal Society B*, 374 (2019),

20180383.

Paglia, C., *Sexual Personae: Art and Decadence from Nefertiti to Emily Dickinson* (New Haven, CT, Yale University Press, 2001).

Pan, X., Pike, A., Joshi, D., Bian, G., McFadden, M. J., Lu, P., Liang, X., Zhang, F., Raikhel, A. S., Xi, Z., 'The bacterium *Wolbachia* exploits host innate immunity to establish a symbiotic relationship with the dengue vector mosquito *Aedes aegypti*', *ISME Journal*, 12 (2017), pp. 277–88.

Patra, S., Banerjee, S., Terejanu, G., Chanda, A., 'Subsurface pressure profiling: a novel mathematical paradigm for computing colony pressures on substrate dur-ing fungal infections', *Scientific Reports*, 5 (2015), 12928.

Peay, K. G., 'The mutualistic niche: mycorrhizal symbiosis and community dynamics', *Annual Review of Ecology, Evolution, and Systematics*, 47 (2016), pp. 1–22.

Peay, K. G., Kennedy, P. G., Talbot, J. M., 'Dimensions of biodiversity in the Earth mycobiome', *Nature Reviews Microbiology*, 14 (2016), pp. 434–47.

Peintner, U., Poder, R., Pumpel, T., 'The iceman's fungi', *Mycological Research*, 102 (1998), pp. 1153–62.

Pennazza, G., Fanali, C., Santonico, M., Dugo, L., Cucchiarini, L., Dachà, M., D'Amico, A., Costa, R., Dugo, P., Mondello, L., 'Electronic nose and GC–MS analysis of volatile compounds in *Tuber magnatum* Pico: evaluation of different storage conditions', *Food Chemistry*, 136 (2013), pp. 668–74.

Pennisi, E., 'Chemicals released by bacteria may help gut control the brain, mouse study suggests', *Science* (2019a), www.sciencemag.org/news/2019/10/chemicals-released-bacteria-may-help-gut-control-brain-mouse-study-suggests [accessed 29 October 2019].

Pennisi, E., 'Algae suggest eukaryotes get many gifts of bacteria DNA', *Science* 363 (2019b), pp. 439–40.

Peris, J. E., Rodríguez, A., Peña, L., Fedriani, J., 'Fungal infestation boosts fruit aroma and fruit removal by mammals and birds', *Scientific Reports*, 7 (2017), 5646.

Perrottet, T., 'Mt. Rushmore', *Smithsonian Magazine* (2006), www.smithsonianmag. com/travel/mt-rushmore-116396890/ [accessed 29 October 2019].

Petri, G., Expert, P., Turkheimer, F., Carhart-Harris, R., Nutt, D., Hellyer, P., Vaccarino, F., 'Homological scaffolds of brain functional networks', *Journal of the Royal Society Interface*, 11 (2014), 20140873.

Pfeffer, C., Larsen, S., Song, J., Dong, M., Besenbacher, F., Meyer, R., Kjeldsen, K., Schreiber, L., Gorby, Y. A., El-Naggar, M. Y. et al., 'Filamentous bacteria transport electrons over centimetre distances', *Nature*, 491 (2012), pp. 218–21.

Phillips, R. P., Brzostek, E., Midgley, M. G., 'The mycorrhizal-associated nutrient economy: a new framework for predicting carbon–nutrient couplings in temper-ate forests', *New Phytologist*, 199 (2013), pp. 41–51.

Pickles, B., Egger, K., Massicotte, H., Green, D., 'Ectomycorrhizas and climate change', *Fungal Ecology*, 5 (2012), pp. 73–84.

Pickles, B. J., Wilhelm, R., Asay, A. K., Hahn, A. S., Simard, S. W., Mohn, W. W., 'Transfer of 13C between paired Douglas fir seedlings reveals plant kinship effects and uptake of exudates by ectomycorrhizas', *New Phytologist*, 214 (2017), pp. 400–11.

Pion, M., Spangenberg, J., Simon, A., Bindschedler, S., Flury, C., Chatelain, A., Bshary, R., Job, D., Junier, P., 'Bacterial farming by the fungus *Morchella crassipes*', *Proceedings of the Royal Society B*, 280 (2013), 20132242.

Pirozynski, K. A., Malloch, D. W., 'The origin of land plants: a matter of myco-trophism', *Biosystems*, 6 (1975), pp. 153–64.

Pither, J., Pickles, B. J., Simard, S. W., Ordonez, A., Williams, J. W., 'Below-ground biotic interactions moderated the postglacial range dynamics of trees', *New Phytologist*, 220 (2018), pp. 1148–60.

Policha, T., Davis, A., Barnadas, M., Dentinger, B. T., Raguso, R. A., Roy, B. A., 'Disentangling visual and olfactory signals in mushroom-mimicking *Dracula* orchids using realistic three-dimensional printed flowers', *New Phytologist*, 210 (2016), pp. 1058–71.

Pollan, M., 'The Intelligent Plant', *New Yorker* (2013), michaelpollan.com/articles-archive/the-intelligent-plant/ [accessed 29 October 2019].

Pollan, M., *How to Change Your Mind: The New Science of Psychedelics* (London, Penguin, 2018).

Popkin, G., 'Bacteria Use Brainlike Bursts of Electricity to Communicate', *Quanta* (2017), www.quantamagazine. org/bacteria-use-brainlike-bursts-of-electricity-to-communicate-20170905/ [accessed 29 October 2019].

Porada, P., Weber, B., Elbert, W., Pöschl, U., Kleidon, A., 'Estimating impacts of lichens and bryophytes on global biogeochemical cycles', *Global Biogeochemical Cycles*, 28 (2014), pp. 71–85.

Potts, S. G., Biesmeijer, J. C., Kremen, C., Neumann, P., Schweiger, O., Kunin, W. E., 'Global pollinator declines: trends, impacts and drivers', *Trends in Ecology & Evolution*, 25 (2010), pp. 345–53.

Poulsen, M., Hu, H., Li, C., Chen, Z., Xu, L., Otani, S., Nygaard, S., Nobre, T., Klaubauf, S., Schindler, P. M. et al., 'Complementary symbiont contributions to plant decomposition in a fungus-farming termite', *Proceedings of the National Academy of Sciences*, 111 (2014), pp. 14500–5.

Powell, J. R., Rillig, M. C., 'Biodiversity of arbuscular mycorrhizal fungi and eco-system function', *New Phytologist*, 220 (2018), pp. 1059–75.

Powell, M., *Medicinal Mushrooms: A Clinical Guide* (Bath, Mycology Press, 2014).

Pozo, M. J., López-Ráez, J. A., Azcón-Aguilar, C., García-Garrido, J. M., 'Phytohormones as integrators of environmental signals in the regulation of mycorrhizal symbi-oses', *New Phytologist*, 205 (2015), pp. 1431–6.

Prasad, S., 'An ingenious way to combat India's suffocating pollution', *Washington Post* (2018), www. washingtonpost.com/news/theworldpost/wp/2018/08/01/india-pollution/ [accessed 29 October 2019].

Pressel, S., Bidartondo, M. I., Ligrone, R., Duckett, J. G., 'Fungal symbioses in bryophytes: new insights in the twenty-first century', *Phytotaxa*, 9 (2010), pp. 238–53.

Prigogine, I., Stengers, I., *Order Out of Chaos: Man's New Dialogue with Nature* (New York, Bantam, 1984).

Prindle, A., Liu, J., Asally, M., Ly, S., Garcia-Ojalvo, J., Süel, G. M., 'Ion channels enable electrical communication in bacterial communities', *Nature*, 527 (2015), pp. 59–63.

Purschwitz, J., Müller, S., Kastner, C., Fischer, R., 'Seeing the rainbow: light sensing in fungi', *Current Opinion in Microbiology*, 9 (2006), pp. 566–71.

Quéré, C., Andrew, R. M., Friedlingstein, P., Sitch, S., Hauck, J., Pongratz, J., Pickers, P., Korsbakken, J., Peters, G. P., Canadell, J. G. et al., 'Global Carbon Budget 2018', *Earth System Science Data Discussions* (2018), doi. org/10.5194/ essd-2018–120.

Quintana-Rodriguez, E., Rivera-Macias, L. E., Adame-Alvarez, R. M., Torres, J., Heil, M., 'Shared weapons in fungus–fungus and fungus–plant interactions? Volatile organic compounds of plant or fungal origin exert direct antifungal activity *in vitro*', *Fungal Ecology*, 33 (2018), pp. 115–21.

Quirk. J., Andrews, M., Leake, J., Banwart, S., Beerling, D., 'Ectomycorrhizal fungi and past high CO_2 atmospheres enhance mineral weathering through increased below-ground carbon-energy fluxes', *Biology Letters*, 10 (2014), 20140375.

Rabbow, E., Horneck, G., Rettberg, P., Schott, J.-U., Panitz, C., L'Afflitto, A., von Heise-Rotenburg, R., Willnecker, R., Baglioni, P., Hatton, J. et al., 'EXPOSE, an astrobiological exposure facility on the International Space Station–from proposal to flight', *Origins of Life and Evolution of Biospheres*, 39 (2009), pp. 581–98.

Raes, J., 'Crowdsourcing Earth's microbes', *Nature*, 551 (2017), pp. 446–7.

Rambold, G., Stadler, M., Begerow, D., 'Mycology should be recognised as a field in biology at eye level with other major disciplines–a memorandum', *Mycological Progress*, 12 (2013), pp. 455–63.

Ramsbottom, J., *Mushrooms and Toadstools* (London, Collins, 1953).

Raverat, G., *Period Piece: A Cambridge Childhood* (London, Faber, 1952).

Rayner, A., *Degrees of Freedom* (London, World Scientific, 1997).

Rayner, A., Griffiths, G. S., Ainsworth, A. M., 'Mycelial Interconnectedness', in eds. N. A. R. Gow and G. M. Gadd, *The Growing Fungus* (London, Chapman and Hall, 1995), pp. 21–40.

Rayner, M., *Trees and Toadstools* (London, Faber, 1945).

Read, D., 'Mycorrhizal fungi: the ties that bind', *Nature*, 388 (1997), pp. 517–18.

Read, N., 'Fungal Cell Structure and Organization', in eds. C. C. Kibbler, R. Barton, N. A. R. Gow, S. Howell, S., MacCallum, D. M. Manuel, and R. J. *Oxford Textbook of Medical Mycology* (Oxford, Oxford University Press, 2018), pp. 23–34.

Read, N. D., Lichius, A., Shoji, J., Goryachev, A. B., 'Self-signalling and self-fusion in filamentous fungi', *Current Opinion in Microbiology*, 12 (2009), pp. 608–15.

Redman, R. S., Rodriguez, R. J., 'The Symbiotic Tango: Achieving Climate-Resilient Crops via Mutualistic Plant–Fungus Relationships', in ed. S. Doty, *Functional Importance of the Plant Microbiome, Implications for Agriculture, Forestry and Bioenergy* (Springer International Publishing, 2017), pp. 71–87.

Rees, B., Shepherd, V. A., Ashford, A. E., 'Presence of a motile tubular vacuole sys-tem in different phyla of fungi', *Mycological Research*, 98 (1994), pp. 985–92.

Reid, C. R., Latty, T., Dussutour, A., Beekman, M., 'Slime mold uses an external-ized spatial "memory" to navigate in complex environments', *Proceedings of the National Academy of Sciences*, 109 (2012), pp. 17490–4.

Relman, D. A., ' "Til death do us part" : coming to terms with symbiotic relationships', *Nature Reviews Microbiology*, 6 (2008), pp. 721–4.

Reynaga-Peña, C. G., Bartnicki-García, S., 'Cytoplasmic contractions in growing fungal hyphae and their morphogenetic consequences', *Archives of Microbiology*, 183 (2005), pp. 292–300.

Reynolds, H. T., Vijayakumar, V., Gluck-Thaler, E., Korotkin, H., Matheny, P., Slot, J. C., 'Horizontal gene cluster transfer increased hallucinogenic mushroom diversity', *Evolution Letters*, 2 (2018), pp. 88–101.

Rich, A., 'Notes toward a Politics of Location', in *Blood, Bread, and Poetry: Selected Prose, 1979–1985* (New York, W. W. Norton, 1994).

Richards, T. A., Leonard, G., Soanes, D. M., Talbot, N. J., 'Gene transfer into the fungi', *Fungal Biology Reviews*, 25 (2011), pp. 98–110.

Rillig, M. C., Aguilar-Trigueros, C. A., Camenzind, T., Cavagnaro, T. R., Degrune, F., Hohmann, P., Lammel, D. R., Mansour, I., Roy, J., van der Heijden, M. G. et al., 'Why farmers should manage the arbuscular mycorrhizal symbiosis: a response to Ryan & Graham (2018), "Little evidence that farmers should consider abundance or diversity of arbuscular mycorrhizal fungi when managing crops" ', *New Phytologist*, 222 (2019), pp. 1171–5.

Rillig, M. C., Lehmann, A., Lehmann, J., Camenzind, T., Rauh, C., 'Soil biodiversity effects from field to fork', *Trends in Plant Science*, 23 (2018), pp. 17–24.

Riquelme, M., 'Tip growth in filamentous fungi: a road trip to the apex', *Microbiology*, 67 (2012), pp. 587–609.

Ritz, K., Young, I., 'Interactions between soil structure and fungi', *Mycologist*, 18 (2004), pp. 52–9.

Robinson, J. M., 'Lignin, land plants, and fungi: biological evolution affecting Phanerozoic oxygen balance', *Geology*, 18 (1990), pp. 607–10.

Rodriguez, R., White, J. F., Arnold, A., Redman, R., 'Fungal endophytes: diversity and functional roles', *New Phytologist*, 182 (2009), pp. 314–30.

Rodriguez-Romero, J., Hedtke, M., Kastner, C., Müller, S., Fischer, R., 'Fungi, hid-den in soil or up in the air: light makes a difference', *Microbiology*, 64 (2010), pp. 585–610.

Rogers, R., *The Fungal Pharmacy* (Berkeley, CA, North Atlantic Books, 2012). Roper, M., Dressaire, E., 'Fungal biology: bidirectional communication across fungal networks', *Current Biology*, 29 (2019), R130–2.

Roper, M., Lee, C., Hickey, P. C., Gladfelter, A. S., 'Life as a moving fluid: fate of cytoplasmic macromolecules in dynamic fungal syncytia', *Current Opinion in Microbiology*, 26 (2015), pp. 116–22.

Roper, M., Seminara, A., 'Mycofluidics: the fluid mechanics of fungal adaptation', *Annual Review of Fluid Mechanics*, 51 (2017), pp. 1–28.

Roper, M., Seminara, A., Bandi, M., Cobb, A., Dillard, H. R., Pringle, A., 'Dispersal of fungal spores on a cooperatively generated wind', *Proceedings of the National Academy of Sciences*, 107 (2010), pp. 17474–9.

Roper, M., Simonin, A., Hickey, P. C., Leeder, A., Glass, L. N., 'Nuclear dynamics in a fungal chimera', *Proceedings of the National Academy of Sciences*, 110 (2013), pp. 12875–80.

Ross, A. A., Müller, K. M., Weese, J. S., Neufeld, J. D., 'Comprehensive skin microbiome analysis reveals the uniqueness of human skin and evidence for phylosymbiosis within the class Mammalia', *Proceedings of the National Academy of Sciences*, 115 (2018), E5786–95.

Ross, S., Bossis, A., Guss, J., Agin-Liebes, G., Malone, T., Cohen, B., Mennenga, S., Belser, A., Kalliontzi, K., Babb, J. et al., 'Rapid and sustained symptom reduction following psilocybin treatment for anxiety and depression in patients with life-threatening cancer: a randomized controlled trial', *Journal of Psychopharmacology*, 30 (2016), pp. 1165–80.

Roughgarden, J., *Evolution's Rainbow* (Berkeley, University of California Press, 2013).

Rouphael, Y., Franken, P., Schneider, C., Schwarz, D., Giovannetti, M., Agnolucci, M., Pascale, S., Bonini, P., Colla, G., 'Arbuscular mycorrhizal fungi act as biostimulants in horticultural crops', *Scientia Horticulturae*, 196 (2015), pp. 91–108.

Rubini, A., Riccioni, C., Arcioni, S., Paolocci, F., 'Troubles with truffles: unveiling more of their biology', *New Phytologist*, 174 (2007), pp. 256–9.

Russell, B., *Portraits from Memory and Other Essays* (New York, Simon and Schuster, 1956).

Ryan, M. H., Graham, J. H., 'Little evidence that farmers should consider abun-dance or diversity of arbuscular mycorrhizal fungi when managing crops', *New Phytologist*, 220 (2018), pp. 1092–1107.

Sagan, L., 'On the origin of mitosing cells', *Journal of Theoretical Biology*, 14 (1967), pp. 225–74.

Salvador-Recatalà, V., Tjallingii, F. W., Farmer, E. E., 'Real-time, *in vivo* intracellular recordings of caterpillar-induced depolarization waves in sieve elements using aphid electrodes', *New Phytologist*, 203 (2014), pp. 674–84.

Sample, I., 'Magma shift may have caused mysterious seismic wave event', *Guardian* (2018), www.theguardian.com/science/2018/nov/30/magma-shift-mysterious-seismic-wave-event-mayotte [accessed 29 October 2019].

Samorini, G., *Animals and Psychedelics: The Natural World and the Instinct to Alter Consciousness* (Rochester, VT, Park Street Press, 2002).

Sancho, L. G., de la Torre, R., Pintado, A., 'Lichens, new and promising material from experiments in astrobiology', *Fungal Biology Reviews*, 22 (2008), pp. 103–9.

Sapp, J., *Evolution by Association* (Oxford, Oxford University Press, 1994).

Sapp, J., 'The dynamics of symbiosis: an historical overview', *Canadian Journal of Botany*, 82 (2004), pp. 1046–56.

Sapp, J., *The New Foundations of Evolution* (Oxford, Oxford University Press, 2009).

Sapp, J., 'The symbiotic self', *Evolutionary Biology*, 43 (2016), pp. 596–603.

Sapsford, S. J., Paap, T., Hardy, G. E., Burgess, T. I., 'The "chicken or the egg": which comes first, forest tree decline or loss of mycorrhizae?' *Plant Ecology*, 218 (2017), pp. 1093–1106.

Sarrafchi, A., Odhammer, A. M., Salazar, L., Laska, M., 'Olfactory sensitivity for six predator odorants in cd-1 mice, human subjects, and spider monkeys', *PLOS ONE*, 8 (2013), e80621.

Saupe, S., 'Molecular genetics of heterokaryon incompatibility in filamentous asco-mycetes', *Microbiology and Molecular Biology Reviews*, 64 (2000), pp. 489–502.

Scharf, C., 'How the Cold War Created Astrobiology', *Nautilus* (2016), nautil.us/issue/32/space/how-the-cold-war-created-astrobiology-rp [accessed 29 October 2019].

Scharlemann, J. P., Tanner, E. V., Hiederer, R., Kapos, V., 'Global soil carbon: under-standing and managing the largest terrestrial carbon pool', *Carbon Management*, 5 (2014), pp. 81–91.

Schenkel, D., Maciá-Vicente, J. G., Bissell, A., Splivallo, R., 'Fungi indirectly affect plant root architecture by modulating soil volatile organic compounds', *Frontiers in Microbiology*, 9 (2018), 1847.

Schmieder, S. S., Stanley, C. E., Rzepiela, A., van Swaay, D., Sabotic̆, J., Nørrelykke, S. F., deMello, A. J., Aebi, M., Künzler, M., 'Bidirectional propagation of signals and nutrients in fungal networks via specialized hyphae',

Current Biology, 29 (2019), pp. 217–28.

Schmull, M., Dal-Forno, M., Lücking, R., Cao, S., Clardy, J., Lawrey, J. D., '*Dictyonema huaorani* (Agaricales: Hygrophoraceae), a new lichenized basidiomycete from Amazonian Ecuador with presumed hallucinogenic properties', *Bryologist*, 117 (2014), pp. 386–94.

Schultes, R., Hofmann, A., Rätsch, C., *Plants of the Gods: Their Sacred, Healing, and Hallucinogenic Powers,* 2nd edition (Rochester, VT, Healing Arts Press, 2001).

Schultes, R. E., 'Teonanacatl: the narcotic mushroom of the Aztecs', *American Anthropologist*, 42 (1940), pp. 429–43.

Seaward, M., 'Environmental Role of Lichens', in ed. T. H. Nash, *Lichen Biology* (Cambridge, Cambridge University Press, 2008), pp. 274–98.

Selosse, M.-A., 'Prototaxites: a 400-Myr-old giant fossil, a saprophytic holobasidio-mycete, or a lichen?' *Mycological Research*, 106 (2002), pp. 641–4.

Selosse, M.-A., Schneider-Maunoury, L., Martos, F., 'Time to re-think fungal ecology? Fungal ecological niches are often prejudged', *New Phytologist*, 217 (2018), pp. 968–72.

Selosse, M.-A., Schneider-Maunoury, L., Taschen E., Rousset, F., Richard, F., 'Black truffle, a hermaphrodite with forced unisexual behaviour', *Trends in Microbiology*, 25 (2017), pp. 784–7.

Selosse, M.-A., Strullu-Derrien, C., Martin, F. M., Kamoun, S., Kenrick, P., 'Plants, fungi and oomycetes: a 400-million-year affair that shapes the biosphere', *New Phytologist*, 206 (2015), pp. 501–6.

Selosse, M.-A., Tacon, L. F., 'The land flora: a phototroph–fungus partnership?' *Trends in Ecology & Evolution*, 13 (1998), pp. 15–20.

Sergeeva, N. G., Kopytina, N. I., 'The first marine filamentous fungi discovered in the bottom sediments of the oxic/anoxic interface and in the bathyal zone of the Black Sea', *Turkish Journal of Fisheries and Aquatic Sciences*, 14 (2014), pp. 497–505.

Sheldrake, M., Rosenstock, N. P., Revillini, D., Olsson, P. A., Wright, S. J., Turner, B. L, 'A phosphorus threshold for mycoheterotrophic plants in tropical forests', *Proceedings of the Royal Society B*, 284 (2017), 20162093.

Shepherd, V., Orlovich, D., Ashford, A., 'Cell-to-cell transport via motile tubules in growing hyphae of a fungus', *Journal of Cell Science*, 105 (1993), pp. 1173–8.

Shomrat, T., Levin, M., 'An automated training paradigm reveals long-term memory in planarians and its persistence through head regeneration', *Journal of Experimental Biology*, 216 (2013), pp. 3799–3810.

Shukla, V., Joshi, G. P., Rawat, M. S. M., 'Lichens as a potential natural source of bioactive compounds: a review', *Phytochemical Reviews*, 9 (2010), pp. 303–14.

Siegel, R. K., *Intoxication: The Universal Drive for Mind-Altering Substances* (Rochester, VT, Park Street Press, 2005).

Silvertown, J., 'A new dawn for citizen science', *Trends in Ecology & Evolution*, 24 (2009), pp. 467–71.

Simard, S., 'Mycorrhizal Networks Facilitate Tree Communication, Learning, and Memory', in eds. F. Baluska, M. Gagliano and G. Witzany, *Memory and Learning in Plants* (Springer International Publishing, 2018), pp. 191–213.

Simard, S., Asay, A., Beiler, K., Bingham, M., Deslippe, J., He, X., Phillip, L., Song, Y., Teste, F., 'Resource Transfer between Plants through Ectomycorrhizal Fungal Networks', in ed. T. Horton, *Mycorrhizal Networks* (Springer International Publishing, 2015), pp. 133–76.

Simard, S. W., Beiler, K. J., Bingham, M. A., Deslippe, J. R., Philip, L. J., Teste, F. P., 'Mycorrhizal networks: mechanisms, ecology and modelling', *Fungal Biology Reviews*, 26 (2012), pp. 39–60.

Simard, S., Perry, D. A., Jones, M. D., Myrold, D. D., Durall, D. M., Molina, R., 'Net transfer of carbon between ectomycorrhizal tree species in the field', *Nature*, 388 (1997), pp. 579–82.

Singh, H., *Mycoremediation* (New York, John Wiley, 2006).

Slayman, C., Long, W., Gradmann, D., ' "Action potentials" in *Neurospora crassa*, a mycelial fungus', *Biochimica et Biophysica Acta*, 426 (1976), pp. 732–44.

Smith, S. E., Read, D. J., *Mycorrhizal Symbiosis* (London, Academic Press, 2008).

Solé, R., Moses, M., Forrest, S., 'Liquid brains, solid brains', *Philosophical Transactions of the Royal Society B*, 374 (2019), 20190040.

Soliman, S., Greenwood, J. S, Bombarely, A., Muelle, L. A., Tsao, R. Mosser, D. D., Raizada, M. N., 'An endophyte constructs fungicide-containing extracellular bar-riers for its host plant', *Current Biology*, 25 (2015), pp. 2570–6.

Song, Y., Zeng, R., 'Interplant communication of tomato plants through underground common mycorrhizal networks', *PLOS ONE*, 5 (2010), e11324.

Song, Y., Simard, S. W., Carroll, A., Mohn, W. W., Zeng, R., 'Defoliation of interior Douglas fir elicits carbon transfer and stress signalling to ponderosa pine neigh-bors through ectomycorrhizal networks', *Scientific Reports*, 5 (2015a), 8495.

Song, Y., Ye, M., Li, C., He, X., Zhu-Salzman, K., Wang, R., Su, Y., Luo, S., Zeng, R., 'Hijacking common mycorrhizal networks for herbivore-induced defence signal transfer between tomato plants', *Scientific Reports*, 4 (2015b), 3915.

Southworth, D., He, X.-H., Swenson, W., Bledsoe, C., Horwath, W., 'Application of network theory to potential mycorrhizal networks', *Mycorrhiza*, 15 (2005), pp. 589–95.

Spanos, N. P., Gottleib, J., 'Ergotism and the Salem village witch trials', *Science*, 194 (1976), pp. 1390–4.

Splivallo, R., Novero, M., Bertea, C. M., Bossi, S., Bonfante, P., 'Truffle volatiles inhibit growth and induce an oxidative burst in *Arabidopsis thaliana*', *New Phytologist*, 175 (2007), pp. 417–24.

Splivallo, R., Fischer, U., Göbel, C., Feussner, I., Karlovsky, P., 'Truffles regulate plant root morphogenesis via the production of auxin and ethylene', *Plant Physiology*, 150 (2009), pp. 2018–29.

Splivallo, R., Ottonello, S., Mello, A., Karlovsky, P., 'Truffle volatiles: from chemi-cal ecology to aroma biosynthesis', *New Phytologist*, 189 (2011), pp. 688–99.

Spribille, T., Tuovinen, V., Resl, P., Vanderpool, D., Wolinski, H., Aime, C. M., Schneider, K., Stabentheiner, E., Toome-Heller, M., Thor, G. et al., 'Basidiomycete yeasts in the cortex of ascomycete macrolichens', *Science*, 353 (2016), pp. 488–92.

Spribille, T., 'Relative symbiont input and the lichen symbiotic outcome', *Current Opinion in Plant Biology*, 44 (2018), pp. 57–63.

Stamets, P., *Psilocybin Mushrooms of the World* (Berkeley, CA, Ten Speed Press, 1996).

Stamets, P., 'Global Ecologies, World Distribution and Relative Potency of Psilocybin Mushrooms', in ed. R. Metzner, *Sacred Mushroom of Visions: Teonanacatl* (Rochester, VT, Park Street Press, 2005), pp. 69–75.

Stamets, P., *Mycelium Running* (Berkeley, CA, Ten Speed Press, 2011).

Stamets, P. E., Naeger, N. L., Evans, J. D., Han, J. O., Hopkins, B. K., Lopez, D., Moershel, H. M., Nally, R., Sumerlin, D., Taylor, A. W. et al., 'Extracts of polypore mushroom mycelia reduce viruses in honey bees', *Scientific Reports*, 8 (2018), 3936.

State of the World's Fungi (Kew, Royal Botanic Gardens, 2018), stateoftheworldsfungi. org [accessed 29 October 2019].

Steele, E. J., Al-Mufti, S., Augustyn, K. A., Chandrajith, R., Coghlan, J. P., Coulson, S. G., Ghosh, S., Gillman, M., Gorczynski, R. M., Klyce, B. et al., 'Cause of Cambrian explosion–terrestrial or cosmic?' *Progress in Biophysics and Molecular Biology*, 136 (2018) pp. 3–23.

Steidinger, B., Crowther, T., Liang, J., Nuland, V. M., Werner, G., Reich, P., Nabuurs, G., de-Miguel, S., Zhou, M., Picard, N. et al., 'Climatic controls of decomposition drive the global biogeography of forest–tree symbioses', *Nature*, 569 (2019), pp. 404–8.

Steinberg, G., 'Hyphal growth: a tale of motors, lipids and the *Spitzenkörper*', *Eukaryotic Cell*, 6 (2007), pp. 351–60.

Steinhardt, J. B., *Mycelium is the Message: Open Science, Ecological Values and Alternative Futures with Do-It-Yourself Mycologists* (PhD thesis, University of California, Santa Barbara, 2018).

Stierle, A., Strobel, G., Stierle, D., 'Taxol and taxane production by *Taxomyces andreanae*, an endophytic fungus of Pacific yew', *Science*, 260 (1993), pp. 214–16.

Stough, J. M., Yutin, N., Chaban, Y. V., Moniruzzaman, M., Gann, E. R., Pound, H. L., Steffen, M. M., Black, J. N., Koonin, E. V., Wilhelm, S. W. et al., 'Genome and environmental activity of a chrysochromulina parva virus and its virophages', *Frontiers in Microbiology*, 10 (2019), 703.

Strullu-Derrien, C., Selosse, M.-A., Kenrick, P., Martin, F. M., 'The origin and evolu-tion of mycorrhizal symbioses: from palaeomycology to phylogenomics', *New Phytologist*, 220 (2018), pp. 1012–30.

Studerus, E., Kometer, M., Hasler, F., Vollenweider, F. X., 'Acute, subacute and long-term subjective effects of psilocybin in healthy humans: a pooled analysis of experimental studies', *Journal of Psychopharmacology*, 25 (2011), pp. 1434–52.

Stukeley, W., *Memories of Sir Isaac Newton's Life* (Unpublished, 1752; available from website of the Royal Society: ttp.royalsociety.org/ttp/ttp.html?id=1807da00-[accessed 29 October 2019].

Suarato, G., Bertorelli, R., Athanassiou, A., 'Borrowing from nature: biopolymers and biocomposites as smart wound care materials', *Frontiers in Bioengineering and Biotechnology*, 6 (2018), 137.

Sudbery, P., Gow, N., Berman, J., 'The distinct morphogenic states of *Candida albi-cans*', *Trends in Microbiology*, 12 (2004), pp. 317–24.

Swift, R. S., 'Sequestration of carbon by soil', *Soil Science*, 166 (2001), pp. 858–71.

Taiz, L., Alkon, D., Draguhn, A., Murphy, A., Blatt, M., Hawes, C., Thiel, G., Robinson, D. G., 'Plants neither possess nor require consciousness', *Trends in Plant Science*, 24 (2019), pp. 677–87.

Takaki, K., Yoshida, K., Saito, T., Kusaka, T., Yamaguchi, R., Takahashi, K., Sakamoto, Y., 'Effect of electrical stimulation on fruit body formation in cultivating mush-rooms', *Microorganisms*, 2 (2014), pp. 58–72.

Talou, T., Gaset, A., Delmas, M., Kulifaj, M., Montant, C., 'Dimethyl sulphide: the secret for black truffle hunting by animals?' *Mycological Research*, 94 (1990), pp. 277–8.

Tanney, J. B., Visagie, C. M., Yilmaz, N., Seifert, K. A., 'Aspergillus subgenus *Polypaecilum* from the built environment', *Studies in Mycology*, 88 (2017), pp. 237–67.

Taschen, E., Rousset, F., Sauve, M., Benoit, L., Dubois, M.-P., Richard, F., Selosse, M.-A., 'How the truffle got its mate: insights from genetic structure in spontane-ous and planted Mediterranean populations of *Tuber melanosporum*', *Molecular Ecology*, 25 (2016), pp. 5611–27.

Taylor, A., Flatt, A., Beutel, M., Wolff, M., Brownson, K., Stamets, P., 'Removal of *Escherichia coli* from synthetic stormwater using mycofiltration', *Ecological Engineering*, 78 (2015), pp. 79–86.

Taylor, L., Leake, J., Quirk, J., Hardy, K., Banwart, S., Beerling, D., 'Biological weathering and the long-term carbon cycle: integrating mycorrhizal evolution and function into the current paradigm', *Geobiology*, 7 (2009), pp. 171–91.

Taylor, T., Klavins, S., Krings, M., Taylor, E., Kerp, H., Hass, H., 'Fungi from the Rhynie chert: a view from the dark side', *Transactions of the Royal Society of Edinburgh: Earth Sciences*, 94 (2007), pp. 457–73.

Temple, R., 'The prehistory of panspermia: astrophysical or metaphysical?' *International Journal of Astrobiology*, 6 (2007), pp. 169–80.

Tero, A., Takagi, S., Saigusa, T., Ito, K., Bebber, D. P., Fricker, M. D., Yumiki, K., Kobayashi, R., Nakagaki, T., 'Rules for biologically inspired adaptive network design', *Science*, 327 (2010), pp. 439–42.

Terrer, C., Vicca, S., Hungate, B. A., Phillips, R. P., Prentice, I. C., 'Mycorrhizal association as a primary control of the CO2 fertilization effect', *Science*, 353 (2016), pp. 72–4.

Thierry, G., 'Lab-grown mini brains: we can't dismiss the possibility that they could one day outsmart us', *Conversation* (2019), theconversation.com/ lab-grown-mini-brains-we-cant-dismiss-the-possibility-that-they-could-one-day-outsmart-us-125842 [accessed 29 October 2019].

Thirkell, T. J., Charters, M. D., Elliott, A. J., Sait, S. M., Field, K. J., 'Are mycorrhi-zal fungi our sustainable saviours? Considerations for achieving food security', *Journal of Ecology*, 105 (2017), pp. 921–9.

Thirkell, T. J., Pastok, D., Field, K. J., 'Carbon for nutrient exchange between arbus-cular mycorrhizal fungi and wheat varies according to cultivar and changes in atmospheric carbon dioxide concentration', *Global Change Biology* (2019), DOI: 10.1111/gcb.14851.

Thomas, P., Büntgen, U., 'First harvest of Périgord black truffle in the UK as a result of climate change', *Climate Research*, 74 (2017), pp. 67–70.

Tilman, D., Balzer, C., Hill, J., Befort, B. L., 'Global food demand and the sustainable intensification of agriculture', *Proceedings of the National Academy of Sciences*, 108 (2011), pp. 20260–4.

Tilman, D., Cassman, K. G., Matson, P. A., Naylor, R., Polasky, S., 'Agricultural sustainability and intensive production practices', *Nature*, 418 (2002), pp. 671–7.

Tkavc, R., Matrosova, V. Y., Grichenko, O. E., Gostinčˇar, C., Volpe, R. P., Klimenkova, P., Gaidamakova, E. K., Zhou, C. E., Stewart, B. J., Lyman, M. G. et al., 'Prospects for fungal bioremediation of acidic radioactive waste sites: characteri-zation and genome sequence of *Rhodotorula taiwanensis* MD1149', *Frontiers in Microbiology*, 8 (2018), 2528.

Tlalka, M., Hensman, D., Darrah, P., Watkinson, S., Fricker, M. D., 'Noncircadian oscillations in amino acid transport have complementary profiles in assimilatory and foraging hyphae of *Phanerochaete velutina*', *New Phytologist*, 158 (2003), pp. 325–35.

Tlalka, M., Bebber, D. P., Darrah, P. R., Watkinson, S. C., Fricker, M. D., 'Emergence of self-organised oscillatory domains in fungal mycelia', *Fungal Genetics and Biology*, 44 (2007), pp. 1085–95.

Toju, H., Guimarães, P. R., Olesen, J. M., Thompson, J. N., 'Assembly of complex plant–fungus networks', *Nature Communications*, 5 (2014), 5273.

Toju, H., Yamamoto, S., Tanabe, A. S., Hayakawa, T., Ishii, H. S., 'Network modules and hubs in plant-root fungal biomes', *Journal of the Royal Society Interface*, 13 (2016), 20151097.

Toju, H., Peay, K. G., Yamamichi, M., Narisawa, K., Hiruma, K., Naito, K., Fukuda, S., Ushio, M., Nakaoka, S., Onoda, Y. et al., 'Core microbiomes for sustainable agroecosystems', *Nature Plants*, 4 (2018), pp. 247–57.

Toju, H., Sato, H., 'Root-associated fungi shared between arbuscular mycorrhizal and ectomycorrhizal conifers in a temperate forest', *Frontiers in Microbiology*, 9 (2018), 433.

Tolkien, J. R. R., *The Lord of the Rings* (London, Harper Collins, 2014).

Tornberg, K., Olsson, S., 'Detection of hydroxyl radicals produced by wood-decom-posing fungi', *FEMS Microbiology Ecology*, 40 (2002), pp. 13–20.

Torri, L., Migliorini, P., Masoero, G., 'Sensory test vs. electronic nose and/or image analysis of whole bread produced with old and modern wheat varieties adju-vanted by means of the mycorrhizal factor', *Food Research International*, 54 (2013), pp. 1400–8.

Toyota, M., Spencer, D., Sawai-Toyota, S., Jiaqi, W., Zhang, T., Koo, A. J., Howe, G. A., Gilroy, S., 'Glutamate triggers long-distance, calcium-based plant defense signaling', *Science*, 361 (2018), pp. 1112–5.

Trappe, J., 'Foreword', in ed. T. Horton, *Mycorrhizal Networks* (Springer International Publishing, 2015).

Trappe, J. M., 'A. B. Frank and mycorrhizae: the challenge to evolutionary and ecologic theory', *Mycorrhiza*, 15 (2005), pp. 277–81.

Trewavas, A., 'Response to Alpi et al.: Plant neurobiology–all metaphors have value', *Trends in Plant Science*, 12 (2007), pp. 231–33.

Trewavas, A., *Plant Behaviour and Intelligence* (Oxford, Oxford University Press, 2014).

Trewavas, A., 'Intelligence, cognition, and language of green plants', *Frontiers in Psychology*, 7 (2016), 588.

Trivedi, D. K., Sinclair, E., Xu, Y., Sarkar, D., Walton-Doyle, C., Liscio, C., Banks, P., Milne, J., Silverdale, M., Kunath, T. et al., 'Discovery of volatile biomarkers of Parkinson's disease from sebum', *ACS Central Science*, 5 (2019), pp. 599–606.

Tsing, A. L., *The Mushroom at the End of the World* (Princeton, NJ, Princeton University Press, 2015).

Tuovinen, V., Ekman, S., Thor, G., Vanderpool, D., Spribille, T., Johannesson, H., 'Two basidiomycete fungi in the cortex of wolf lichens', *Current Biology*, 29 (2019), pp. 476–83.

Tyne, D., Manson, A. L., Huycke, M. M., Karanicolas, J., Earl, A. M., Gilmore, M. S., 'Impact of antibiotic treatment and host innate immune pressure on entero-coccal adaptation in the human bloodstream', *Science Translational Medicine*, 11 (2019), eaat8418.

Umehata, H., Fumagalli, M., Smail, I., Matsuda, Y., Swinbank, A. M., Cantalupo, S., Sykes, C., Ivison, R. J., Steidel, C. C., Shapley, A. E. et al., 'Gas filaments of the cosmic web located around active galaxies in a protocluster', *Science*, 366 (2019), pp. 97–100.

Vadder, F., Grasset, E., Holm, L., Karsenty, G., Macpherson, A. J., Olofsson, L. E., Bäckhed, F., 'Gut microbiota regulates maturation of the adult enteric nervous system via enteric serotonin networks', *Proceedings of the National Academy of Sciences*, 115 (2018), pp. 6458–63.

Vahdatzadeh, M., Deveau, A., Splivallo, R., 'The role of the microbiome of truffles in aroma formation: a meta-analysis approach', *Applied and Environmental Microbiology*, 81 (2015), pp. 6946–52.

Vajda, V., McLoughlin, S., 'Fungal proliferation at the cretaceous–tertiary bound-ary', *Science*, 303 (2004), p. 1489.

Valles-Colomer, M., Falony, G., Darzi, Y., Tigchelaar, E., Wang, J., Tito, R. Y., Schiweck, C., Kurilshikov, A., Joossens, M., Wijmenga, C. et al., 'The neuroactive potential of the human gut microbiota in quality of life and depression', *Nature Microbiology* (2019), pp. 623–32.

van Delft, F. C., Ipolitti, G., Nicolau, D. V., Perumal, A., Kašpar, O., Kheireddine, S., Wachsmann-Hogiu, S., Nicolau, D. V., 'Something has to give: scaling com-binatorial computing by biological agents exploring physical networks encoding NP-complete problems', *Journal of the Royal Society Interface Focus*, 8 (2018), 20180034.

van der Heijden, M. G., Bardgett, R. D., Straalen, N. M., 'The unseen majority: soil microbes as drivers of plant diversity and productivity in terrestrial ecosystems', *Ecology Letters*, 11 (2008), pp. 296–310.

van der Heijden, M. G., Horton, T. R., 'Socialism in soil? The importance of mycor-rhizal fungal networks for facilitation in natural ecosystems', *Journal of Ecology*, 97 (2009), pp. 1139–50.

van der Heijden, M. G., Walder, F., 'Reply to "Misconceptions on the application of biological market theory to the mycorrhizal symbiosis" ', *Nature Plants*, 2 (2016), 16062.

van der Heijden, M. G., 'Underground networking', *Science*, 352 (2016), pp. 290–1.

van der Heijden, M. G., Dombrowski, N., Schlaeppi, K., 'Continuum of root–fungal symbioses for plant nutrition', *Proceedings of the National Academy of Sciences*, 114 (2017), pp. 11574–6.

van der Linde, S., Suz, L. M., Orme, D. C., Cox, F., Andreae, H., Asi, E., Atkinson, B., Benham, S., Carroll, C., Cools, N. et al., 'Environment and host as large-scale controls of ectomycorrhizal fungi', *Nature*, 558 (2018), pp. 243–8.

Van Tyne, D., Manson, A. L., Huycke, M. M., Karanicolas, J., Earl, A. M., Gilmore, M. S., 'Impact of antibiotic treatment and host innate immune pressure on ente-rococcal adaptation in the human bloodstream', *Science Translational Medicine*, 487 (2019), eaat8418.

Vannini, C., Carpentieri, A., Salvioli, A., Novero, M., Marsoni, M., Testa, L., Pinto, M., Amoresano, A., Ortolani, F., Bracale, M. et al., 'An interdomain network: the endobacterium of a mycorrhizal fungus promotes antioxidative responses in both fungal and plant hosts', *New Phytologist*, 211 (2016), pp. 265–75.

Venner, S., Feschotte, C., Biémont, C., 'Dynamics of transposable elements: towards a community ecology of the genome', *Trends in Genetics*, 25 (2009), pp. 317–23.

Verbruggen, E., Röling, W. F., Gamper, H. A., Kowalchuk, G. A., Verhoef, H. A., van der Heijden, M. G., 'Positive effects of organic farming on below-ground mutual-ists: large-scale comparison of mycorrhizal fungal communities in agricultural soils', *New Phytologist*, 186 (2010), pp. 968–79.

Vetter, W., Roberts, D., 'Revisiting the organohalogens associated with 1979-samples of Brazilian bees (*Eufriesea purpurata*)', *Science of the Total Environment*, 377 (2007), pp. 371–7.

Vita, F., Taiti, C., Pompeiano, A., Bazihizina, N., Lucarotti, V., Mancuso, S., Alpi, A., 'Volatile organic compounds in truffle (*Tuber magnatum* Pico): comparison of samples from different regions of Italy and from different seasons', *Scientific Reports*, 5 (2015), 12629.

Viveiros de Castro, E., 'Exchanging perspectives: the transformation of objects into subjects in amerindian ontologies', *Common Knowledge* (2004), pp. 463–84.

von Bertalanffy, L., *Modern Theories of Development: An Introduction to Theoretical Biology* (London, Humphrey Milford, 1933).

von Humboldt, A., *Kosmos: Entwurf einer physische Weltbeschreibung* (Stuttgart and Tübingen, J. G. Cotta'schen Buchhandlungen, 1845) archive.org/details/ b29329693_0001 [accessed 29 October 2019].

von Humboldt, A., *Cosmos: A Sketch of Physical Description of the Universe* (London, Henry G. Bohn, 1849).

Wadley, G., Hayden, B., 'Pharmacological influences on the Neolithic Transition', *Journal of Ethnobiology*, 35 (2015), pp. 566–84.

Wagg, C., Bender, F. S., Widmer, F., van der Heijden, M. G., 'Soil biodiversity and soil community composition determine ecosystem multifunctionality', *Proceedings of the National Academy of Sciences*, 111 (2014), pp. 5266–70.

Wainwright, M., 'Moulds in Folk Medicine', *Folklore*, 100 (1989a), pp. 162–6.

Wainwright, M., 'Moulds in ancient and more recent medicine', *Mycologist*, 3 (1989b), pp. 21–3.

Wainwright, M., Rally, L., Ali, T., 'The scientific basis of mould therapy', *Mycologist*, 6 (1992), pp. 108–10.

Walder, F., Niemann, H., Natarajan, M., Lehmann, M. F., Boller, T., Wiemken, A., 'Mycorrhizal networks: common goods of plants shared under unequal terms of trade', *Plant Physiology*, 159 (2012), pp. 789–97.

Walder, F., van der Heijden, M. G., 'Regulation of resource exchange in the arbuscular mycorrhizal symbiosis', *Nature Plants*, 1 (2015), 15159.

Waller, L. P., Felten, J., Hiiesalu, I., Vogt-Schilb, H., 'Sharing resources for mutual benefit: crosstalk between disciplines deepens the understanding of mycorrhizal symbioses across scales', *New Phytologist*, 217 (2018), pp. 29–32.

Wang, B., Yeun, L., Xue, J., Liu, Y., Ané, J., Qiu, Y., 'Presence of three mycorrhizal genes in the common ancestor of land plants suggests a key role of mycorrhizas in the colonisation of land by plants', *New Phytologist*, 186 (2010), pp. 514–25.

Wasson, G., Kramrisch, S., Ott, J., Ruck, C., *Persephone's Quest: Entheogens and the Origins of Religion* (New Haven, CT, Yale University Press, 1986).

Wasson, G., Hofmann, A., Ruck, C., *The Road to Eleusis: Unveiling the Secret of the Mysteries* (Berkeley, CA, North Atlantic Books, 2009).

Wasson, V. P., Wasson, G., *Mushrooms, Russia and History* (New York, Pantheon, 1957).

Watanabe, S., Tero, A., Takamatsu, A., Nakagaki, T., 'Traffic optimisation in railroad networks using an algorithm mimicking an amoeba-like organism, *Physarum plasmodium*', *Biosystems*, 105 (2011), pp. 225–32.

Watkinson, S. C., Boddy, L., Money, N., *The Fungi* (London, Academic Press, 2015).

Watts, J., 'Scientists identify vast underground ecosystem containing billions of micro-organisms', *Guardian* (2018), www.theguardian.com/science/2018/dec/10/ tread-softly-because-you-tread-on-23bn-tonnes-of-micro-organisms [accessed 29 October 2019].

Watts-Williams, S. J., Cavagnaro, T. R., 'Nutrient interactions and arbuscular mycor-rhizas: a meta-analysis of a mycorrhiza-defective mutant and wild-type tomato genotype pair', *Plant and Soil*, 384 (2014), pp. 79–92.

Wellman, C. H., Strother, P. K., 'The terrestrial biota prior to the origin of land plants (embryophytes): a review of the evidence', *Palaeontology*, 58 (2015), pp. 601–27.

Weremijewicz, Janos, D. P., 'Common mycorrhizal networks amplify competition by preferential mineral nutrient allocation to large host plants', *New Phytologist*, 212 (2016), pp. 461–71.

Werner, G. D., Kiers, T. E., 'Partner selection in the mycorrhizal mutualism', *New Phytologist*, 205 (2015), pp. 1437–42.

Werner, G. D., Strassmann, J. E., Ivens, A. B., Engelmoer, D. J., Verbruggen, E., Queller, D. C., Noë, R., Johnson,

N., Hammerstein, P., Kiers, T. E., 'Evolution of microbial markets', *Proceedings of the National Academy of Sciences*, 11 (2014), pp. 1237–44.

Werrett, S., *Thrifty Science: Making the Most of Materials in the History of Experiment* (Chicago, University of Chicago Press, 2019).

West, M., 'Putting the "I" in science', *Nature* (2019), www.nature.com/articles/d41586-019-03051-z [accessed 29 October 2019].

Westerhoff, H. V., Brooks, A. N., Simeonidis, E., García-Contreras, R., He, F., Boogerd, F. C., Jackson, V. J., Goncharuk, V., Kolodkin, A., 'Macromolecular networks and intelligence in microorganisms', *Frontiers in Microbiology*, 5 (2014), 379.

Weyrich, L. S., Duchene, S., Soubrier, J., Arriola, L., Llamas, B., Breen, J., Morris, A. G., Alt, K. W., Caramelli, D., Dresely, V. et al., 'Neanderthal behaviour, diet and disease inferred from ancient DNA in dental calculus', *Nature*, 544 (2017), pp. 357–361.

Whiteside, M. D., Werner, G. D. A., Caldas, V. E. A., Van't Padje, A., Dupin, S. E., Elbers, B., Bakker, M., Wyatt, G. A. K., Klein, M., Hink, M. A. et al., 'Mycorrhizal fungi respond to resource inequality by moving phosphorus from rich to poor patches across networks', *Current Biology*, 29 (2019), pp. 2043–50.

Whittaker, R., 'New concepts of kingdoms of organisms', *Science*, 163 (1969), pp. 150–60.

Wiens, F., Zitzmann, A., Lachance, M.-A., Yegles, M., Pragst, F., Wurst, F. M., von Holst, D., Guan, S., Spanagel, R., 'Chronic intake of fermented floral nectar by wild treeshrews', *Proceedings of the National Academy of Sciences*, 105 (2008), pp. 10426–31.

Wilkinson, D. M., 'The evolutionary ecology of mycorrhizal networks', *Oikos*, 82 (1998), pp. 407–10.

Willerslev, R., *Soul Hunters: Hunting, Animsim, and Personhood among the Siberian Yukaghirs* (Berkeley, University of California Press, 2007).

Wilson, G. W., Rice, C. W., Rillig, M. C., Springer, A., Hartnett, D. C., 'Soil aggre-gation and carbon sequestration are tightly correlated with the abundance of arbuscular mycorrhizal fungi: results from long-term field experiments', *Ecology Letters*, 12 (2009), pp. 452–61.

Winkelman, M. J., 'The mechanisms of psychedelic visionary experiences: hypotheses from evolutionary psychology', *Frontiers in Neuroscience*, 11 (2017), 539.

Wipf, D., Krajinski, F., Tuinen, D., Recorbet, G., Courty, P., 'Trading on the arbuscular mycorrhiza market: from arbuscules to common mycorrhizal networks', *New Phytologist*, 223 (2019), pp. 1127–42.

Wisecaver, J. H., Slot, J. C., Rokas, A., 'The evolution of fungal metabolic pathways', *PLOS Genetics*, 10 (2014), e1004816.

Witt, P., 'Drugs alter web-building of spiders: a review and evaluation', *Behavioral Science*, 16 (1971), pp. 98–113.

Wolfe, B. E., Husband, B. C., Klironomos, J. N., 'Effects of a belowground mutualism on an aboveground mutualism', *Ecology Letters*, 8 (2005), pp. 218–23.

Wright, C. K., Wimberly, M. C., 'Recent land use change in the Western Corn Belt threatens grasslands and wetlands', *Proceedings of the National Academy of Sciences*, 110 (2013), pp. 4134–9.

Wulf, A., *The Invention of Nature* (New York, Alfred A. Knopf, 2015).

Wyatt, G. A., Kiers, T. E., Gardner, A., West, S. A., 'A biological market analysis of the plant–mycorrhizal symbiosis', *Evolution*, 68 (2014), pp. 2603–18.

Yano, J. M., Yu, K., Donaldson, G. P., Shastri, G. G., Ann, P., Ma, L., Nagler, C. R., Ismagilov, R. F., Masmanian, S. K., Hsiao, E. Y., 'Indigenous bacteria from the gut microbiota regulate host serotonin biosynthesis', *Cell*, 161 (2015), pp. 264–76.

Yon, D., 'Now You See It', *Quanta* (2019), aeon.co/essays/how-our-brain-sculpts-experience-in-line-with-our-expectations? [accessed 29 October 2019].

Yong, E., 'The Guts That Scrape the Skies', *National Geographic* (2014), www. nationalgeographic.com/science/phenomena/2014/09/23/the-guts-that-scrape-the-skies/ [accessed 29 October 2019].

Yong, E., *I Contain Multitudes: The Microbes Within Us and a Grander View of Life* (New York, Ecco Press, 2016).

Yong, E., 'How the Zombie Fungus Takes Over Ants' Bodies to Control Their Minds', *Atlantic* (2017), www. theatlantic.com/science/archive/2017/11/how-the-zombie-fungus-takes-over-ants-bodies-to-control-their-minds/545864/ [accessed 29 October 2019].

Yong, E., 'This Parasite Drugs Its Hosts with the Psychedelic Chemical in Shrooms', *Atlantic* (2018), www. theatlantic.com/science/archive/2018/07/massospora-parasite-drugs-its-hosts/566324/ [accessed 29 October 2019].

Yong, E., 'The Worst Disease Ever Recorded', *Atlantic* (2019), www.theatlantic. com/science/archive/2019/03/bd-frogs-apocalypse-disease/585862/ [accessed 29 October 2019].

Young, R. M., *Darwin's Metaphor* (Cambridge, Cambridge University Press, 1985).

Yuan, X., Xiao, S., Taylor, T. N., 'Lichen-like symbiosis 600 million years ago', *Science*, 308 (2005), pp. 1017–20.

Yun-Chang, W., 'Mycology in Ancient China', *Mycologist*, 1 (1985), pp. 59–61.

Zabinski, C. A., Bunn, R. A., 'Function of Mycorrhizae in Extreme Environments', in eds. Z. Solaiman, L. Abbott and A. Varma, *Mycorrhizal Fungi: Use in Sustainable Agriculture and Land Restoration* (Springer International Publishing, 2014), pp. 201–14.

Zhang, M. M., Poulsen, M., Currie, C. R., 'Symbiont recognition of mutualistic bacteria by *Acromyrmex* leaf-cutting ants', *ISME Journal*, 1 (2007), pp. 313–20.

Zhang, S., Lehmann, A., Zheng, W., You, Z., Rillig, M. C., 'Arbuscular mycorrhizal fungi increase grain yields: a meta-analysis', *New Phytologist*, 222 (2019), pp. 543–55.

Zhang, Y., Kastman, E. K., Guasto, J. S., Wolfe, B. E., 'Fungal networks shape dynam-ics of bacterial dispersal and community assembly in cheese rind microbiomes', *Nature Communications*, 9 (2018), 336.

Zheng, C., Ji, B., Zhang, J., Zhang, F., Bever, J. D., 'Shading decreases plant carbon preferential allocation towards the most beneficial mycorrhizal mutualist', *New Phytologist*, 205 (2015), pp. 361–8.

Zheng, P., Zeng, B., Zhou, C., Liu, M., Fang, Z., Xu, X., Zeng, L., Chen, J., Fan, S., Du, X. et al., 'Gut microbiome remodeling induces depressive-like behaviors through a pathway mediated by the host's metabolism', *Molecular Psychiatry*, 21 (2016), pp. 786–96.

Zhu, K., McCormack, L. M., Lankau, R. A., Egan, F. J., Wurzburger, N., 'Association of ectomycorrhizal trees with high carbon-to-nitrogen ratio soils across temper-ate forests is driven by smaller nitrogen not larger carbon stocks', *Journal of Ecology*, 106 (2018), pp. 524–35.

Zhu, L., Aono, M., Kim, S.-J., Hara, M., 'Amoeba-based computing for traveling salesman problem: Long-term correlations between spatially separated individual cells of *Physarum polycephalum*', *Biosystems*, 12 (2013), pp. 1–10.

Zobel, M., 'Eltonian niche width determines range expansion success in ectomycor-rhizal conifers', *New Phytologist*, 220 (2018), pp. 947–9.

译后记

大学毕业前的一个下午，我乘火车离开剑桥，一路南上到了名叫赛特福德（Thetford）的小镇，打算在镇子的客栈住上一晚，第二天前往赛特福德森林踏青。清晨起床不久，天上就飘起了英国标志性的小雨，伴随着乌云，笼罩着整座小镇。我坐公交来到了森林入口，看着眼前偌大的松树林，心生崇敬和憧憬。

沿着步道走进森林不过几十分钟，两旁的树木已经稠密到遮掩了大部分的阳光，剩下的一点光线洒落在地上的草叶之间。我走到路旁，沿着一条小道向密林中走去。雨后的森林充斥着湿润的清新。我在湿漉漉的树干间穿梭，四处寻找不多的空地。每每找到一块空地，我都会蹲下来寻找鹅膏菌的身影。这种裹着白色斑点外衣的鲜红色蘑菇在夏季的末端出现。这种鹅膏菌的拉丁名 *Amanita muscaria* 中藏着一种在神经科学界大名鼎鼎的物质：毒蕈碱（muscarine）。遍布人体的毒蕈碱乙酸胆碱受体对这种毒素极为敏感；和人体自然产生的乙酸胆碱不同，毒蕈碱的效力更强，效果更持久。也难怪本书中的斯塔梅茨要将它们称为人类能食用的蘑菇中最危险的一种。明知其毒性之强，还要四处寻觅，我的矛盾心态连自己也无法理解。

鹅膏菌的俗名（"毒蝇伞"）就源于其剧毒：在牛奶里撒一点毒蝇伞的粉末，就能杀灭蝇虫[1]。然而现在世界各地都有人食用这种菌物（完全煮透食用！），而且它们在青光眼的治疗中也扮演着重要的角色[2]。这种在剧毒和有益之间徘徊不定的蘑菇实在让我着了迷。在离地不到几厘米的草丛中找到一颗时，我忍不住诱惑，轻轻拂走了伞盖上的水珠。想要摘走，却又心生胆怯。

与许多蘑菇一样，鹅膏菌和周围巨大的松树处于亲密的菌根关系中，用菌丝体紧紧缠绕着松柏的树根，为其提供矿物质和水，松树则为鹅膏菌施肥，彼此缺了对方都不能繁茂生长。某种程度上，鹅膏菌和它们周围的树木是一个大的整体。整个森林里的树木和真菌互相连接，形成了一个我们无法理解的庞大网络。日夜面对大脑里万千细胞的我不禁想到它们之间的繁密连接：一个庞大，一个渺小，但二者都是极为复杂的网络。我想，这就是谢尔德雷克说的"万物缠结"。在地下伸展蔓延的树根和菌丝体好比脑中神经元的胞突，在不同的树木、真菌间穿行的养分、气体和电信号就如同神经元用于传递信息的动作电位。

这就是谢尔德雷克在本书中点明的题眼。菌络万象，真菌庞大的菌丝体网络为我们重新阐释，甚至可以说消解了"个体"的概念：一棵松树和另一棵松树之间的分离显得摇摇欲坠——它们或许是同一个"个体"吗？真菌为我们展示了万物之间的缠结——洪堡说世界是由网状缠结结构形成的"活着的整体"：城市里车来人往的交通、夕阳下成群结队的禽鸟、天体由重力主导的相对运动、互联网上数不清的页面，还有万千神经元的交相呼应，都是由缠结构成的复杂网络。

很难想象哪个神经科学家对网络不感兴趣。神经元内分子机器的运作是网络，细胞与细胞之间能形成网络，脑区和脑区之间也存在着网络。与谢尔德雷克所描述的真菌网络一样，神经科学里的网络也拥有"无标度"的特性——一些神经元拥有成千上万个连接，成为"信息枢纽"，让信息能在几毫秒内从视觉皮质传输到前额叶，再在几毫秒内从前额叶传到运动皮质，将大脑接收到的信息转化为大脑输出的运动信号。花草、树木和真菌之间的互动是否也如此呢？生活在困难区域的松柏是否会将自己的窘境告诉它们的鹅膏菌，再由后者形成的信息枢纽传遍整片树林呢？一旦从网络的角度思考这个由各种生物组成的庞然大物，可能性的边界就开始不断拓展。

在对真菌研究和科普少之又少的当下，谢尔德雷克的这本书是一部极为重要的佳作。正如谢尔德雷克在后记中说的，只要我们活着，就已经被真菌缠上了。我也随着谢尔德雷克生动的笔触，脱离了在赛特福德森林里以猎奇心态寻找鹅膏菌的那个自己，进一步设想腐生菌能如何帮助人类社会实现可持续发展、设想神经科学和计算机科学家们能从霉菌走迷宫的方式中学到什么、设想真菌融入人类建筑的潜力……真菌对我来说不再是病理学教科书里致命的怪物，或在森林里踏青时遇到的奇异色彩，而是与万物相连、拥有无限可能的生物。也正因此，我希望这本书的中译版能为读者带来像斯塔梅茨和麦考伊那样的影响。

最后，我想衷心感谢费艳夏编辑与专业审校周松岩在翻译、修改时为我提供的帮助。

参考文献

[1] Ramsbottom, J. (1953). Mushrooms & Toadstools. Collins. ISBN 978-1-870630-09-2.

[2] Tan, J. et al. (2014). Activation of Muscarinic Receptors Protects against Retinal Neurons Damage and Optic Nerve Degeneration *In Vitro* and *In Vivo* Models. *CNS Neurosci Ther.* 20(3): 227-236.

出版后记

面对真菌这样无尽有趣与神秘的生命主体，人类自造语言的有限与无趣被衬得越发显著。带着如此力有不逮的工具，人类却不曾放弃探索，笨拙地试图逼近静寂自然背后的真相，而这恰恰是人之为人的有趣与神秘。

万物串通一气，面对我们缄默不语。可我们仍然渴望理解全然不同于人类的生命语法；明知不能持用人类中心思维却又难以摆脱、在这样不视一切生命为客体的挣扎之中忍不住继续发问：当真菌是怎样一种感觉？

本书为人类之中每一个这样的人而出版。

服务热线：133-6631-2326　188-1142-1266
服务信箱：reader@hinabook.com

后浪出版公司
2024 年 8 月